经济学名著译丛

Natural Experiments in the Social Sciences:

A Design-Based Approach

社会科学中的
自然实验设计

一种基于实验设计的方法

〔美〕萨德·邓宁 著

欧阳葵 冯晨 译

Natural Experiments in the Social Sciences:
A Design-Based Approach

商务印书馆
The Commercial Press

社会科学中的自然实验设计

　　自然实验方法在社科领域中正越来越流行。这是一本独特的书，它首次系统性介绍了自然实验的设计、分析与评估方法。萨德·邓宁在本书中给出了因果推断中模型识别等重要主题的介绍，并强调了在复杂性统计模型中进行稳健的研究设计的重要性。作者列举了大量关于标准自然实验、断点回归设计、工具变量法的例子，强调这些方法的优点和潜在的缺点，以帮助研究者在更好地掌握与运用这些方法的同时避免其缺陷。同时，作者也阐述了定性方法对于自然实验的重要性，并提出了一些整合定性与定量分析技术的新途径。本书各章都有丰富的练习，附录部分还覆盖了各种专题，譬如整群随机自然实验，这使得本书既可作为一本理想的教科书，同时也可作为一本富有价值的专业参考书供读者阅读。

谨以此书纪念戴维·A.弗里德曼

目　　录

第一部分　发掘自然实验

第三部分　自然实验的评估

第四部分 结论

序言与致谢

　　自然实验方法在社会科学领域中应用已经十分广泛。从标准自然实验到断点回归再到工具变量设计,许多顶尖的研究论文与书籍都越来越频繁地提到这一概念。无论对于专业研究者还是对于学生而言,自然实验方法都是因果关系研究的首选工具。

　　令人惊讶的是,对于此类的研究设计方法,我们居然缺乏一个系统的介绍。寻找一个有用的、可行的自然实验,既是一门艺术,也是一门科学。因此,本书整理与讨论了大量自然实验设计案例、并强调它们如何以及为何产生了其相应的效果,这或许可以帮助研究者在其研究中更有效地使用自然实验方法。同样重要的是,本书能够帮助研究者认识到一个成功的自然实验所可能遇到诸多障碍,本书或许可以使他们在避免各种陷阱的同时最大限度地提高其成功的可能性。在自然实验数据的分析与解释中,往往存在着重要挑战。此外,随着自然实验方法越来越流行,可能造成自然实验在概念上的过分泛化,因为许多研究都贴着"自然试验"的标签,但其实并不充分具备自然实验的本质特征。讨论自然实验的优势和缺陷,或许能够帮助读者评判与欣赏某些特定自然实验的成功所在。因此,我期待本书能够为致力于此类研究工作的学者和学生提供切实有效的帮助。

　　尽管本书主要关注自然实验，但是同样也可作为基于实验设计类的社会科学研究的入门读物。那些依赖于事后统计调整的研究（譬如跨国类回归分析）近来已遭受到越来越多的抨击；已经有相当多的研究开始转向运用基于实验设计类的研究方法，即对于混杂变量的控制主要基于实验设计，而不是基于建模的统计调整。当前对于自然实验的研究热情充分反映了人们又开始重新青睐于基于实验设计类的研究。然而，这类研究应该如何实施与评估？实验设计推断的关键假设是什么？此类研究到底适合于什么样的因果与统计模型？并且，这些基于实验设计类的研究方法真的能够帮助我们在那些重大研究主题上（譬如民主或社会经济发展的原因与后果）取得有效的进展吗？回答这些问题，对于实验设计类研究的可信度和相关性而言非常关键。

　　最后，本书也强调了整合定性与定量分析方法的潜在优势。许多社会科学研究开始兴起，并在不同分析方法之间搭建桥梁。然而，整合诸多分析方法的策略通常含糊不清。这些整合的价值常常是想当然的，并没有什么确切的理由，这种处理方法是值得商榷的。至少对于自然实验设计而言，不同的分析方法并不只是互为补充的，也是互为必要的。我希望本书能够阐明混合方法的优势，特别是那些基于强有力的实验设计的实地调查类研究，它们或许可以得出有说服力的因果推断结论。

　　本书的撰写得益于许多同事、学生，特别是老师们的帮助。我非常有幸能够在加州大学伯克利分校完成我的博士研究项目时遇上戴维·弗里德曼先生（David Freedman）——这本书要特别献给他。对于许多了解他工作的读者而言，他对于本书写作中的巨大影响是显而易见的。我多么希望他还能在有生之年阅读本书。尽管他离开了我们，但是却留下了一系列非常重要的研究成果。这些成果是每一个进行因果推断分析的社会科学研究者们所必须掌握的。

我还要感谢许多其他老师、同事和朋友。戴维·科利尔（David Collier）在定性与定量分析结合方面的经典工作使我从中受益良多，本书正是脱胎于我专门为他与亨利·布雷迪（Henry Brady）合作编辑的图书《社会调查的再思考》（*Rethinking Social Inquiry*）（第二版）而写的一章。自然实验方法推广的有力倡导者吉姆·罗宾逊（Jim Robinson）持续影响着我自身的基础方法论研究，对此我表示感谢。我还要特别感谢唐·格林（Don Green）与丹·波斯纳（Dan Posner），他们既是我的同事也是我的挚友，他们阅读了书稿并提出了大量详细而深刻的建议。科林·埃尔曼（Colin Elman）在雪城大学曾组织了一场关于定性与多元方法研究的研讨会，约翰·耶林（John Gerring）与戴维·沃尔德纳（David Waldner）曾针对此书提出了富有建设性的意见，而在麦卡坦·汉弗莱斯（Macartan Humphreys）与艾伦·博尔肯（Alan Bohlken）在不列颠哥伦比亚大学召开的关于本书的研讨会中，安佳丽·博尔肯（Anjali Bohlken）、克里斯·卡姆（Chris Kam）和本·尼布拉德（Ben Nyblade）也都分别针对我的不同章节给出了深刻剖析与建议，我非常感谢来参加这两次研讨会的所有人。同时，我还要感谢来自珍妮弗·巴塞尔（Jennifer Bussell）、科林·埃尔曼（Colin Elman）、丹尼·伊达尔戈（Danny Hidalgo）、麦卡坦·汉弗莱斯（Macartan Humphreys）、吉姆·马奥尼（Jim Mahoney）、肯·斯契夫（Ken Scheve）、杰伊·西赖特（Jay Seawright）、贾斯·色肯（Jas Sekhon）、罗西奥·泰休尼克（Rocio Titiunik）和戴维·沃尔德纳（David Waldner）等人的建议和帮助。我非常荣幸能够在定性与多元方法研究中心和耶鲁大学给学生们进行相关的教学与研究指导工作。感谢娜塔利娅·比诺（Natalia Bueno）、杰曼·法伊尔赫德（German Feierherd）、尼卡·盖夸德（Nikhar Gaikwad）、马尔特·莱尔（Malte Lierl）、皮亚·拉弗勒（Pia Raffler）、斯蒂夫·罗森茨威格（Steve Rosenzweig）、路易斯·休默里尼（Luis Schiumerini）、唐·蒂尔（Dawn Teele）和瓜达卢普·图伦（Guadalupe Tunon）以及其他人，他们的真知灼见对我提供了非常有效的帮助。同时，我也很荣幸曾经与戴维·科利尔（David Collier）和杰伊·西赖特（Jay Seawright）一起在美国政治学会多元方法研究中心教授过一个短期年会课程。这些课程为我完成本书部分内容的研究提供了很好的机会，同样我也非常感谢这些课程与研讨会的诸位参与者以及来自他们的反馈意见。

　　感谢本书的编辑剑桥大学出版社的约翰·哈斯拉姆（John Haslam），以及卡利·帕金森（Carrie Parkinson）、埃德·罗宾逊（Ed Robinson）与吉姆·托马斯（Jim Thomas），正是有他们的协助与指导，本书才能最终付梓。特别感谢科林·埃尔曼（Colin Elman）、约翰·耶林（John Gerring）和吉姆·马奥尼（Jim Mahoney），感谢他们联系我写作本书并列入他们的"社会调查研究系列丛书"计划之中。最后，感谢我的家人，感谢他们坚定的爱与支持。

第一章 导论：为什么选择自然实验？

"如果我可以选择一种有意义的人生，我希望自己是一个同卵双胞胎，在一出生时我就与我的兄弟被分开了，并在不同的社会阶层里被抚养成人。我们可以让社会科学研究者雇用我们，并根据实际情况来确定我们的价值。这是因为，我们是将基因从环境因素对人的影响分析中分离出来的唯一真实而充分的自然实验中极为少数的典型代表——我们拥有相同的先天基因，却被抚养于不同的后天环境里。"

——斯蒂芬·杰伊·古尔德（Stephen Jay Gould, 1996：264）

自然实验方法突然间变得无处不在。在过去的十年里，运用此方法的社科类出版物的数量增长超过了以往的三倍（Dunning, 2008a）。在 2000 年到 2009 年间，超过 100 篇发表在主流政治学与经济学期刊上的论文在其题目或摘要中包含了"自然实验"的字样。与此相比，1960 年至 1989 年这 30 年间只有 8 篇，1990 年至 1999 年这十年间也只有 37 篇（见图 1.1）。[①] 通过互联网搜索引擎来查询

---

① 因为在线文章索引限制的原因，这些在 JSTOR 中检索的论文还不包括最新的研究。

2

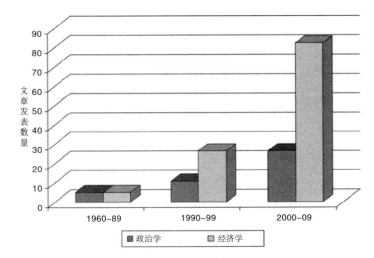

图 1.1　政治学与经济学中的自然实验

发表在政治学与经济学主流期刊中标题或摘要中包含"自然实验"字样的论文数量（数据来源于 JSTOR）。

"自然实验"会出现几百万的词条点击。[①] 正如本书接下来的案例中所说的，大量未发表的、待发表的、已经发表的科学研究中（有许多已发表但还未成为标准的电子出版资源）都普遍反映了自然实验方法越来越流行的这一趋势。

这类研究还将在不同的社会科学领域中快速增长。人类学家、地理学家与历史学家也开始逐渐使用自然实验来进行相关研究，包括从非洲奴隶贸易到殖民地的长期影响。政治学家已经深入探讨了选举权扩大的原因与后果、兵役制度的政治影响、竞选捐款回报等问题。而经济学家作为自然实验最为娴熟的使用者，已将此方法

---

① 可以参见谷歌学术：http://scholar.google.com。

大量运用于劳动力市场运作、教育改革的后果、经济发展制度的影响等研究。[①]

该方法的普遍使用充分展现了其运用于改善社会科学中因果推断研究质量的潜力。研究者经常探求的就是因果关系问题。然而，这些问题在可观测性研究的世界中（这也正是研究者所经常面临的世界）却富有极大的挑战性。与多种可能的原因和多种可能的结果相关联的混杂变量成为因果推断研究的主要障碍。随机对照实验提供了一种可能的解决方案，因为随机性可以限制变量的干扰性。然而，社会科学研究者所感兴趣的许多因素在实验中却很难处理。

正是因为如此，自然实验具备潜在的重要意义——在自然实验中，社会与政治过程或巧妙的研究设计创新都可以使得我们更加接近于真实的实验。在此，我们发现观测性研究情境中的各种因素在实验对象（诸如个体、城镇、地区乃至国家）之间所产生的影响具有随机性，或者几乎具有随机性。在某因素存在或不存在的情形下对实验对象进行简单的比较，也可以提供可信的关于因果效应的证据，因为随机化或近似随机化的实验设计可以减轻或避免混杂变量的干扰。自然实验可以帮助我们克服在观测性数据中进行因果推

_____

① 根据 Rozenzweig 和 Wolpin（2000，第 828 页）的调查显示：自 1968 年以来，那些在《经济学文献杂志》（*Journal of Economic Literature*）中存在的、列举的标题或摘要包含"自然实验"一词的论文，和发表的有关自然实验论文一共有 72 篇。Diamond 和 Robinson（2010）梳理了来自于人类学、经济学、地理学、历史学、政治学等方面的自然实验案例，尽管其中有的研究并不符合本书中对自然实验的定义要求。也可参见 Angrist 和 Krueger（2001），Dunning（2008a, 2010a），Robinson、McNulty 和 Krasno（2009），Sekhon（2009），Sekhon 和 Titiunik（2012）关于这方面的工作。

断时所存在的巨大障碍,这就是各个学科的研究者都越来越广泛地使用自然实验来探讨因果关系的原因之一。

　　然而,尽管自然实验在社会科学中蓬勃兴起,但却仍然存在争议。自然实验方法有许多严重的局限性,其应用需要一些特殊的分析技巧。由于自然实验不能被"创造",只能被"发掘",使用自然实验来进行一个特定的研究项目,通常需要一定的运气,同时还需要意识到自然实验在不同情境下的应用成功的可能性也不尽相同。对于那些缺乏真正随机性的自然实验而言,如何保证其近似随机性往往十分困难。事实上,对于某些自然实验设计有时候需要抱着审慎的眼光去看待:自然实验方法的极度流行可能会促进自然实验在概念上的过度扩张,有时候研究者对于自然实验方法这个极具吸引力的标签过度追捧,从而忽视其研究设计是否严格符合自然实验的定义性特征(Dunning, 2008a)。社会科学研究者也对适用于此方法的分析工具展开了争论:例如,多元回归分析应该在自然实验数据分析中扮演什么样的角色? 最后,我想说的是,对于社会科学研究者而言,影响自然设计随机化过程的那些因素也许并不总是最重要的。自然实验方法的发展意味着研究范围越来越狭窄,常常关注于一些非常无趣或理论意义甚微的主题才应该值得警惕(Deaton, 2009; Heckman 和 Urzúa, 2010)。所以说,尽管自然实验方法的使用越来越普遍,但是其对于重要的知识进步而言到底有多大贡献,是值得怀疑的。

　　这些思考产生了一系列的问题。在各种广泛的重要研究项目中如何才能最佳地发现与使用自然实验来改善因果推断分析? 什么才是分析自然实验最为合适的方法? 以及如何做到定性与定量分析相结合并以此来提高所用方法的解释能力？如何评估各个自然实验方法的成功性？我们该采用什么样的标准去评估它们的优势和缺陷？最后，研究者如何才能最佳地使用自然实验来构造强有力的研究设计，同时避免或减轻该方法可能存在的潜在缺陷？这些都将是本书所关心的核心问题。

4

为了回答这些问题，我更为强调自然实验是基于设计的研究方法，也就是说，对于混杂变量的控制主要基于研究设计的选择，而不是使用参数化统计模型进行事后判断。许多社会科学研究都依赖于多元回归分析或者类似方法。然而，这种方法存在着众所周知的缺陷。例如，在观测性数据分析中加入统计性控制，往往很难使我们得到类似于真实实验的结果。此外，多元回归模型或与之相似的各种样本分配方法的有效性都依赖于因果性或统计性假设的真实性，而这些假设往往很难解释，更别说被证实了。[①] 与之相比，随机性设计与近似随机性设计使得我们不再需要对混杂变量进行统计上的控制了。对于自然实验而言，其有效性的关键在于研究设计本身，而非统计建模。

这意味着自然实验的定量分析简单而清晰。例如，在控制某因素之后，实验对象的平均效应的比较就通常足以进行因果效应的估计（这一点至少在理论上是成立的，即使其在实践中可能难以应用。本书的一大主题就是如何在统计分析中改进自然实验方法的简洁性与透明性）。这些比较通常依赖于一些令人信服的假设：为了进

---

① 例如接下来将要讨论的匹配设计方法（matching designs）与精确的倾向得分匹配法（propensity-score matching），它们与多元回归分析都需要基于"选择样本的可观测性"这一假定上。特别是，那些复合变量往往都不具有可观测性，难以被识别与控制。

行均值差检验，研究人员只需要简单的因果与统计模型就足以描述其数据生成过程。

定性分析同样也在自然实验中扮演着十分关键的角色。例如，各种定性分析技术对于提高挖掘自然实验研究设计的概率、增强实验设计的随机性、解释与分析因果关系以及增强定量分析模型的有效性等都至关重要。详细的定性研究信息对于自然实验设计而言是十分必要的，尤其是对于实验过程是否是"自然的"这一设定更需要以定性的方式去决定。因此，研究的实质与背景知识在自然实验设计的挖掘、分析与评估等每一个阶段都扮演着重要角色。因此，自然实验通常需要定量与定性分析方法的结合。

本章导论的余下部分将对以上主题进行探讨并尝试着提出一些观点来回答以上的问题，这些在本书其余章节的内容中会有更进一步的详细阐述。但是，我们的首要任务就是对自然实验方法进行定义，并将其与其他类型的研究设计方法进行区分。下面，我将先对混杂变量进行进一步的阐释，然后介绍几个自然实验的例子。

1.1 混杂变量问题

可通过如下例子来考察一个由于混杂变量的存在而产生的问题。秘鲁发展经济学家赫尔南多·迪索托（Hernando de Soto，2000）提出一个假说：给予贫穷的非法土地占有者以合法的土地产权，允许他们使用自己的土地产权来抵押债务，以此增强他们在信贷市场的参与度，从而观察其是否能促进社会经济的广泛发展。为了验证这个假说是否成立，研究者可以将那些拥有合法产权的占地者与那些不拥有合法产权的占地者进行比较。然而，这些占地者参与信贷市场的途径有所差异，而这些差异可能会部分地源于一些混杂变量，譬如家庭背景的不同，从而使得某些占地者可能比其他占地者更容易获得土地产权。

为了控制这些混杂变量，研究者们可以比较那些受到这些混杂变量影响的程度类似但获得土地产权的途径不同的占地者。例如，研究者可以将那些家庭背景相似的获得土地产权的占地者和没有获得土地产权的占地者进行比较。然而，有些重要的困难依然存在。首先，家庭背景相似这一点难以评估：例如，相似性的度量标准是什么？其次，即使假设我们找到一个合适的标准来衡量土地占有者间相似的家庭背景状况，但仍然存在其他难以衡量的混杂变量，例如占地者的占地决心，这将与是否获得土地产权息息相关，同时也同样会影响个体的经济与政治行为。拥有土地产权的占地者和不拥有土地产权的占地者之间的差异可能就取决于土地产权的影响或者占地决心的差异，或者二者兼而有之。

最后，即使所有的混杂变量都能够被识别并被成功测算，但是最好的变量控制方式却并不明显。一种可能性是利用"分层技术"来解决问题。正如上文所提到的，一个研究者想要比较来自相同家庭背景且占地决心也能被测量的占地者，只需要观察其是否拥有土地产权即可。然而，这种分层方式在遇到其他混杂变量时往往不可行，因为相对于数据量而言（即相对于样本数量）潜在混杂变量的 6 数量太大了。[①] 将是否拥有土地产权与所有可能的家庭背景和占地

---

① 这类分层策略有时被称为"精确匹配"，精确匹配不能成立的一个原因可能在于那些复合变量往往是连续的而不是离散的。

决心之间的组合制成的交叉表上将会有很多空格。例如，很难找到这样的两个占地者，他们的父母教育程度与收入相同，且拥有一样的占地决心，但恰好一个拥有土地产权，而另一个不拥有土地产权。

　　分析者因而通常会使用传统的定量分析方法，例如多元回归或与之类似的分析方法，以此来控制可观测的混杂变量。这些模型本质上就是在交叉表上的空格里进行外插。然而，通常的回归模型本质上都依赖于那些难以验证的假设。正如我在本书中所讨论的那样，这是比混杂变量的识别与测量更为严重的挑战。

1.1.1　随机性的重要性

　　那么，接下来要考虑的问题是，社会科学研究者们如何才能够做出最有效的因果推断？一种方法就是进行真实的实验。例如，在一个为了评估土地产权影响的随机控制实验中，一些贫困的占地者被随机授予了土地产权，而另一些贫困的占地者则维持他们的原有状况。由于这一随机性，可能的混杂变量，例如家庭背景或者占地决心等，在这两个组之间就平衡了，只存在着随机误差（Fisher，1935，1951）。毕竟，哪些占地者能够获得土地产权是由掷硬币决定的。占地者的占地决心与他们是否会获得土地产权之间就没有关系了，其他潜在的混杂变量，诸如家庭背景等，也都基于同样的道理。总之，随机性创造了混杂变量与实验变量之间的统计独立性——本书后面将会对这一重要的概念进行讨论。[①]统计独立性意味着，那些即使获得产权也表现很差的占地者获得产权与没有获得

---

　　① 在第五章中，当我们引入"潜在结果"（potential outcome）的概念时，将介绍随机性如何保证那些潜在结果与实验干预分配过程之间的统计独立性。

产权的可能性是一样的。因此，特别是当每个组内的占地者数量都很大从而随机误差很小时，获得产权与没有获得产权的占地者在其他各个方面就基本上毫无区别。拥有产权和不拥有产权的占地者的事后行为结果差异就能很好地反映出土地产权授予与否的因果效应。　　7

具体而言，随机分配能够保证不同样本组的结果差异要么是由随机误差决定的，要么是由土地产权的影响决定的。诚然，在任何一次性试验中，一组或另一组占地者的占地决心稍大可能是由随机因素造成的；真实因素与随机因素之间的区分正是统计假设检验的重点目标（第六章）。然而，如果一个实验一次又一次地重复进行，那么平均来说，混杂变量的影响就被消除了。因此，不同实验的实验结果的平均差异就基本上等同于实验结果的真实差异（在上述例子中就是指每一个占地者获得产权与没有获得产权之后的行为结果差异）。我们将会在第五章给出一个关于因果效应及其估计的正式定义。就目前而言，重点在于，随机性设计是非常有力的工具，因为它通过随机性创造了实验组之间的事前对称性，从而消除了混杂变量。

真实实验的方法还具备其他优势，例如数据分析的简洁性与透明性。通过直接对比，例如实验组与对照组之间的均值差异，通常足以估计一个因果效应。真实实验方法因而提供了一个非常有吸引力的处理混杂变量的方法，且减轻了传统定量分析方法（诸如多元回归分析）所依赖的诸多假设——这也是越来越多的社会科学研究者选择使用随机控制试验进行大量研究的原因（Druckman 等，2011；Gerber 和 Green，2012；Morton 和 Williams，2010）。

　　然而，在某些情形下，直接进行真实的实验往往存在成本高昂、违背道德伦理、不具备可操作性等问题。毕竟，社会科学研究者所感兴趣的许多因果关系（譬如政治与经济制度）是他们无法处理的。此外，真实实验也不是政治或经济制度分配稀缺资源的典型方式。尽管这种分配方式并不是不可想象的，政策制定者完全可以以随机方式分配产权（譬如通过抽签的方式来决定人们持有产权的时长），但事实上产权与其他有价值的事物往往完全处于政治人物或政策制定者的掌控之中。如今，尽管随机干预的例子越来越多（Gerber和Green, 2012），但是在其他情形下资源配置更多的是由社会与政治过程决定的，而不是由实验研究者所决定的。如果研究者所关注的因果关系难以处理，那么自然实验就能够为之提供一个强有力的替代性工具。

1.2　兵役制度与土地产权的自然实验

　　在有些自然实验中，政策制定者或政治家的确会采用抽签的方式来完全随机地分配自然资源或调节政策。因而，当实验干预过程不是由实验研究者来计划或设计时（这事实上也意味着研究者所面临的不是真实实验而是观测性研究），这样的随机性实验与真实的实验一样对"实验组"和"对照组（或控制组）"实施了相似的随机性分配过程。①

---

　　①　在本书中，我所使用的术语"自变量"、"实验"与"干预"等词都具有一定的随意性，尽管它们之间存在着重要差异。例如，"干预"一词相比"自变量"，包含了在因果推断中，就进行"实际操作"的意味（Holland, 1986）。

例如，安格里斯特（Angrist，1990a）曾利用一个随机自然实验来研究兵役制度对于役后劳动力市场报酬的影响。这项研究有非常重要的社会科学价值与政策意义，因为它为当年美国是否应该加入越南战争的争论提供了一个强有力的研究视角，而使用标准的观测性研究数据则很难回答这个问题。那些服兵役的士兵也许是具有不同理念的公民；一般来说，那些自愿服兵役的人与那些不自愿服兵役的人是非常不同的。例如，士兵愿意去参军可能是因为他们在劳动力市场上竞争力不足，生活难以为继。故若研究显示复员后的士兵在劳动力市场上的报酬要低于那些未曾参军的人，也不足以说明服兵役会对其日后的劳动力报酬产生长期影响。这种所观测到的差异可能是由与兵役工作和经济报酬相关的混杂变量决定的。

从 1970 年到 1972 年，美国政府采取了一种随机抽签的方式将士兵送入越南战场。当时根据那些 19、20 岁的士兵的出生日期，随机使用 1 至 366 的数字对其进行编码。将所有被赋予随机数字的士兵按照参军资格进行分配，政府给出某个阈值，随机数高于此阈值者没有获得应征入伍的资格，而随机数低于此阈值的人将获得应征入伍的资格。根据社会保障管理总署所提供的数据，安格里斯特（1990a）估计发现，征兵资格对于士兵日后收入有轻微的负面影响。例如，那些在 1971 年应征入伍的白人士兵，在 1984 年获得的收入（按照现在的美元计价）为 15813.93 美元，而那些没有应征入伍的人收入则为 16172.25 美元。因而，与未应征入伍的对照组相比，1971 年应征入伍对于日后收入的年平均影响为降低 358.32 美元，或者说平均收入降低了 2.2%。[①]

[①] 此估计在标准的显著性水平上具有统计显著性。可参见第四章与第六章。

　　正是随机自然实验使得关于兵役制度影响的任何因果推断具有了很强的说服力。否则，那些应征入伍与没有应征入伍的人，其事前差异可能就足以解释他们事后的经济状况或者政治态度差异。[①] 自然实验的价值就在于能够解决混杂变量的问题：参军资格的随机性保证了那些入伍与未入伍的人平均基本相似。因此，较大的事后差异很有可能来自于参军资格的影响。

　　当然，在这个例子中，并非所有符合参军资格的士兵事实上都参军了：有些人因为身体与心理体检不过关而被淘汰，有些人去上大学了（他们在越南战争中通常都被缓招了），而另一些人则去了加拿大。同样的道理，有些人没有获得资格却自愿入伍了。因此，我们会很自然地将那些事实上服兵役的人和事实上未服兵役的人进行比较。然而，这种比较再次产生混杂效应：士兵们自愿选择入伍，那些自愿入伍的士兵与那些非自愿入伍的士兵相比有很多方面不同从而会影响其日后收入。事实上，正确的自然实验比较，是将那些有参军资格的人（无论其事实上是否入伍）与没有参军资格的对照组进行比较。这被称为"意向干预"分析——一个很重要的概念，我会在本书的后续章节讨论它。[②] 意向干预分析估计的是参军资格的影响，而不是最终是否入伍的影响。在某些条件下，该自然实验也可以用来估计参军资格对于那些若获得参军资格就愿意入伍、未获得资格就不愿意入伍的人的影响。[③] 这正是工具变量分析的目的。

---

　　① Erikson 和 Stoker（2011）用同样的方法开展了这项有趣的研究，估计了参军资格制度对于个体政治态度与党派倾向的影响。

　　② 参见第四章与第五章。

　　③ 这些实验中的个体被称为"顺从者"，因为他们在被作为样本分配的过程中顺从干预指令。

在后续章节中，我们将会讨论工具变量法及其有效应用时所必须具备的关键性假设条件。

并非所有的自然实验都像安格里斯特的研究那样具有一个真实的随机抽签过程。在某些条件下，社会与政治过程将实验组与对照组的样本分配赋予了一个近似的随机性过程中。在这种情况下，10 确保混杂变量不会扭曲最后的研究结果无疑是一项巨大的挑战，因为实验组与对照组中的样本分配过程不是随机的。这是许多自然实验研究所面临的主要挑战之一，有时候也是自然实验最为核心的局限。然而，社会与政治过程，或巧妙的实验设计创新，有时候的确可以创造消除混杂变量的机会。如何确保在诸多研究中实现样本分组分配过程的充分随机性将会是本书关注的重点。

加列尼和沙格罗德斯基（Galiani 和 Schargrodsky，2004，2010）研究了阿根廷的一个非常有趣的案例，即将土地产权赋予贫困占地者的问题。1981 年，在布宜诺斯艾利斯地区，天主教会组织一些占地者占有了一块城市荒地，他们将土地划分成大小相近的部分，然后分配给各个家庭。在 1983 年民主制恢复之后，1984 年政府出台一项法规将这片土地征回，其目的是为了将产权合法地赋予那些贫困占地者。然而，有一部分土地的最初所有者却将征用土地的政府告上法庭，导致了这片土地的产权转让方案在很长的一段时间内都没有能够落实，而另一部分土地则没有遭受任何阻碍，很快转让到贫困占地者的手中。

因此，这次法律行为创造了一个"实验组"（那些很快得到土地产权的占地者）和一个"对照组"（那些因受到阻挠而没有获得土地的占地者）。[1] 加列尼和沙格罗德斯基（2004，2010）发现这两组居民在住房投资、家庭结构与孩子教育等各个方面存在显著差异，但在信贷市场上却没有显著的行为差异，这与迪索托（De Soto）的理论相悖，该理论认为贫困者获得产权时会拿去抵押贷款。他们还发现，产权变更对于个体效能的自我认知具有积极影响。例如，那些获得土地产权的占地者（事实上产权的可获得性是他们所无法控制的）会倾向于认同人们只要努力工作就能生活得更好的观点（Di Tella、Galiani 和 Schargrodsky，2007）。

这项研究将获得产权的占地者与未获得产权的占地者进行了比较。然而，是什么使得这个比较成为一项自然实验研究、而不是传统的观测性研究呢？正如我们下面将要看到的，自然实验定义的关键标准就在于，占地者在实验组和对照组之间的分配（即是否获得土地产权）是否具有足够的随机性。在有些自然实验中，比如上面安格里斯特（1990a）所讨论的那个案例，的确存在一个真实的随机性过程，因而其结论具有较高的可信度。而在其他的研究中，包括我后面将要提到的断点回归设计法，这种先验的随机性假设往往太强了。然而，注意在加列尼和沙格罗德斯基（2004）的研究中，包括其他许多自然实验研究，它们的先验随机性假设并不是特别具有说服力。毕竟，并没有什么真实的抛硬币过程来保证贫困占地者随机地获得土地产权或者仅仅只保留实际占有权。相反地，决定赋予或不赋予占地者土地产权的社会与政治过程只是被近似地看作是随机的。那

---

① 为了简便起见，我在这里使用了术语"实验组"与"对照组"来类比真实实验。当不存在"实验组"时，对"对照组"的定义也不具有意义。在讨论"是否具有土地产权"的问题上，这种分组方式是有意义的。当然你也可以称之为"实验组 1"与"实验组 2"。

么，我们如何保证这种分配方式的近似随机性呢？

　　研究者在阿根廷土地产权问题的研究中给出了关于此问题的令人信服的证据。首先，加列尼和沙格罗德斯基（2004）表明，占地者的"预处理特征"（pre-treatment characteristics），譬如性别与年龄，与占地者是否获得土地产权是统计不相关的，正如产权被真实地随机分配的结果那样（预处理特征就是指在那些在相关实验处理发生之前就已经确定了的特征，在此例中即指在获得产权之前的特征；它们本身是不会受到实验处理的潜在影响的）。被占土地本身的特征，譬如与受污染河流之间的远近，也与是否获得土地产权无关。事实上，针对于实验组与对照组中的任何一寸土地，阿根廷政府给土地的原所有者都采取了统一的补偿价格，这也保证了那些获得或者未获得产权的土地不存在系统的区别。原则上，更坚定或更勤劳的占地者会占有更好的土地；如果产权被系统性地赋予（或剥夺）这些土地的占有者，那么获得产权与未获得产权的占地者之间的比较就会高估（或低估）产权的影响。然而，数量上的证据与这种混杂变量的存在是不一致的：诸如土地质量等潜在干扰特征在实验组与对照组之间不存在显著的差异。

　　然而，与预处理等价性的定量估计同样重要的是关于土地与产权获得过程的相关定性信息。加列尼和沙格罗德斯基（2004）认为，在1981年，占地者和教会组织者都无法成功预测哪块特定土地会获得1984年转让的土地产权，或者哪块土地不会获得。因而，那些勤劳坚定、急于想获得土地产权的人也没有办法在最开始时就根据产权的可获得性去挑选占有土地。同样，土地的质量或占地者的特性都不能解释为什么有些土地拥有者会拒绝政府的征收、而另一 12

些土地拥有者不会拒绝：基于广泛的采访与其他定性的实地调查，研究者给出了令人信服的证据，异质性因素可以解释这些行为决策。在其他地方我会进一步剖析这个重要的例子，但就目前而言，一个关键的出发点就是关于研究背景与研究过程的详细信息是判断与支持相关研究是否具备近似随机性的关键。

总之，在一个有效的自然实验中，我们会发现正如在真实实验中那样，潜在的混杂变量在实验组与对照组之间被抵消掉了。需要注意的是，这种相抵效应的存在不是因为研究者对占地者的相关背景因素进行了匹配（正如许多传统的观测性研究那样），而是因为实验处理分配过程本身就类似于一个随机过程。然而，各种形式的定量与定性证据，包括实验处理分配过程的详细信息，都必须用来判断占地者在对照组与实验组之间的分配是近乎随机的。在本书大部分内容中，我们将反复讨论这些证据对于随机性过程何时有效、何时无效。

如果我们对这种近似随机的方法报以信任，那么自然实验在因果推断中所扮演的重要角色就毋庸置疑。如果没有自然实验设计，混杂变量就可以解释获得产权的占地者与未获得产权的占地者之间的后验差异。例如，一个有趣的发现就是，那些获得产权的人会存在一种"自我强化"（不是指"自我欺骗"）的精英主义信念，而这一点本来只能被那些获得或未获得产权的占地者身上的一些未被观察到的特征所解释。

斯诺关于霍乱的研究

加列尼和沙格罗德斯基（2004）的研究方法与我将要提到的第

三个经典的例子类似，这个例子是自然实验在另一个不同领域中的应用，也很值得进行细致推敲。约翰·斯诺是一个生活在 19 世纪伦敦灾难性霍乱流行时期的麻醉医生（Richardson，〔1887〕，1936，第 xxxiv 页），他认为霍乱传播的方式在于水源性传染，这与当时的霍乱传播的流行理论"空气传播假说"相悖。斯诺注意到，霍乱的流行遵循着人类交互行为的轨迹（〔1855〕，1965，第 2 页）；此外，还有一个现象支持了他的论断，即那些航海海员在到达疫情重灾区的港口时并不会感染，只有下船登陆之后才会被感染，这也间接证明了他的理论。在伦敦疫情传播的 1853—1854 年间，斯诺通过描绘地图的方式来反映不同地方的疫情感染人数，结果发现死亡人数主要集中在伦敦索霍区（Soho District）的布罗德街道（Broad Street）供水处。因此斯诺认为，正是由于此供水处的水质污染才导致了霍乱的传播。

　　然而，斯诺关于霍乱传播最为强烈的证据正是来源于他对于 1853—1854 年疫情传播的这一自然实验的观察研究（Freeman，1991，1999）。伦敦的绝大部分地区供水都来自于兰贝斯公司（Lambeth）和萨瑟克–沃克斯豪尔（Southwark & Vauxhall）两家供水公司。在 1852 年，兰贝斯公司将其进水管道移到了泰晤士河的更上游的地段，以保证其"远离伦敦市所排放的污水"，而萨瑟克–沃克斯豪尔公司仍将其进水管道放置在原地（Snow，〔1855〕，1965，第 68 页）。斯诺对伦敦因霍乱而造成的家庭人员死亡，以及每个家庭使用的供水公司和每一家公司的用户总数都进行了记录。随后，他制作了一张简单的交叉表，用以显示不同水源地所发生的霍乱死亡率。如表 1.1 中所示，使用萨瑟克–沃克斯豪尔公司供水的家庭，霍乱死亡率为 3.15%，而对于使用兰贝斯公司供水的家庭，霍乱死亡率仅为 0.37%。

表 1.1　供水来源与霍乱死亡率

公司	用户数	霍乱死亡人数	每万人死亡数
萨瑟克-沃克斯豪尔公司	40046	1263	315
兰贝斯公司	26107	98	37
伦敦其他供水公司	256423	1422	56

注意：上表显示了 1853—1854 年间伦敦霍乱疫情暴发时使用两家供水公司的家庭的死亡率。

资料来源：Snow（〔1855〕，1965: table IX，第 86 页）（也可见 Freedman, 2009）。

为什么这是一个可信的自然实验呢? 正如加列尼和沙格罗德斯基对于阿根廷土地产权问题的研究一样，斯诺也是通过各种形式的证据为那些使用了干净水源与污染水源的家庭确立了预处理等价性。他的描述是最有说服力的：

"供水渠道的混合使用是常见的供水方式。每个公司的供水管道都会沿着不同街区通向所有的房屋和小巷。由于双方供水公司对所属用户的激烈竞争，不同的家庭会使用不同公司的供水。在许多情况下，甚至一个房子的两侧供水渠道都不相同。每一家公司既给富人供水也给穷人供水，既给大房子供水也给小房子供水时；接受不同公司供水的家庭用户的生活条件和职业类型都没有差别……显然，没有比这更能够全面检验供水对霍乱的影响的实验了。"

（Snow，〔1855〕，1965，第 74—75 页）

尽管斯诺没有收集数据来系统地评估潜在混杂变量的相抵效

应（例如接受不同公司供水的用户的家庭条件与职业类型）或者用正式的统计检验方法来研究这种相抵效应，但是他对于两组用户的预处理等价性的关注却很具有现代性，这使得他的研究工作可以被看作是一个有效的自然实验。

与此同时，关于决定水供给源的背景与过程的相关定性信息在斯诺的研究中是非常重要的。例如，斯诺强调，在特定地点选择哪家供水公司是由在外房东所决定的。因此，在很大程度上，居民用户没法自己选择水供给源——故有关用户个体的各种干扰性特征无法解释表 1.1 所示的巨大死亡率差异。此外，兰贝斯公司所做出的将其供水管道挪到泰晤士河上游的决定是早于 1853—1854 年霍乱暴发的时期的，并且当时的科学水平并不能确定水污染与霍乱爆发之间的风险关系。正如斯诺所指出的，兰贝斯公司移动水管的举措意味着将 30 万不同年龄、不同阶层的人"以他们无法选择甚至大部分情况下并不知情的方式分入了两个大组，其中一组的供水来自伦敦的地下水，其中可能包含了霍乱病毒，而另一组的供水则是干净的水"（Snow,〔1855〕,1965，第 75 页）。

正如阿根廷土地产权研究一样，在此，通过一种近似随机的方式，用户被分成了不同的实验组和对照组。实验分配处理的过程本身就消除了各种混杂变量的影响。

类似于加列尼和沙格罗德斯基的研究，斯诺关于霍乱传播的研究也充分体现了一个成功的自然实验所应该具备的因素。如果供水源的分配方式真是随机的，那么混杂变量就不成问题，就好比一个真实的实验一样。实验组与对照组的直接对比，就足以阐明或否决一个关于土地产权影响的因果推断结论。例如，表 1.1 意味着，

15　平均死亡率的差异可以用来估计供水源的影响，从而也将提供一个可信的证据来表明霍乱传播与水质污染有关。在强有力的自然实验中，统计推断的过程是直接且清晰的，并且它可以依赖于可信的数据产生过程的假设（我在本书的其他地方会详细地探讨这一主题）。斯诺所使用的 2×2 型表与交叉表等定量分析工具在今天看来也许十分陈旧，但是正如弗里德曼（Freedman，1995，第5页）所说的，"相比所使用的技术手段，该研究的设计方法与研究结果的重要性才是最有意义的"。

1.3　自然实验的种类

那么，究竟什么是自然实验？正如以上所讨论的，这一方法的定义最好与另外两种不同的研究设计方法联系起来——真实实验与传统的观测性研究。一个随机控制实验往往具有以下三个标志（Freedman、Pisani 和 Purves，2007，第4—8页）：

（1）分配到实验组的实验样本的反应结果与分配到对照组的实验样本的反应结果之间具有可比性。[1]

（2）对于样本在实验组和对照组之间的分配过程是通过譬如抛硬币这样的随机性机制来随机完成的。

（3）对于实验组样本的处理（或者说干预）必须处于实验研究者的充分控制之下。

---

　　① 即使不存在干预实验，对变量进行对照与控制的定义也是存在的，但是在自然实验中，它将不采用类似的定义方法。实验中会存在多个组别以及多种干预状况，会对需要对照的样本进行控制。

　　以上每一个特点都在实验模型中扮演着至关重要的角色。例如，在一项新药品的临床实验中，实验组的对象分配到了新药，而对照组的对象没有得到，这就使得不同组对象的健康状况是可以比较的。随机分配确立了不同组对象的事前对称性，从而消除了混杂效应。因此对于干预条件的实验性处理就可以为新药使用与健康状况之间的因果关系提供进一步证据。[①]

　　一些传统的观测性研究往往都具有真实实验的第一个性质，因为自变量的不同取值（或不同的实验状况）是可以对比的。的确，这种对比是许多社会科学研究的基础。但是，在典型的观测性研究中，实验分配过程远不是随机的，实验组与对照组之间的自选择效应通常非常严重，从而产生了混杂效应。此外，也不存在实验性处理——毕竟，这就是观测性研究。因此，传统的观测性研究不具有真实实验的第二个和第三个性质。

　　另一方面，自然实验拥有真实实验的第一个性质（因为实验组与对照组的结果处理状况是可以进行比较的），也至少部分具有真实实验的第二个性质，因为实验配置过程是随机的或近似随机的。这一点是自然实验不同于观测性研究的原因，因为后者是不具有任何随机性的。另外研究者如何保证实验分配过程的随机性（甚至当不存在任何真实的随机性机制时），成为一个重要而微妙的问题。然而，作为一个定义性与概念性问题，这正是自然实验区别于传统的观测性研究的地方，它使得自然实验更像是真实实验而不是观测

────────────

　　① 更多关于实验过程中的因果关系机制的阐述，参见 Goldthorpe（2001）和 Brady（2008）。

性研究。但是，与真实实验不同的是，自然实验中的样本数据都是来自于"自然"发生的现象——事实上，在社会科学研究领域，这些现象往往都是政治与社会力量的结果。由于实验变量的处理通常不在分析者的控制之下，自然实验事实上是观测性研究。因此，性质三区分了自然实验与真实实验，而性质二则区分了自然实验与观测性研究。

关于此定义，有两点值得指出，一点是关于"术语"的问题，另一点则是关于概念的问题。首先，值得注意的是，"自然实验"的标签可能是不幸的。正如我们将要看到的，社会与政治力量所产生的近似随机性的实验分配过程在通常意义上其实一点都不"自然"。[①]其次，自然实验说到底是一种"观测性"的分析方法，而不是真实实验，因为它们缺乏实验性控制与干预。总之，自然实验既不是"自然的"也不是"实验"。然而，"自然"一词却体现了许多被意外发现的研究设计的"自然"特质，且其与"实验"之间的相似性也值得关注。[②] 因此，"自然实验"这一标准术语依然会广泛用于描述我在本书中所讨论的各种研究设计之中。因而，我坚持使用这一术语，而不再引入新的学术性术语。

另外还有一点关于真实实验与随机自然实验之间的区别需要强调一下。当处理过程真正具有随机性时，一个自然实验就充分具备了真实实验的第一个和第二个性质。然而，实验研究者无法充分

---

①　Rosenzweig 和 Wolpin（2000）将这些"自然的"自然实验，譬如那些利用"气候冲击"作为干预对象的实验，与其他种类的自然实验进行了区分。

②　接下来我将要强调的是它与另一个相似术语"准自然实验"的区别，它们之间存在着非常重要的研究设计差别。

控制实验的干预处理过程。这意味着第三个性质看起来的确是自然实验与许多真实实验之间的重要区别所在。毕竟，研究者如此热衷于自然实验的主要原因就在于他们希望估计与研究那些很难或不可能进行实验处理的自变量因素的影响，例如政治制度、殖民统治、土地产权、兵役制度等。①

对于一些读者而言，也许研究者像在真实实验中那样对研究对象进行充分控制的要求并不是很必要的。毕竟，即使在某些真实实验中，研究者也远远不能做到对研究对象进行绝对严格的控制；而在有些自然实验中，政策制定者也能够做出精确符合研究者所希望的各种严格的实验性控制。

然而，实验干预的计划性是真实实验的一项基本属性，这是它们与自然实验的最大区别。在真实实验中，实验计划能够确保那些复杂的实验设计条件是可以进行相互比较的（正如析因试验设计那样），而这一点在自然实验中就往往难以实现。相比之下，自然实验中的许多"意外"因素将会成为研究设计中所面临的特殊挑战。正如我们将在本书后面所提到的，若实验干预不在自然实验研究者的控制之下，就会给实验推断结果的解释带来麻烦，因为它们是"自然的"、往往不可能按照研究者所希望的那样去发展。因此，看起来还是非常有必要区分随机控制实验与拥有真实随机性的自然实验。

在上述广泛的定义范围内，存在许多类型的自然实验。尽管可能有很多种分类，但在本书中我将自然实验划分为三种类型：

"标准"自然实验（见第二章）。这一类自然实验包括阿根廷的 18

---

① 从理论上讲这些变量都是可以进行实验控制的，但是事实上并不可能实现。

土地产权问题研究、斯诺的霍乱传播问题研究以及其他的一些案例。此类实验都能够实现完全或者近似的随机性。这一点也是它与下面两类的最大区别。

断点回归设计（见第三章）。在这种类型的设计中，研究者先确立一个协变量的阈值，然后根据阈值来划分研究组的干预分配过程。例如，那些分数刚好高于分数线的学生会被批准进入特定的项目，而那些分数刚好低于分数线的学生则不会被批准。从而对于在分数线附近的学生而言，他们能否入学存在运气因素，这意味着将分数线附近的学生分为"被批准"和"未被批准"的两组对象，这种分配就具有随机性。因此，对于这两组样本的比较，就能用以估计该项目对于学生的影响。

工具变量设计（见第四章）。在这类研究设计中，实验单位并非被随机或近似随机地分配到关键实验组，而是被随机或近似随机地赋予了与实验组相关的某一变量值。在征兵的例子中，士兵只是被随机地赋予了参军资格，而不是被随机地决定是否真的入伍。但是，士兵"是否获得参军资格"却可以作为"是否服兵役"的一个工具变量；在一些重要的假设下，这一工具变量就可以用来分析服兵役的影响。工具变量也可以在标准自然实验和一些断点回归设计中作为分析技术来使用。然而，在许多自然实验中，重点关注的是只与实验组相关的那些变量的随机化赋值，而不是关键实验变量的随机化赋值本身。因此，将工具变量法的讨论与标准自然实验和断点回归设计的讨论区分开来是有意义的。

对各种自然实验进行归类为我们综述现存自然实验案例提供了一个有效的分析框架，正如我在本书第一部分中所做的那样。

1.3.1 与准实验和匹配法的比较

在回答本章前面所提出的问题之前，有必要将"自然实验"
与一些观测性研究方法相区别，二者常常被错误地混淆了。唐纳
德·坎贝尔（Donald Campbell）与他的同事们将这一类研究称之为 19
"准实验"（Campbell 和 Stanley，1966）。我对于自然实验的定义
将与之不同。在关于"准实验"的设计过程中，并没有对其施加诸
如随机性或近似随机性分配过程的要求。的确，正如阿肯（Achen，
1986，第 4 页）在其书中所说的，准实验的统计分析更多地关注于
那些没有被随机分配的因素。尽管仍有许多研究者如安格里斯特
（Angrist，1990a）将自然实验称之为准实验，但是我觉得还是有必
要区分一下这两个术语之间的区别。在本书中，我将一直使用"自
然实验"这一术语，而不是"准实验"。

事实上，将自然实验与标准的准实验设计进行比较是非常有益
的。来看一个由坎贝尔和罗斯（Campbell 和 Ross，1970）提出来的
非常著名的准实验，他们考虑了在 20 世纪 60 年代美国康涅狄格州
通过的一项车速法对于降低交通事故死亡率的影响问题。这里的
问题是，对于降低交通事故死亡率而言，到底在多大程度上可以归
功于车速法颁布的影响；一个关键的问题在于，车速法颁布的时间
与地点并不是随机的。例如，在车速法颁布的那年，美国康涅狄格
州经历了非常高的交通事故死亡率，或许正是因为当交通事故死亡
更常见时议员的选民就会有更强烈的改革愿望。因此，随后该州的
交通死亡率的降低在某种程度上可能只是异常高死亡率的正常回
归。立法者在一段交通事故超高死亡率时期之后通过一项车速法，

这一事实是一种非随机性干预，从而导致了坎贝尔和罗斯在讨论这项准实验时所面临的困难。正是因为这种非随机性的干预，坎贝尔提出了一系列"内部效度的威胁因素"，即当我们将交通事故死亡率降低归因于车速法颁布时所可能产生的误差来源。

坎贝尔提出了许多针对这一实验设计的改进方法，例如，得到附近其他州的交通死亡率数据情况，扩展所研究的时间序列长度以观察法律颁布前与颁布后的死亡率对比情况等。然而，这些改进和受控的比较分析也不可能将该研究转化为一个自然实验，即使它们能成功地消除混杂变量的影响（这一点是无法证实的，因为混杂效应可能来自于不可观测的因素）。当然，这并不能否定这些改进方法的价值。但是，这个例子的确说明了自然实验与准实验的关键区别：在准实验研究中，通常可以发现明显相似的比较组或者引入了统计性的控制条件；而在自然实验中，实验处理过程要求具有随机性或近似随机性，从而在实验处理变量与混杂变量之间产生了统计上的独立性，例如越南战争中的征兵制度研究，甚至阿根廷土地产权研究也算得上。关键在于，在准试验中，不要求实验处理过程的随机性或近似随机性；内部效度威胁的产生正是由实验处理过程的非随机性导致的。

出于类似的原因，自然实验还应该与在传统观测性研究中逐渐兴起的匹配研究法相区分。匹配法与标准的回归方法相似，是一种通过协变量调整来控制已知混杂变量的方法。例如，吉利根和瑟金提（Gilligan 和 Sergenti，2008）研究了联合国维和行动对于结束内战的国家维持和平的影响。作者注意到联合国在发生内战的国家里所进行的维和行动是非随机的，那些接受了维和行动的国家与那些未接受维和行动的国家之间的差异（而非是否具有联合国维和行动本身）或许就可以解释这些国家之间的战后差异，因而作者使用了匹配法来调整这一非随机性。依据它们在各个方面（例如是否存在非联合国维和行动、种族分化程度、以前战争的持续时间等）是否有相似得分的标准，将有维和行动的国家与那些没有维和行动的国家进行匹配（即配对）分析。那么现在就可以假设，一个国家是否接受联合国维和行动（在各个方面的得分分别处于相应的层次）是完全随机的。[①]

在匹配设计中，实验处理既不是随机的也不是近似随机的。在强调了可观测的混杂变量之后（也就是说，研究者可以观察和测量这些因素），就可以将实验组和对照组进行比较。与自然实验相比而言（在自然实验中，近乎随机的实验处理使得研究者可以控制住可观测的和不可观测的混杂变量的影响），匹配法只能假设分析者可以测量与控制那些相关的（已知的）混杂变量的影响。一些研究者认为，匹配法产生了与双胞胎研究等价的效果，在双胞胎研究中，一人被随机地置于实验组，另一人则置于对照组（Dehejia 和 Wahba，1999；Dehejia，2005）。然而，当匹配法企图通过可观测变量获得近似随机性时，不可观测的变量则完全可能扭曲这些结果。如果使用统计模型来进行匹配研究的话，那么统计模型背后的前提假设就扮演着至关重要的角色（Smith 和 Todd，2005；Arceneaux、Green 和 Gerber，2006；Berk 和 Freedman，2008）。[②]与此相比，在

---

① 在实际的研究中发现，联合国维和行动的干预至少在很多方面是非常有效的。

② 其中的一个例子就是"倾向得分匹配法"，其中样本之间的匹配程度与"倾向性"取决于那些已知的干扰因素。可参见《经济与统计评论》（*Review of Economics and Statistics*）的特刊专辑（2004 年 2 月），第 86 卷第 1 期。

21 成功的自然实验中，就不需要对那些可观测的混杂变量进行控制，
而这正是我目前所要强调的一点。①

　　匹配设计法与自然实验之间的比较再次强调了充分理解实验
设计与处理过程的重要性。在自然实验中，分析者的责任是解释
社会与政治力量是如何完成随机性或近似随机性实验处理过程的。
通常来说，正如我们将要看到的那样，详细的背景知识对于识别与
设计一个自然实验来说非常重要。与匹配法所不同的是，这种方法
的研究重点不在于分析者在事后分析中的数据调整以应对混杂效
应或其他对于因果推断有效性的威胁。重点在于，如何采用事前的
实验处理过程在实验处理变量与混杂变量之间产生统计独立性，从
而对实验处理变量的因果效应进行有说服力的推断。

　　总之，自然实验研究的核心旨在尽力使用随机性或近似随机性
的实验过程来研究因果效应，而不是试图从统计上控制混杂变量。
至少在原则上，这就是自然实验和传统的观测性研究（包括准实验
和匹配法）之间的区别。

1.4　基于设计的自然实验研究

　　如何解释自然实验在社会科学中的兴起？自然实验研究的兴

---

　　① 研究者们有时建议对协变量也采取一种近似随机分配的模式。例如议会官员
的重新选举中可以考虑种族与党派身份等因素，将其以随机方式分配到特定的选区。
然而，这样做的困难在于，难以建立一个能够反映真实随机过程的模型。一个怎样的
函数或者匹配类型能够反映出选举时参考了种族与党派的因素？什么时候重新划定选
区？这些答案都是无从知晓的。

起体现了社会科学方法论上的三种具有内在联系的趋势。在最近的十年左右，许多方法论研究者和实验研究者已经强调了如下三个方面：

(1) 传统的回归分析所通常面临一些严重的问题(Achen，2002；Brady 和 Collier，2010；Freedman，2006，2008，2009；Heckman，2000；Seawright，2010；Sekhon，2009)；

(2) 强实验设计，包括现场实验与自然实验，作为有效因果推断工具的重要性(Freedman，1999；Gerber 和 Green，2008；Morton 和 Williams，2008；Dunning，2008a)；

(3) 定性分析与定量分析相辅相成的多元方法研究的优点(Collier、Brady 和 Seawright，2010；Dunning，2010a；Paluck，2008)。

第一点特别值得强调，因为它与许多社会科学研究实践相违背。在过去的几十年里，在倾向于量化分析的研究中，多元回归分析及其扩展方法是从观测性数据进行因果推断的主要工具。经验量化方法的技术研究导致了这些方法的形成，而这些方法重点关注于估计复杂的线性与非线性的回归模型。正如阿肯(Achen，2002，第 423 页)所言："理论成熟性与计算能力的爆炸性增长相结合，为众多政治研究者提供了极为丰富的估计工具。"

这种研究方法的增加背后是基丁这样的信念：他们可以提供更有效的因果推断，但可能弥补了不那么理想的研究设计。事实上，多元回归分析的一个合理性在于，它能够提供接近于真实实验的比较分析结果。正如一本标准的计量经济学教科书中所说的那样："多元回归方法的意义就在于它能够允许我们在非实验环境下，可

22

以像自然科学家在可控的实验环境中那样进行研究——保证其他因素不变。"（Wooldridge，2009，第 77 页）

然而，一些顶尖的方法论研究者已经开始质疑这些方法试图复制实验性的能力（Angrist 和 Pischke，2008；Freedman，1991，1999，2006，2009），他们还强调这些方法的其他技术性缺陷，包括那些更高级、更先进的模型与估计方法——所有的那些被布雷迪、科利尔和西赖特(2010)称之为"主流的量化分析方法"。这类"基于模型"的因果推断方法（用复杂的统计模型来测量和控制各种混杂变量）至少存在两个主要的问题。①

23   首先，此类方法假设对于潜在混杂变量的统计调整可以导致实验处理变量与不可观测因素之间的统计独立性。粗略地说，条件独立性意味着在所测量的混杂变量所定义的层级中，实验组的分配与其他因素是相互独立的。然而，这种条件独立性却很难实现：因为所有相关的混杂变量都必须被识别与测量（Brady，2010）。回顾以上我们所提到的例子，与服兵役和役后收入有关的可能的混杂变量有哪些？或者，与土地产权与信贷市场进入途径有关的可能的混杂变量有哪些？并且，研究者该如何可靠地测量这些潜在的混杂变量呢？众所周知，在多元回归分析中，当模型对混杂变量存在遗漏时，结果可能会导致"缺省变量偏差"或"内生性偏差"。另一方面，在回归方程中包含不相关变量或测量不佳的变量同样可能会导致其他问题，从而使得因果效应的推断更加不可靠（Clarke，2005；

---

① "统计模型"是那些阐释了如何生成数据的概率模型。在回归分析中，统计模型主要考虑的是，在函数中，哪些假设和变量是应该被包含进去的，哪些是不能观测到的随机误差项，以及误差项与可观测变量的关系问题。

Seawright，2010）。

这就导致了识别研究者应当测量何种混杂变量的主要问题。在许多研究中，研究者（及其批评者）都能够识别出一个或多个潜在的混杂因素。然而，观察者对于因果推断效度的各种威胁的重要性却可能各持己见。此外，因为混杂效应往往来源于那些未观测到的或未测量到的变量，最终，若没有很强的假设的话，混杂效应的方向和范围无法验证。所谓的"垃圾桶式回归（garbage-can regression）"的使用（即研究者试图包含所有潜在的可测的混杂因素）已完全是一片狼藉（Achen，2002）。然而，这使得研究者在到底应当测量哪些变量的问题上多多少少带来了一些遗憾，从而可能使得其读者有理由怀疑其研究结果的可靠性。

其次，这类典型的"基于模型"的因果推断方法所面临的一个可能更为深刻的问题在于，关于数据生成过程的详细描述往往具有很强的可信度，而模型自身却是缺乏这种可信度的。从回归分析中推断因果关系，需要一个关于数据生成过程的理论［即一个"反应系统框架（response schedule）"，参见弗里德曼（Freedman，2009，第85—95页）和赫克曼（Heckman，2000）］。这一理论是关于一个变量在研究者干预和处理其他变量时如何反应的假说。当然，在观测性研究中，研究者无法对其中的任何变量施加任何影响，那么这一理论就依然只是一个假说。但是，由社会与政治过程所产生的数据可以用来估计当其他变量被处理时一个变量所可能产生的平均变化量——当然，假设研究者有一个关于数据生成过程的正确理论。

尽管关于数据生成过程的模型的正确性是构造一个有效模型的前提，但却远远超出了识别混杂效应的需要。关于自变量与因变 24

量之间的函数关系假设也是模型识别中必不可少的环节。或许更为关键的是，回归方程的参数（系数）告诉我们，当研究者改变了自变量的取值时，因变量该如何反应——这有时候被称为结构参数针对实验干预的不变性。各种模型是否能提供以及如何提供关于数据生成过程的可信描述，将会是本书后续章节的一个重要主题（见第五章、第六章和第九章）。

　　鉴于这些困难，研究者所关注的重点也发生了转变，由热衷于复杂高深的统计模型与估计方法，转向了探求更具有简洁性与透明性的数据分析方法，以及关于研究设计的更为基础性的问题，即上文中所阐述的趋势（2）。这一新趋势与传统的定量分析研究实践相去甚远，而在传统的定量分析研究中，统计模型越来越复杂，其各种假设也难以解释、难以合理化，并且难以验证。

　　当然，许多重要的研究文献早已经强调了关于因果推断的研究设计的重要性，见金、基奥恩和维巴（King、Keohane 和 Verba，1994）以及布雷迪和科利尔（Brady 和 Collier，2010）等人的研究。当下一些研究者更为强调的是，如果研究设计方法本身存在缺陷，那么在统计模型层面的调整对于支撑其因果推断基本上毫无用处。正如色肯（Sekhon，2009，第 487 页）所说的："若没有真实实验、自然实验、断点回归或其他强实验设计方法，计量或统计模型怎么也不可能使研究者从相关分析向因果分析进行有说服力的转变。"

　　在此，我们找到"基于设计"类研究的一个合理性。也就是说，能够控制混杂因素的研究主要取决于研究设计方法的选择，而不是事后的统计调整（Angrist 和 Krueger，2001；Dunning，2008b，2010a）。如果不采取随机性或近似随机性的实验配置方法，那么那些未被观测到或未被测量到的混杂因素就会威胁到因果推断的有效性。然而，一旦采取随机性的实验处理与分配方式，那么实验组之间的混杂效应平均来说就被抵消了。这意味着，研究者不再需要面临在回归方程中潜在变量取舍的难题：随机性分配过程抵消了所有潜在的混杂效应（除了随机误差），无论这些混杂效应是否能够被有效测量。因此，正如前面色肯所说的，我们发现了两种策略之间的鲜明对比——其一是企图使用统计建模来实现从相关分析到因果分析的转变，其二是研究者依靠研究设计的优势来控制那些被观测到和未被观测到的混杂因素。第一种策略，即通过统计建模来控制混杂变量，在诸多社会科学研究领域中遭受了严重的质疑。因此，当一些方法论研究者继续对真实实验和各种形式的自然实验的优缺点进行争论时，有一种观点引起了极大的共鸣：强研究设计提供了最可靠的减轻混杂效应问题的手段。这就是最近关于真实实验与自然实验的研究正炙手可热的原因。

然而，关于社会科学中基于设计类的研究的增加，还有另外一个重要的原因，这一原因与前面提到的基于建模类的因果推断有关的第二种困难紧密相连（Dunning，2008a）。如果实验处理与分配方式的确是随机的或近似随机的，那么通过实验组与对照组平均结果的简单对比，就足以进行有效的因果推断。[①] 此外，这种简单性依赖于数据生成过程的模型，而这一模型在真实实验与自然实验中通常是可信的。在随后的章节里，我将介绍一个简单的模型（即所谓的内曼潜在结果模型，亦即所谓的内曼–霍兰–鲁宾模型），它

---

① 换句话说，均值差检验能够估计出实验干预中的平均因果效应。

通常作为自然实验研究的正确起点，然后我将介绍该模型应用于自然实验数据分析的一系列前提条件。在使用该模型时，研究者能够避开基于建模类的推断中所常有的严重问题；在基于建模类的推断中，会使用复杂的因果与统计模型来控制混杂因素（见第五章）。

　　总之，诸如强自然实验之类的研究设计往往在数据分析方面具有简洁性与透明性，因为它们基于可信的关于数据生成过程的假设。这是构成此类研究方法的一个重要的优点，并且原则上，它使得自然实验和基于设计类的研究从根本上与基于建模类的推断研究区分开来。然而，在实践中，复杂的回归分析有时仍然适用于那些由强研究设计所产生的数据。因此，如何提高自然实验数据分析的简洁性、透明性与可信度，是本书中一个重要主题。

　　这也将我们带到前面所列举的第三个也是最后一个主题，即多元方法的意义与价值。有说服力的自然实验通常情况下都涉及多元方法的使用，包括最近许多学者所提倡的定量与定性分析相结合的方法。例如，当有时候统计与定量分析工具有助于自然实验的分析时，对于识别自然实验的存在性与寻找实验分配方式近似随机性的证据而言，与定性研究相关的知识背景就显得至关重要了。此外，各种类型的定性证据也许有助于提高定量分析中因果与统计模型的有效性。为了寻找各种证据以支持我们的因果推断研究，也可能需要同时涉及定性与定量分析的实地调查研究（Freedman，1991）。与其他研究设计类似，自然实验研究必须建立在扎实的专业基础上，否则也不会如此引人注目。

　　然而，在自然实验中，定性与定量相结合的方式不同于其他类型的研究，比如将跨国回归或国内回归或数理模型与案例研究等其他一些定性分析结合起来的研究方法（Fearon 和 Laitin，2008；Lieberman，2005；Seawright 和 Gerring，2008）。在成功的自然实验研究中，所涉及的简单而透明的定量分析依赖于上文所提到的内曼潜在结果模型。然而，对于激发与验证这些模型的诸多假设而言，定性分析通常是至关重要的。此外，与自然实验的产生背景与过程相关的各种具体信息对于验证许多自然实验的近似随机性假设而言也很关键。自布雷迪、科利尔和西赖特（Brady、Collier 和 Seawright，2010）之后，这种关于自然实验产生背景与过程的信息可被称为"因果过程观测"（causal-process observations）（也可参见 Mahoney，2010）。[1]

在本书中，我提出一套分类体系，用来描述几种类型的因果过程观测的重要性，包括我所命名的"干预分配型因果过程观测"和"模型验证型因果过程观测"（见第七章）。与定量分析工具一起（譬如均值差检验和平衡性检验），这些都有助于分析与估计自然实验的成功性。与之前的方法论研究相比，我的目标是为定性分析方法在自然实验中的应用建立更为系统的基础，以及强调如何使用多元方法来增强基于设计类的研究的吸引力。

1.5　自然实验的评估框架

上述讨论蕴含着本章导论中的最后一个问题：如何评估一个自

---

[1]　Brady, Collier 和 Seawright（2010）认为，这种因果识别观察在重点关注数据的同时，能够得到实验前后、实验过程或实验机制的有效信息，换句话说，它能够提取每一个样本中的因变量与自变量因素。

然实验的合理性？为了回答这个问题，我们可以思考研究设计方法的三个维度：合理性、可信性与相关性（Dunning，2010a）。这一评价方式具体包括：(1)实验干预分配过程的近似随机性假设是否合理；(2)因果与统计模型是否可信；(3)实验干预分配的实际过程是否相关。基于这三个维度考量的实验设计方法是本书第三部分内容的基础，在这里我们先进行简单的讨论，为后面的内容做准备。

在社会科学研究的因果推断中，这三个维度的评估总会面临不同的挑战：(1)混杂因素的影响；(2)由观测性数据得到的因果或随机过程的识别；(3)对于特定实验结果及其解释如何推广到相似的实验研究或研究外的其他总体中去。虽然这个总体框架可以用来分析任何研究设计的优势和局限（包括真实实验和观测性研究），但它特别有助于分析自然实验，因为不同的自然实验在这些不同维度下通常具有非常重大的差异。

1.5.1 近似随机性的合理性

有一些自然实验，譬如那些具备真实随机性过程的自然实验，其近似随机性很容易验证。例如，在彩票研究中，除非其随机过程出现了失误，实验的处理分配过程的确具有真实的随机性。但是往往这种随机性由政府或其他大型机构操控，而很难由研究者自身来进行控制——毕竟这是自然实验，而非真实实验，此时对于近似随机性的评估就显得非常重要。① 在本书的后面章节，我将使用定量

---

① 例如，在 20 世纪 70 年代的越南战争时期，征兵抽签序号按照从 1 月到 12 月的顺序放入罐中，随后因为罐子的混合程度不足，导致后来几个月被抽到的概率太少（参

与定性相结合的方法来介绍这一过程。

然而，如果缺乏真实的随机性过程，那么关于实验分配方式具备随机性的断言则是不合理的，因为缺乏显而易见的定量与定性证据来支持这一点。由于近似随机性是自然实验的定义性特征，研究者有责任使用本章之前和之后提到的各种方法，通过显而易见的证据来支持他们关于实验分配过程符合随机性假设的判断。最终，近似随机性只能部分被证实，而这就是自然实验相对于真实实验的麻烦所在。

不同的研究对于"近似随机性"的遵循程度也不尽相同，可以将其合理性的不同程度进行排序（第八章）。当研究中的近似随机性很有说服力时，其自然实验设计从这个方面来看就可称为强自然实验。如果实验分配方式缺乏足够的近似随机性，那么他们的研究设计就缺少自然实验所该具有的特质，由此得出的因果推断结论也更加脆弱。

1.5.2　模型的可信度

对于回归分析持广泛怀疑的原因之一就在于其模型中包含了诸多不合理假设——这将会降低模型的可信度。在一个强自然实验中，近似随机性能够保证实验处理过程能够剔除掉影响实验结果的其他因素，这将意味着研究本身并不需要太多的多元统计模型。在

见 Starr，1997）。当然，出生日期在统计意义上仍然可以被假设看作是独立于潜在结果的（即最终是否被征兵法案抽中，见第五章）。但是，如果有任何因素可能导致随机性失效，那么这种假设就不再成立。因此，由此得到的经验就是，即使在自然实验中，研究人员也应该对随机性进行有效的评估。

自然实验中，内曼潜在结果模型（将在第五章介绍）通常提供了合理的研究起点（尽管该模型也具有某些重要的限制），在自然实验的实际应用中，要切实注意模型与现实的贴切程度。如果内曼模型是适用的，通过对实验组和对照组的均值或比例的比较分析就可以保证数据分析的简洁性与透明性。

不幸的是，尽管这在理论上是无误的，但在实际应用中有时却并非如此。经验研究也可以通过对其所依赖的因果与统计模型的可信度进行可信度排序（第九章）。正如近似随机性的合理性维度一样，依据可信的程度对研究进行排序也会具有主观性。然而，这一事实说明了，自然实验的有效性并不意味着其数据分析必然会简单、透明且基于可信的数据生成过程模型。

值得注意的是，因为在经典的自然实验中所采用的因果与统计模型通常涉及实验分配具有充分随机性的假设，故随机性的合理性维度常常可以被看作是由模型可信度所衍生出来的。毕竟，若一个统计模型采取了实验分配随机性假设，而该假设又是错误的，那么该模型的可信度就不如其对于数据生成过程的描述的可信度。然而，我们有两个理由可以将随机性的合理性与模型的可信度问题相区分。第一，正如本书中所讨论的，合理的随机化实验干预远远不能保证基本统计与因果模型的可信度。有许多这样的例子，其实验干预具有合理的随机性，但是其模型却缺乏可信度，而有的研究尽管合理的随机性不能保证，但是却具备更有说服力的统计与因果模型。因此，这两个维度并非完全等价。第二，因为近似随机性假设对于自然实验而言具有本质意义，因此我们也有必要将其与其他假设分开讨论。

1.5.3　实验干预的相关性

自然实验的第三个维度就是实验干预的实际相关性。有人也许会问：近似随机性的实验干预到底能够为其研究带来多大的理论意义、实际意义和（或）政策意义？

基于多种原因，这一问题的答案值得推敲。例如，在自然实验中，其所处理的研究样本的类型通常或多或少就是我们所最为关注的对象。譬如在关于彩民选举行为的研究中，每一个彩民的输赢完全是随机的，但是我们总是怀疑那些彩票赢家是否与其他人有所不同。此外，一个特定的实验干预可能会对不同的研究样本产生异质性的效应，从而有别于我们所最感兴趣的结果。在彩民研究的例子中，彩票中奖奖金的大小会与工作所得一样影响人们的政治倾向（Dunning，2008a，2008b）。我想最终表明的是，在社会科学研究中，自然实验干预（正如一些真实实验那样）可能会将许多不同类型的实验处理手段混为一谈，这就限制了我们在特定实际目标或社会科学目标下将最关心的解释变量延伸出来的可能性。这些想法通常在所谓的"外部有效性"（external validity）主题中进行讨论（Campbell 和 Stanley，1966），但是实际相关性还涉及一个更广的问题，即基于由社会与政治过程所导致的近似随机性实验干预方法是否真的能够对我们所关心的因果假说以及研究对象得出有效的因果推断结论。

因此，对于一些研究者而言，自然实验和类似的研究设计的使用会大大降低其研究发现在理论与实际之间的相关性（Deaton，2009）。事实上，一个巧妙的研究设计，即使其实验分配过程具备

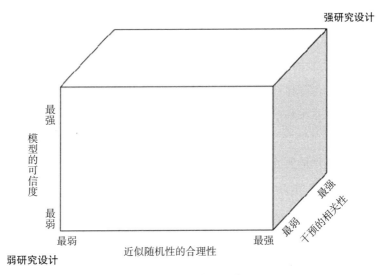

图 1.2   自然实验的类型

很好的随机性，但若其结果与实际的相关性不强，那么也不能称之为一个成功的研究设计。然而，在不同的自然实验研究中，其实验干预的相关性也存在诸多差异。这意味着，现存的研究也可以通过其实验处理的实际相关性进行排序（见第十章）——尽管其精确度有所欠缺。

这三个维度共同构成了一个强研究设计的系统评估框架（图1.2）。图 1.2 的左下角是最弱的研究设计：实验分配的近似随机性没有说服力、因果模型不可信，以及实际相关性较低。图 1.2 的右上角则是最强的研究设计，其在三个维度上都具有很强的说服力。所有的这三个维度确立了社会科学研究最为重要的方面。优秀的研究设计过程实际上就是在它们之间进行合理取舍与权衡的过程。当然，最强的自然实验研究可足够接近于立方体右上方的位置。如何有效利用定量与定性分析工具使研究设计从左下角的"弱设计"向右上角的"强设计"移动，则是本书所关注的焦点问题。

如何利用这三个维度来评估一个自然实验？让我们再次考虑阿根廷土地产权问题。首先，占地发生过程与土地产权赋予过程的细节，以及产权赋予与否的预处理等价性的统计证据，表明产权赋予过程的确具有近似随机性。当然，由于没有真实的随机性过程，所以这不如真实实验那么可信；因此，我们无法完全排除那些未观察到的混杂因素的干扰与扭曲效应。其次，保证近似随机性还不够，用于因果推断的参数模型也必须是合理的。例如平均因果效应，即在所有占地者都被赋予产权的情形下我们所观察到的结果与在所有占地者都未被赋予产权的情形下我们所观察到的结果之间的差异。例如，此模型假设被分配到对照组的占地者的行为不会受到来自实验组的占地者的行为的影响，每一个占地者的行为仅仅受到他自己是否得到产权的影响。然而，假如未获得产权的人的行为与信念，会受到其获得产权的邻居们的影响时，那么该假设就失效了。产生观测性数据过程的因果与统计模型还依赖于其他假设。因此，这些假设的可信度必须被尽可能地研究与验证。最后，阿根廷占地者的土地产权效应是否能够推广到其他情形（例如那些金融服务更加发达从而使得产权抵押借贷更加可行的地区）？又或者说，阿根廷这一产权实验是否存在特殊性？这些都是开放性问题。这些问题都需要尽可能地用先验的理论和证据去进行考察。在对一项自然实验的成功性进行评估时，以上三个维度都需要充分考虑。如果仅仅只能实现其中一个维度而不顾其他维度的话，就无法得到一个较强的研究设计。

1.6　关于自然实验的批评与局限

自然实验方法的发展与应用过程中并不是无争议的。例如，许多学者对于真实实验或自然实验是否具有对理论与实际问题进行广泛而深刻研究的能力深表怀疑。他们认为，致力于寻求真实世界的近似随机性的干预研究机会也许会将研究者局限于那些可能较为异常的情形；这些批评与对于发展经济学等其他领域中追求随机对照实验的批评是类似的。[①] 正如普林斯顿的经济学家安格斯·迪顿（Angus Deaton，2009，第426页）所说的：

"在理想状况下，随机性的项目评估是能够充分反映项目的平均效应的。但是，成功的代价在于，研究会过于狭窄、片面，无法告诉我们如何发展、如何进行政策设计，甚至无法促进我们关于发展过程的科学知识进步。"

计量经济学家詹姆斯·赫克曼和瑟吉奥·乌尔苏亚（James Heckman 和 Sergio Urzúa，2010，第27—28页）则从另一个视角来看待这个问题：

"IV（工具变量法）的支持者并没有雄心勃勃地想用此方法来解决所有的问题，这种方法常常是通过关注于较为狭窄的问题来获得更为精确的答案……其所回答的问题通常是……已经清晰构造好的经济学问题。用未能识别的'效应'来取代已清楚定义好的经

---

①　参见 Arigst 和 Krueger，2001；Deaton，2009；Diamond 和 Robinson，2010；Dunning，2008a、2010a；Gerber 和 Green，2008；Heckman，2000；Robinson、McNulty 和 Krasno，2009；Rosenzweig 和 Wolpin，2000。

济参数。"

政治学家弗朗西斯·福山（Francis Fukuyama，2011）对此也发表了他的看法：

"如今，随机微观实验已成为经济学和政治学中最为流行的研究方法，初出茅庐的研究生纷纷踏足这一领域，在一些局部层面上做一些随机干预实验，例如研究防疟疾蚊帐的共同支付行为和选举规则的改变对于种族投票的影响。这些研究设计在技术层面上没有什么问题，在微观层面上的政策评估方面也具一定的影响力。但是，它们无法告诉我们，一个政权何时会越线成为非法政权，或者经济增长如何改变社会的阶层结构。换句话说，这种方法永远不能给我们培养出下一批知识渊博的塞缪尔·亨廷顿。"

与这些批评相比，许多自然实验与真实实验的坚定拥护者对此进行了辩护。对于这些支持者而言，尽管社会经济发展的原因与结果很难把握，尽管随机性或近似随机性的实验研究也许不能告知我们关于社会与政治变迁中的一切我们想知道的事情，但是，在现实世界里，通常很难对各种经济与政治因素的影响进行有效的因果推断分析，而自然实验与真实实验为之提供了一个最为可靠的方式。支持者还认为，其他替代性研究方法常常是缺乏深度的。对于一个特定的自然实验来说，所估计的因果效应可能就是局部平均处理效应（LATEs），也就是说，它们只是刻画了特定的因果模型参数，例如在断点回归设计中，它们往往只关注于位于阈值附近的结果（见第五章）。然而，真实实验或自然实验至少为我们提供了研究这些因果效应的方向和大小的机会，这是其他的替代性研究方法所做不到的。伊姆本斯（Imbens，2009）曾写的一篇题名"慢总比没有强"

33

的文章，所表达的正是这个意思。

毋需惊讶的是，这些来自支持者的观点仍不足以回应质疑。如迪顿（Deaton，2009，第430页）所说的：

"我发现很难理解所谓的'慢'的含义。如果我们拒绝讨论因果关系的决定性因素，我们就不可能在研究中探索到什么东西；异质性并不是一个需要计量经济学答案的技术性问题，而是反映了一个事实，即我们在试图理解问题时可能并没有走上正确的轨道。"

因此，我们发现，当前研究者对于真实实验与自然实验的看法，存在着两种截然相反的观点。反对者认为，虽然这些方法可以在微观层面上为政策效应分析提供可靠的证据，但它却不能将自然实验与基于设计类研究的结论推广到更为一般的知识层面。此外，即使是针对某单一研究而言，所进行的干预研究也可能缺乏实际的或理论的相关性，因为它们无法让我们研究真正"有趣"的经济与政治模型参数。相反地，支持者则认为，真实实验与自然实验提供了因果推断最为可靠的方法，尽管有些研究看起来微不足道，但若采用其他替代性方法的话，其结果可能更差。

介于这两个极端的观点之间，本书持有较为中立的态度。进行有效的因果推断非常重要，这需要消除混杂因素的影响、描述数据生成过程的模型必须可信、数据分析应当具有简洁性与透明性。同样，实验干预过程应当同时具备理论与实际的相关性。能同时实现这些条件绝非易事。这也是为什么许多研究无法达到如图11.2中立方体右上角的"强研究设计"的原因（参见第十一章）。

然而，能够达到"强研究设计"的要求终究是一种理想状态。一个研究单凭近似随机性的实验分配过程或实验干预的实际相关性都不可能成为一个"强研究设计"。任何单一维度上的优势都会被其他维度上的缺陷所抵消。有时候，更为细致或更为实际的选择也许可以帮助研究者在所有的三个维度上都能够强化他们的研究。因而，如何达成在各个方面均为最佳的研究设计，以及如何在不可避免的情况下做出理想的权衡，这将是本书的一个重要主题。

1.7　避免概念泛化

自然实验所具有的优势在吸引众多当代社会科学研究者的同时，也会造成错误使用与过度引申的问题。这是本章导论部分的最后一个重点问题。正如我们将在本书中所看到的，自然实验被成功运用在许多重要问题的因果推断研究上，并且还会有更多有效的自然实验在等待研究者去挖掘。然而，研究者在实验处理中，有时并不能满足随机性或近似随机性的条件。如果随机性的合理程度出现偏差，那么他们所声称的自然实验研究也将出现偏差。

称这些研究为"自然实验"是不合适的。早先关于"准实验"的强烈兴趣在此可作为一个有意义的类比。著名学者唐纳德·坎贝尔（Donald Campbell）就曾表示他对自己曾使这个概念得以流行而感到后悔，正如他所说的：

"也许我本人与斯坦利（Campbell 和 Stanley，1966）应该为我们给予准实验设计一个这样的好名字而感到内疚。有的研究者无不自豪地宣称'我们使用了准实验设计'。如果需要为此负责的话，我和斯坦利难辞其咎，因为在大多数的社会问题研究中，存在许多至少同样合理的竞争性假设……"（Campbell 和 Boruch，1975，第

202 页）

正如前面的"准实验"标签一样，越来越多的研究者使用"自然实验"这一术语可能在很大程度上反映了研究人员对于强因果推断的向往。然而，它也可能反映出研究者希望将观测性研究纳入"实验研究"的光辉之下。因此，当研究者急于宣称他们的观测性研究为"自然实验"时，"自然实验"这一概念就存在被过度泛化的风险。因此，划定自然实验的定义范围并保护这一概念的完整性，是另一个非常重要的目标。

1.8　本书计划与使用说明

在本章伊始，就曾提出了几个关于自然实验方法的优势与局限的问题。为了探讨这些问题，本书有以下三个原则性目标。

第一，本书将试图阐述自然实验从何而来，以及它们是如何被发掘的。本书的第一部分，即"发掘自然实验"，大致综述了各个社会科学研究领域中所曾经运用过的实验设计方法的经典例子，包括标准自然实验、断点回归设计与工具变量设计等。实验挖掘过程的艺术性通常可以通过实际例子来体会与掌握，这些章节因而也可以被看作是一份有价值的参考指导书，同时适合于学生和研究者。但是，如果读者已经熟悉了自然实验的概念，或者主要对分析和评估工具感兴趣，那么则可以跳过第二至四章。

第二，本书希望对自然实验的数据分析提供有效的指导。第二部分开始转向这个主题。其中第五章和第六章着重讨论定量分析工具，强调了模型的可信度和数据分析的潜在简洁性与透明性。因此,第五章介绍了内曼潜在结果模型,并关注于标准自然实验的平均因果效应的定义;该章同时也讨论了该模型的一个标准扩展,以此来定义"顺从者"的平均因果效应,并讨论了断点回归设计分析中的几个问题。

第六章讨论了随机化过程与标准误差估计,着重于与自然实验 36 相关的几个主题,譬如整群随机自然实验的分析。同时,本章还讨论了小样本情形下的一些重要的假设检验方法,例如基于随机推断的一些检验方法(譬如费雪精确检验)。统计估计方法的讨论在内曼潜在模型中得到了充分的展开,这通常是自然实验中关于随机数据生成过程的一个可信的模型。然而,这种方法的局限性也应该强调。正如前文讨论中所强调的关于因果与统计假设的真实性,必须基于具体情况进行具体分析。

第五章与第六章中的材料主要是非数学性的,技术性细节放到了附录里。然而,这些细节是很重要的,因为它们将根据内曼模型的基于设计类的研究方法与标准回归分析模型区分开来(这里既有众所周知的方面,也有不那么明显之处)。那些寻找自然实验数据定量分析模型的读者可能会对第五章和第六章特别感兴趣。本书大部分章节的结论部分都附有练习,其中部分练习可能对读者理解定量分析方法很有用。

与第六章相反,第七章主要着重于定性方法的讨论。特别地,本章提出了一套关于因果过程观测的分类框架,这些因果过程观测在成功的自然实验中发挥着重要作用(Collier、Brady 和 Seawright,2010)。本章试图通过将这些不同类型的定性分析方法对自然实验成功所起到的不同贡献进行概念化处理,从而为其建立起一个更为系统的基础。本章以及后续章节的讨论表明，自然实验的成功应用通常需要多种方法结合使用，既包括定量分析技术也包括定性分析技术。

　　第三，本书的第三部分旨在为自然实验的关键性评估提供一个研究范式与基础。那些对强研究设计更为深入的讨论感兴趣的读者，因而也应该会对第三部分内容最感兴趣，这部分对本章所介绍的三维度分类框架进行了更为详细的描述。其中，第八章着重分析实验分配过程的随机性假设的合理性；第九章考察了因果与统计模型的可信度；第十章则重点探究了关键的自然实验干预手段的实际与理论相关性。这些章节还根据所定义的三个维度对本书第一部分所讨论过的那些例子进行了强度排列。那些对自然实验的定量分析技术感兴趣的读者可能会发现第八章与第九章息息相关。

37　　　本书的内容安排提出了这样的一个问题：第一部分所讨论的自然实验设计方法和第二部分所讨论的各种分析工具应该如何最佳地使用与组合，以最大限度地满足第三部分所列出的三个维度上的要求？第十一章将回到这一问题，探讨在社会科学研究中对于达成强研究设计而言多种方法结合使用的重要性。

1.8.1　一些注意事项

　　本书对于自然实验的评估框架是具有广泛借鉴意义的，它可能同样适用于一些其他类型的研究，例如真实实验与传统的观测性研究。同时，一些关于定量与定性分析相结合的研究方法也可能会适用于许多其他的研究情形。本书希望其基于设计类研究的基础性探讨更具有一般性；例如，所讨论的大多数数据分析工具通常也适用于真实实验。但是，将本书内容的关注重点表述出来也是必要的。许多研究宣称其实验分配过程满足自然实验的随机性或近似随机性要求，但其实却缺乏相应的实验处理过程；本书的许多建议主要适用于这些情形。换句话说，这是一本关于自然实验研究的书。

本书建立在大量方兴未艾的基于设计类研究的文献基础上，但是在很多方面都与其他致力于此方向的研究书籍有所不同。不像最近不少书籍主要侧重于计量经济分析（Angrist 和 Pischke，2008），本书主要研究的是自然实验设计方面的基本问题；也不同于那些关注于影响力评估的操作手册（例如 Khandker、Koolwal 和 Samad，2010），本书深入研究了一系列的社会科学问题。经济学家与政治学家的一些论文和书籍章节也曾试图评估自然实验与相关的研究设计。[①] 但是它们重点关注的领域是数据分析问题，或者对于那些寻求使用自然实验分析方法的读者而言，它们作为参考书而言显得不够系统与全面。本书侧重于如何利用强研究设计与相对更少的假设来进行因果推断分析，同时本书也可以作为对一系列即将出版的关于现场实验研究的优秀著作（譬如 Gerber 和 Green，2012）的补充。

每本书的覆盖范围都是有限的，从而不得不做出取舍，有些主题在本书中并没有进行充分的阐释。例如，我基本忽略了灵敏度分析（sensitivity analysis，Manski，1995）；对于中介分析（mediation analysis）的忽略我也表示遗憾（对于后者的一些优秀讨论，可参见

38

[①] 参见 Angrist 和 Krueger，2001；Deaton，2009；Diamond 和 Robinson，2010；Dunning，2008a，2010a；Gerber 和 Green，2008；Heckman，2000；Robinson、McNulty 和 Krasno，2009；Rosenzweig 和 Wolpin，2000。

Bullock 和 Ha，2011；Green、Ha 和 Bullock，2010）。同样，在本书第五章、第六章、第八章与第九章中关于计量与数据分析问题的分析也是所言甚少。在真实实验设计中所产生的几种方法——譬如"分块随机抽样"技术，它能使得实验对象被划分成不同的层级，然后在不同的层级内进行处理与控制——在许多自然实验中并不适用，因为在自然实验中研究者并没有设计随机化过程。[①]另一方面，整群随机抽样等技术却对自然实验至关重要（这一方法将在第六章进行详细讨论）。对于我而言，这些内容的省略能够说明本书的关注重点将是研究设计中更为基础性的主题。

本书并没有过多高深的技术性内容（尽管有一些案例需要你对回归分析有一些适当的了解）。如果读者不具备一些统计背景的话，也可以参考一些其他书籍，可参见弗里德曼、皮萨尼和珀维斯（Freedman、Pisani 和 Purves，2007）或弗里德曼（Freedman，2009）的论述。本书的内容安排顺序意味着，关于因果效应的严格定义及其估计的讨论要等到第二部分。这使得第一部分中的讨论有些不精确，但是这也能更方便读者快速入门。同时，章末练习中的许多材料要在该章节的后续章节中才会进行详细的讨论；因此，它们不需要按其在书中出现的顺序来进行考虑。本书试图寻求在因果推断中引起大量方法论研究者注意的重要基础性问题与在现实研究中所发生的实际选择之间进行折衷处理。从第一部分中的现实应用开始，在第二部分中回到基础的方法论问题，然后在第三部分中建立系统的评估分析框架，这看来是最为合适的折衷方法。

---

① 然而，在一些自然实验中，例如那些需要在数据抓取过程中跨越不同地区的研究，跨区分析是自然实验进行分层随机的最好方式。

第一部分

发掘自然实验

第二章　标准自然实验

　　"发掘自然实验"作为这部分内容的标题，为我们的讨论提供了一个基本的主题。实验分配过程的随机性或近似随机性作为社会与政治过程的本质特点，不会受到研究者个人的计划与操纵的影响。这一点也使得自然实验本身更接近一种观测性研究，而非真实实验。

　　然而，正是由于这个原因，研究者将面临巨大的挑战，那就是如何去发现与识别一个自然实验。学者一般都不会称其"创造"了一个自然实验，而是在观测性数据分析中"发掘"或"利用"这样一个机会来观察与分析社会现象。从一个较为重要的层面来讲，自然实验与其说是被"设计"的，不如说是被"发掘"的。

　　那么，如何发掘一个自然实验呢？正如我将在第一部分中所谈到的，自然实验设计的灵感（例如势均力敌的选举或气候冲击）似乎都是以一种不可预测的形式来出现的。此外，它们在一个实验中的成功运用并不意味着它们也就能够运用于其他的实际研究中。自然实验的发现因而既是艺术也是科学，似乎并不存在什么确定的公式可以套用，从而去让你发现一个令人信服的实验设计，而研究者在使用中面临的一个主要问题就是仔细思考其自然实验分析是否可以从一个特定的情景推广应用于其他情形。

　　然而，识别一个潜在的自然实验的最好、最有效的办法就是去先去观察与学习那些已经存在的自然实验例子。这不仅可以使得研究人员通过调整原来的实验设计去重新应用于一个新的问题，从而产生新的研究思路，而且也可能使他们能够在原来的自然实验中得到新的思路。因此，本书的第一部分详细列举与讨论了现有的自然实验研究，希望以此方式去探讨如何发掘一个自然实验。

　　有一点值得注意的是，在对自然实验发掘的强调中，也存在着潜在的问题。对于许多研究者而言，对于"近似随机性"的过度追求可能会大大限制实际研究的范围。批评者认为，自然实验的使用，使得研究者并不是"在变化中去寻求问题"，而是"在问题中去寻求变化"。正如导论中所讨论的，这些批评者认为，在最近的经验研究中，社会科学研究者致力于寻找自然实验设计已经使得其经验分析工作与理论研究割裂开来了，这将会导致因果模型参数的估计往往与理论研究毫不相关（参见第一章与第十章；Deaton，2009）。

　　也并不是所有的学者都持有这种怀疑态度。无疑，当我们感兴趣的问题很多，而满足随机性的合理性要求的例子又较少时（如果随机性或近似随机性是进行因果推断的必要条件的话），研究者还真是需要从识别自然实验开始，然后利用这些自然实验去回答那些令人感兴趣的问题。对于许多研究者而言，能够发现在社会与政治过程中所产生的具有随机性的因果关系例子是最好的，甚至也可能是唯一的途径。只有这样才有可能解决那些通常无法处理的因果推断问题（关于更多的讨论见 Angrist 和 Pischke，2008；Imbens，2010；Gelman 和 Hill，2007）。

也正如导论中谈起的关于此方法的众多批评一样，本书在两种极端观点之间采取了一种中立的态度。不是所有的研究都必须使用自然实验（或真实实验），因为并不是所有问题都适用于此方法。所应该采取的正确态度是：让方法去适应问题，应当从各种经验分析策略中——从传统观测性研究到真实实验——去选择最适合于特定情形与特定目的的研究方法。然而，自然实验可以作为多元方法研究策略中的一个重要组成部分，许多自然实验正等待着研究者去发掘与使用。新的自然实验研究文献正在持续增长（如本书这部分所讨论的许多例子），潜在的可供挖掘使用的自然实验的数量可能非常庞大。因而，那些对各种研究感兴趣的研究者需要很好地熟悉自然实验设计的逻辑。我将在本书的最后一部分更加详细地讨论此问题。

由于当前自然实验的应用范围太广泛了，本书第一部分所列举的例子不可能是详尽完整的，甚至也不具有代表性（例如，我在现存文献中选择这些例子时并非是随机抽样的）。但是，我在综述这些例子时已经尽了最大努力来包含我所知道的所有研究，特别是要包含那些具有不同实质性内容和不同程度的随机性或近似随机性的自然实验研究案例。除了可能使读者产生新的自然实验设计想法以外，这个综述还有另外一个目的：这些例子为我在本书另外两部分中对于相关内容的分析与解释提供了很有用的参照点。特别是，因为不同的实验可能具有不同程度的三维强度，即本书导论中所提到的随机分配的合理性、统计模型的可信度和关键干预手段的实际或理论相关性，拥有较多的例子在手，可能有助于我们在使用自然实验以达成强研究设计时更有效地权衡与取舍各个维度上的优缺点。在本章中，我将重点关注"标准"自然实验，其中各种关键的自变量（或处理变量）的实验分配处理过程具有随机性或近似随机性。在随后的章节中，我将讨论自然实验的两个特定变体，即断点回归设计与工具变量设计。

2.1 社会科学中的标准自然实验

社会科学中的自然实验设计包含了一系列的干预手段。随机性或近似随机性的分配处理过程可能具有多种来源，包括专门设计的随机化程序，譬如彩票；也有某些干预过程中的非系统性执行与操作；以及根据管辖边界对实验对象进行的任意划分等。在此作为自然实验的定义性标准，随机性或近似随机性分配的合理性在各个研究之间的差异通常很大。表 2.1 列举了一些"标准"自然实验的特征来源；在表 2.2 和 2.3 中，根据不同研究的实际研究重点、自然实验的来源，以及研究的地理位置，列出了一些特定的应用（后面两个表中还指了这些研究是否运用了简单的、未调整的均值差检验来进行因果推断估计，我将在本书随后章节中回到这些主题）。

所谓"标准"自然实验，就是指根据相应的自变量特征以随机或近似随机的方式将实验对象分配到不同的实验组与对照组。事实上，这一定义全面囊括了许多不同类型的研究设计。然而，这类研究与后续章节中将要讨论的两种特定类型的研究设计（即断点回归设计与工具变量设计）还是有所不同的。因此，标准自然实验就是除了断点回归设计与工具变量设计之外的那些符合自然实验定义的所有类型的研究设计。

表 2.1 典型的标准自然实验

44

实验来源	随机性或 近似随机性	研究组对象	结果变量
乐透	随机		
征兵		士兵	收入
选举配额		政治家	公共支出
任期长度		政治家	立法效率
教育券		学生	教育成绩
中奖乐透		乐透参与人	政治态度
项目结果	随机	自治区、村庄，其他	例如：选举行为
政策干预	近似随机		
投票地点		选民	投票结果
选举监察		候选人	选举舞弊
产权		占地者	信用市场准入
警察数量		罪犯	罪犯行为
管辖边界	近似随机	选民，市民，或其他	种族身份，就业率
选举区更改	近似随机	选民、候选人	投票行为
投票顺序	随机或近似随机	候选人	投票行为
制度规则	近似随机	国家；选民；政治家	经济发展
历史遗产	近似随机	市民；国家；地区	公共品供给

注意：列表中关于标准自然实验的案例来源并不全面，具体研究见列表 2.2 与 2.3。

45 **表2.2 具备真实随机性的标准自然实验**

作者	研究重点	自然实验来源	国家	简单均值差检验
Angrist（1990a，1990b）	服兵役对于日后参与劳动力市场的影响	越南战争期间的征兵法案的随机性选择	美国	是
Angrist 等（2002）；Angrist、Bettinger 和 Kremer（2006）	私立学校的教育券对学业完成率与学习成绩的影响	教育券的彩票分配	哥伦比亚	是 [a]
Chattopadhyay and Duflo（2004）	选举配额变化对于女性的影响	村委会选举配额的随机分配	印度	是
Dal Bo 和 Rossi（2010）	在任任期对于立法活动的影响	不同立法项目的随机性长度	阿根廷	是
De la O（2013）（forthcoming）	有条件现金转移的跨期长度对于选民支持现任的影响	选民参与该随机性项目时间的早晚对比	墨西哥	否 [b]
Doherty、Green 和 Gerber（2006）	彩票中奖对政治态度的影响	彩票中奖在美国所有彩民中的随机性分配	美国	否 [c]
Erikson 和 Stoker（2011）	服兵役对于政治态度与身份认同	越战期间的参军资格的随机性	美国	是
Galiani、Rossi 和 Schargrodsky（2011）	服兵役对于犯罪行为的影响	阿根廷兵役抽取的随机性	阿根廷	否
Ho 和 Imai（2008）	选举投票位置对于选举结果的影响	加州的姓氏字母乐透下的随机选举顺序	美国	是
Titiunik（2016）	任期长度对于立法表现的影响	两年或四年期州参议院席位的随机分配	美国	是

注意：列表中所选取的是采取完全随机性下的自然实验。最后一列表示，在不需要控制变量的基础上，是否需要一个简单均值差检验。

a 研究中包含了虚拟变量的回归。

b 研究对象和实验结果的未重叠性产生了模型交互项的估计。

c 实验组变量是连续的。

表2.3　具备近似随机性的标准自然实验 46

作者	研究重点	自然实验来源	国家	简单均值差检验
Ansolabehere、Snyder 和 Stewart(2000)	个人投票行为与在职优势影响	选举片区的重新划分	美国	是
Banerjee 和 Iyer(2005)	土地所有权对经济发展的长期影响	英国殖民时期的印度土地所有制模式	印度	否 [a]
Berger(2009)	殖民地税收制度的长期影响	尼日利亚沿北纬7度10分的南北区域划分	尼日利亚	否
Blattman(2008)	孩童参军的政治参与后果	使孩童参军的圣主抵抗组织	乌干达	否
Brady 和 McNulty(2011)	选民投票率	加州州长罢免选举区域整合	美国	是
Cox、Rosenbluth 和 Thies(2000)	日本政治家加入不同党派的激励机制	日本议会制度的截面与时间变化	日本	是
Di Tella 和 Schargrodsky(2004)	警察数量对于犯罪率的影响	布宜诺斯艾利斯在受到恐怖分子袭击后,警察沿犹太中心街区的划分	阿根廷	否
Ferraz 和 Finan(2008)	选举问责制下腐败审计的影响	巴西的腐败审计	巴西	是 [a]
Galiani Schargrodsky(2004,2010);Di Tella、Galiani 和 Schargrodsky(2007)	土地产权对于穷人的经济活动和态度影响	土地产权在向占地者转移过程中的司法判决	阿根廷	是(Galiani 和 Schargrodsky 2004);否(Di Tella、Galiani、和 Schargrodsky 2007;Galiani 和 Schargrodsky 2010)
Glazer 和 Robbins(1985)	国会对于所辖片区变动的反应性	选举片区的重新划分	美国	否

作者	研究重点	自然实验来源	国家	简单均值差检验
Grofman、Brunell 和 Koetzle (1998)	白宫与国会的中期损失	在以前选举中，不同党派对于白宫的控制权	美国	否
Grofman、Griffin 和 Berry (1995)	国会对于所辖片区变动的反应性	党派的参议院议员人数	美国	是
Hyde (2007)	国际性选举的监控对选举舞弊行为的影响	亚美尼亚的受监视的选举投票站的分配	亚美尼亚	是
Krasno 和 Green (2008)	总统选举的电视收视率对于选民投票率的影响	电视选举对于邻州部分地区的地理溢出效应	美国	否 [b]
Lyall (2009)	爆炸与炮弹的威慑力影响	喝醉的俄罗斯士兵对于炮弹的分配	车臣	否
Miguel (2004)	国家建构与公共物品供给	肯尼亚和坦桑尼亚的政治边界	肯尼亚/坦桑尼亚	否
Posner (2004)	文化分裂下的政治意识	赞比亚和马拉维的政治边界	赞比亚/马拉维	是
Snow (〔1855〕1965)	伦敦的霍乱疫情	不同住户的供水来源	英国	是
Stasavage (2003)	官僚的委任、透明度和问责制	中央银行机构的调整	跨国	否

注意：列表中所选取的是采取近似随机性下的自然实验。最后一列表示，在不需要控制变量的基础上，是否需要一个简单均值差检验。

a 研究中包含了州际固定效应。

b 研究中的实验组样本是连续的，使得均值差检验复杂化。

在这个定义下，也有必要区分具有真实随机性特征的标准自然实验与那些只是声称分配方式"近乎随机"的实验。这两种不同的自然实验会导致不同的实验分析与解释过程。例如，在缺乏真实随机性的自然实验中，去确定与证实一个实验分配过程的充分随机性事实上是一项极富挑战性的工作，而与之相比，具备真实随机性特征的自然实验有可能会提高其在本书导论部分所提到的各个评估维度中的实际相关性。

最后想说的是，区分具有真实随机性的自然实验与现场实验和其他真实实验也是非常必要的。它们之间的本质差别就在于研究者能否充分控制随机干预过程的设计与执行。^①在某些情形下，这种区别看起来像是吹毛求疵。然而，正如我们在导论中所讨论过的，这种差异在理论与实践中都很重要。政策计划者往往不能按照社会科学研究者所期望的方式去精确地执行干预性政策，而这可能会对实验结果的解释产生重要问题，这一点我在后面章节中（特别是第十章）将会讨论到。研究者不能控制实验过程，这是自然实验与现场实验它们相比的局限性所在（但是相比之下自然实验也具有其他方面的优势）。因此，将那些研究者无法控制实验干预过程的设计与执行的随机性实验研究定义为自然实验（和观测性研究）是没有什么问题的。

①　例如，海德（Hyde, 2010）曾经在印度尼西亚做了一项研究，将选举监督员随机分配到各个投票地点，以此来研究监督制度对于选举舞弊的影响作用。在我的定义里，这项研究应该是一项现场实验而并非自然实验——因为对监督员的随机分配方式是能够由研究者自己决定的（尽管事实上有许多监督员并没有遵照他们的分配方案）。然而，在海德（2007）针对亚美尼亚开展的研究则就是一项具有近似随机性的自然实验，因为研究者不能控制监督员在投票地点间的分配方式。

2.2　完全随机性下的标准自然实验

在有一类重要的自然实验中，研究者所研究的情形是，将实验对象分配到实验组与对照组的过程中，所利用的随机化机制的概率分配是已知的。这类具备真实随机性的自然实验通常都（但并不全是）来自于一些公共政策干预；这些干预项目的明确特征就是项目资格的随机性。这些抽签过程有时是出于公平的考虑（在利益分配时）和（或）责任共担的考虑（在成本分担时）。在各种情形下，各种政策分配过程有时就是通过抽签来完成的。这一小结的目的只是给出各种情形下此类政策项目的随机分配特征的初步介绍；后续章节将会对这些例子进行更为深入的讨论。

2.2.1　彩票研究

在导论中，我讨论了安格里斯特（Angrist，1990a）关于越战期间的兵役制度对日后长期劳动力市场收入的长期影响。埃里克森和斯托克（Erikson 和 Stoker，2011）也用了同样的方法做了一项有趣的研究，这次讨论的是关于越战期间的参军资格抽签制对于政治态度与党派身份的影响。[①] 这些作者研究了潜在的满足 1969 年越

---

① 根据安格里斯特（1990a）的介绍，首次针对兵役制度的影响估计做出研究的是赫斯特、纽曼和赫利（Hearst、Newman 和 Hulley，1986），他们研究的是服兵役对于（非战斗）死亡率延迟的影响（另见 Conley 和 Heerwig，2012）。如今，已经开始有另外一些研究人员开始研究越战时期的兵役制度对于学校教育的影响（Angrist 和 Chen，2011），对于酒精消费的影响（Goldberg 等，1991），对于香烟消费的影响（Eisenberg 和 Rowe，2009）和对于健康的影响（Angrist、Chen 和 Frandsen，2010；Dobkin 和 Shabini，2009）。

战参军资格的年轻人的政治态度；数据来自政治社会化面板数据研究项目，调查了 1965 级高中毕业生在全国性征兵抽签制实施之前和之后的相关情况。根据埃里克森和斯托克（2011，第 221 页）的研究显示：那些持有低抽签号码的人，相对于持有高抽签号码而言（高抽签号码可以使得他们免于兵役），在投票时会表现出更多的反战、自由主义和民主党倾向；他们（相对拥有高抽签号码的人而言）也会更加容易放弃其在青年时期所持有的党派身份。根据 20 世纪 90 年代对具有和不具有参军资格的人的访谈，有大量证据表明这一兵役制度的影响具有长期效应。正如安格里斯特（1990a）的研究中所说的那样，这一效应不能被解释为混杂因素的干扰，因为参军资格在自然实验中是以随机的方式进行分配的。

征兵抽签制也已经用于研究兵役制度在其他实际情形下的影响。例如，加列尼、罗西和沙格罗德斯基（Galiani、Rossi 和 Schargrodsky，2011）研究了阿根廷义务兵役抽签制的影响。他们发现，符合征兵资格的年轻人和最终服兵役的年轻人在日后的犯罪行为都有可能会增加。这有可能是因为他们年少时由于服兵役而推迟了其日后参与劳动力市场的机会。在此，征兵抽签制的随机自然实验这个例子就被用于一种新的情形，从而回答了一个与原来的研究所不同的新问题。

具备真实随机性的自然实验也已经被用于更多的其他实际研 50 究当中；表 2.2 中列出了一些研究例子，包含了研究者、研究重点、自然实验来源以及所属国家。其中也还包括是否运用了简单未调整的均值差检验（我将在第五章和第九章中讨论这个问题）。例如，妇女或少数群体的委托政治代理人是如何影响公共政策的？自

1993 年印度通过宪法修正案以来，一些地方村庄被要求必须给女性候选人保留一些村委会主席职位。甚至在一些地区，这一职位按照随机的方式保留给了女性。[①] 这种情况就创造了一个具有随机性的自然实验，通过对比那些是否将职位保留给女性的具有不同选举制度的地区，就能够估计出选举配额制度所带来的因果效应。查托帕达雅和杜芙若（Chattopadhyay 和 Duflo，2004）利用这个实验研究了西孟加拉邦与拉贾斯坦邦的女性候选人配额的影响。他们发现，有来自家庭调查的证据表明，具有女性领导人的村庄，其公共物品的供给的确会受到影响，尤其是那些女性村民所偏好的商品供给会增加。

查托帕达雅和杜芙若（2004）的研究反映了另一个突出的问题：与那些更多地受到研究者控制的实验设计不同，"官僚政治"的抽签分配过程其实并不总是透明的，这是此类自然实验中的一大潜在缺陷。例如，在查托帕达雅和杜芙若（2004）的研究中，官员采取简单的方式，按照其序号对村委会进行排序，每三个村委会给一个配额（可参见 Gerber 和 Green，2012）。严格地说，这并不是一个具有随机性的抽签方式（尽管如果最初的村委会是抽签选的，而后所给定的每三个村委会的选择也因此选定，这样就能够保证实验分配过程的随机性）。另一个例子来自安格里斯特（Angrist，1990a）的研究，正如第一章所提到的，1970 年越战征兵制度是将人员生日按照序号从 1 月排到 12 月，然后从中随机抓取，但是因为抽取过程

---

① 然而这一现象并不是在印度各邦都存在，参见 Dunning 和 Nilekani（2013）或 Nilekani（2010）。

中的样本混合并不均匀,导致后几个月出生的人被选择的概率很小
(Starr,1997)。在这些例子中,似乎这种随机性程序的失效并不太
可能涉及实验处理分配过程和混杂因素(或者"潜在结果",可参见
第五章)之间的相关性,因为出生日期和委员会序列号并不太可能
与潜在的劳动力市场收入和公共品供应模式相关。因此,近似随机 51
性的分配结果仍然是高度可信的(参见第八章)。但是,这些例子却
也能反映问题,那就是当样本分配不能由研究者所控制时,实验设
计可能就会面临困难,他们反映了在自然实验的经验研究中随机性
与近似随机性样本分配的重要性,即使是存在真实随机化过程的自
然实验中也是如此。对于这一点,我会在后面章节中进行讨论。

另一个例子来自多尔蒂、格林和格伯(Doherty、Green 和 Gerber,
2006),他们对收入与政治态度之间的关系感兴趣。他们调查了
1983 年至 2000 年间在美国东海岸赢得彩票大奖的 342 个彩民的情
况,并问及了一系列诸如财产税、政府再分配和社会经济政策等问
题。中奖彩民的政治态度与一般大众(尤其是那些不买彩票的人)
之间的比较就是一个典型的"非实验性"比较,因为彩民可能存在
自选择效应,那些愿意购买彩票的人也许本质上就和不买彩票的人
是不同的,尤其是在政治态度方面。然而,在彩民之间,中奖的数
额是随机的。[1] 这种随机性仅限于购买相同类型和相同号码的彩民
组;事实上,在不同类型的彩民中就包含了不同的小实验在里面。

---

① 彩民中奖的金额是非常巨大的。在多尔蒂、格林和格伯(Doherty、Green 和
Gerber,2006)的研究中发现,最低的中奖金额为 47581 美元,而最高则可达到 1510 万
美元,它们都采取每年分期支付的形式。

所以说，通过剔除掉抽样中的未反应样本以及其他可能会严重威胁因果推断的内部有效性的问题，多尔蒂、格林和格伯（2006）的方法则可以成功估计中奖数额与政治态度之间的因果关系，并且可以相信这种估计不会被未观测到的混杂效应所干扰。[①] 他们发现，彩民的中奖情况的确会给其政治态度带来特定影响——一般情况下，中奖额度越高的彩民更加讨厌财产税，而对于政府的其他方面的态度则没有太大差异。

这些例子展现了随机抽签的功效，它排除了对于研究结果的其他可能的解释。在多尔蒂、格林和格伯（2006）的研究中，那些未被测量到的可能影响政治态度的因素应当与中奖数额在统计上是相互独立的：正如在真实实验中那样，通过随机化就可以处理掉混杂因素的影响。[②] 那么，有多少研究者感兴趣的问题是在随机抽签情形下所展开的呢？事实上，大量的经济学和政治学研究都能够利用这种随机化过程。例如，研究者曾利用随机抽签方式来研究收入对健康的影响（Lindahl，2002），收入对幸福的影响（Brickman、Janoff-Bulman 和 Coates，1978；Gardner 和 Oswald，2001），以及收入对消费者行为的影响（Imbens、Rubin 和 Sacerdote，2001）。

各种各样的公共政策有时也是随机分配的。例如，De la O（2013）研究了墨西哥反贫困政策："国家教育、健康与营养项目"（PROGRESA）对投票率以及对现任政治领导人的支持率的影响。

---

① 更为详细的讨论参见 Doherty、Green 和 Gerber（2006）。

② 需要再次强调的是，中奖彩民是按照不同的彩票购买种类而进行随机分配的，因此在每个不同种类的样本组中都能够保证分配的随机性。具体细节参见 Doherty、Green 和 Gerber（2006）。

研究者对比了项目的早期与晚期加入者的政治参与情况；因为早期的加入者是政策制定者随机挑选的，投票行为的总体后验差异可以归因于反贫困政策时长的影响。教育项目有时也会用随机方式来进行分配。例如，在哥伦比亚的波哥大地区，通过随机抽签的方式将教育券分配给那些达到一定成绩要求的私立中学学生，此教育券可以覆盖这些私立中学的教育成本。安格里斯特等人（Angrist 等，2002，第 1535 页）的研究发现，在这次教育券分配的三年后，那些获得教育券的学生能完成八年级学业的概率提高了十个百分点，因为他们更不可能留级，并且还在学习成绩上提高了 0.2 个标准差。存在一些证据表明，那些获得教育券的人（相对于没有获得教育券的人）"很少存在辍学打工以及年轻时就结婚或同居的情况"。一项后续研究（Angrist、Bettinger 和 Kremer，2006）还显示，该项目对于学生的学术成就会产生持续性影响。与兵役制度的彩票研究相似，这一教育券研究的一个特点就是，并不是所有符合资格的学生都会使用教育券。在一些特定情况下，"是否获得教育券"可以作为就读私立学校的一个工具变量。[1]

最后一个例子来自关于立法机关的研究。在立法机关里，有时会采用随机分配方法来决定立法官员的任期长度。这将有可能使得我们能够研究官员的终身职位对于官员任期内的立法表现与对选民的反应态度的影响。例如，在 1983 年回归民主制后，阿根廷的参议院任期时长是随机分配的：国家为了建立一种官员换届交错体系，本来每两年有一半的参议院席位需要为下一四年任期进行换

---

[1]　参见第四章和第五章。

届选举，但仍有一些议员被随机分配了两年任期。一项类似的自然实验在美国参议院的体制改革中也开始生效；在 2001 年，参议员被随机分配到两年、四年、六年任期制框架下。达尔博和罗西（Dal Bo 和 Rossi，2010）测算了各种制度下的立法效果，结果发现长任期会对委员的立法表现产生激励，他们以立法委员会进行长期的"政治投资"来解释这一机制。[①]泰休尼克（Titiunik，2016）研究了任期长度对立法行为的影响。在该研究中，一些美国州参议院席位在重新分配之后被随机地分配到两年或四年的任期，结果发现任期较短的议员更容易投弃权票，且提案更少。在此例中，部分的解释是那些具有较短任期的立法委员更愿意把更多的时间花在竞选上。

在本节中所提到的自然实验案例中，可以看到，许多有趣的自然实验所具有的共性就是样本分配的随机性。在这类自然实验中，不像阿根廷的产权研究或斯诺的霍乱传播研究（参见导论部分），研究者不需要依赖于先验性推理或经验性证据来验证实验组与对照组之间的分配过程的近似随机性。他们通常是直接采取真实的随机化样本分配过程（当然，利用各种证据去检查一下这一随机化程序的可能失误也不是什么坏事；参见第七章和第八章）。

然而，这并不意味着在随机自然实验中不存在其他关于实验解释与分析方面的重要问题。正如我在后面章节所将要展开讨论的，随机干预过程的理论与实际相关性在不同的研究中也将会不同，部

---

① Dal Bo 和 Rossi（2010）利用六项指标来衡量立法表现：参加讨论会议的出席率、参加委员会会议的出席率、参加委员会法案的制定、对新法案的提议次数以及有多少提案被通过并以法律形式颁布。

分取决于所研究的具体问题；在不同的研究中，支撑数据分析的模型的可信度也各不相同。然而，在导论部分所讨论过的关于强实验设计的三个维度中，这一类随机自然实验通常在样本分配随机性这一点上具有很强的合理性。

2.3 近似随机化的标准自然实验

然而，社会科学研究中，构成可信自然实验基础的许多实验干预过程通常缺乏真实的随机化过程，而只是具有近似的随机性。我们已经看过了两个例子，即阿根廷的土地产权问题与约翰·斯诺的霍乱传播研究。本节概述的目的在于给出其他一些自然实验研究和思想，其中一些例子更具有说服力。

原则上，具备近似随机性的自然实验具有多种来源，譬如政策干预、管辖边界或选区变更等。当然，在大部分情况下这并不会产生自然实验。例如，在政治学研究中，有许多在原则上可以符合自然实验标准的政策干预其实都是社会与政治世界里各方力量互相较量的结果。此时就很难相信其政策干预与所涉及的政策实践者之间是相互独立的，这些政策实践者在实验组与对照组之间的分配就可能造成与实验结果相关的自选择偏差。然而，有时候这些问题都或多或少能被解决。

例如，布雷迪和麦克纳尔蒂（Brady 和 McNulty，2011）曾研究投票成本是否会影响投票率这一问题。在选举中，积极的投票参与度似乎与投票理论中的"理性选择"观点相悖（参见 Green 和 Shapiro，1994）；然而，几乎任何地方的任何投票率都事实上都会

54

小于真实的选举规模，所以，投票成本确实会影响投票率。那么，投票成本的变化到底如何影响投票率呢？

在 2003 年美国加州的特别州长选举中，阿诺·施瓦辛格成为加州州长，当时洛杉矶地区的选举监督委员会将投票站数量从 5231（2002 年选举参与度的常规规模）降低至 1885。那么对于其中的一些人而言，他们从住所到选举地点的物理距离相对于 2002 年就会增加，而对于那些住所本来就离投票地点很近的人而言则没有任何变化。[①] 因此，那些改变了物理距离的人就成为"实验组"，他们的选举成本将会增加，而其他在对照组的人则没有任何状况的改变。

在 2003 年的这次选举中，合并投票站为研究"投票成本是如何影响投票率"的这一问题提供了一个天然的自然实验。一项明显的干预措施就是投票站数量的变化，它为实验组与对照组的平均投票率的比较分析提供了条件。然而这里存在的关键问题是，在 2003 年选举中，投票站设立地点相对于选民的分配是否是近似随机的？会不会存在其他影响选民选择投票意愿的行为因素？特别是，当选举委员会关闭投票站的方式是否会与潜在的投票率相关呢？

布雷迪和麦克纳尔蒂（2011）认为这种可能性是存在的。事实上，他们研究中的一些证据表明，一些可观测的协变量，譬如那些与投票站的距离发生变化的选民（实验组）与没有发生变化的选民（对照组）之间的年龄差异，就不符合实验预处理等价性的标准。因此，近似随机性的假设并不是完全站得住脚的，无论是对于布雷迪

---

①   相对于规模较小的选民群体而言投票地点确实发生了变化，但是总体距离依然可看作保持不变（或者的确会有所减少），这就为估计投票率的"破坏成本"的因果效应提供了机会，具体细节在这里我不做详述。

和麦克纳尔蒂（2011）的数据分析而言还是对于其先验性推理而言（毕竟，选举委员会可能希望投票率最大化）。然而，相对于投票成本增加所带来的投票率下降幅度而言，实验组与对照组之间的预处理差异非常小。通过对潜在混杂效应的充分考量，布雷迪和麦克纳尔蒂（2011）令人信服地指出，投票成本的提高的确能够降低投票率，而在他们的分析中，自然实验方法发挥出了至关重要的作用。

    表 2.3 列出了许多在近似随机性标准下的其他自然实验。其中一个新颖的例子来自于莱尔（Lyall，2009），他研究的是俄罗斯士兵在车臣进行轰炸和炮击所带来的威慑效应。根据其他一些研究显示，轰炸并不能阻止叛乱者行为，甚至可能会激励出更大的反叛与报复，并且它会使敌对威胁发生地区性转移。然而，在莱尔的研究中，他发现车臣武装叛乱的袭击次数在俄罗斯政府进行轰炸之后会有所下降，并且也并没有证据表明他们向其他邻近村庄转移。

    现在，对此现象的解释可能就是，俄罗斯士兵可能会提前预计到叛军的反应，从而炮击行为先从那些防御比较弱的村庄开始，这就意味着叛乱反击行为的减少不过是俄罗斯士兵进行选择性攻击所造成的假象。然而，莱尔却认为，俄罗斯士兵对于其守备部队周围的村庄的炸弹分配与守备部队的特征是相互独立的。相反地，轰炸行为看起来是一种完全随机的形式，其中至少有些轰炸行为就是在俄罗斯士兵喝醉时发生的。莱尔认为，这种近似随机性为关于轰炸威慑效应的自然实验分析奠定了基础。

    海德（Hyde，2007）提供了另一个例子，这次他研究的是来自亚美尼亚境内的国际选举观察员的影响。尽管观察员并没有根据投票站列表中的选举地点进行完全随机的选择，但是根据海德（2007，第 48—49 页)的说法：

56

"他们的选择方法不太可能在那些分配了观察员的投票站与那些没有分配到观察员的投票站之间产生系统性差异。那些制定分配列表的人并不拥有任何有助于预测投票站的投票模式的相关信息……分配列表的制定基于两个目的：(1)确保将观察员遍布于全国范围(包括城市与乡村地区)；(2)确保每组观察员所分配的区域不会和其他组重叠……制定分配列表的人对这些投票站的具体情况(除了基本的地理位置外)基本不了解……无法得知亚美尼亚选民相关的人口统计方面的总体数据，也无法基于选民对于现任官员的偏好或选举日暗箱操作的可能性来选择投票站。"

海德还指出，亚美尼亚的政治从党派分布与人口统计属性方面来讲具有不可预测性，且每组观察员还必须完成其权限内的所有任务，从而可以减轻选择效应，并有利于验证该研究的自然实验特征。最终结果显示，国际观察员的存在降低了选民在第一轮选举中对现任政治家(科恰良总统)5.9%的支持率，而在第二轮选举中其支持率的降低超过 2%。[1]

还有许多其他研究也利用此类自然实验研究来分析各种形式的政策干预效应。例如，布拉特曼(Blattman, 2008)认为乌干达的"圣主抵抗军"组织胁迫青少年参军的这一行为具有近似随机性特征，并利用各种证明来验证这一假说；他发现，那些被胁迫参军的青年在复员后具有更高的政治参与热情(例如，他们的投票率要高

---

① 在差值检验中两轮选举的估计结果是显著不同的，可参见第五章和第六章。有一些证据表明，选举舞弊的现象具有持久性影响：在对现任官员的投票中，那些在第一轮选举中有监督人员、而在第二轮选举中没有监督人员的选举站的投票率，要低于那些每一轮都没有监督人员的投票站的投票率。

于那些未曾被胁迫参军的青年）。[①] 费拉兹和菲南（Ferraz 和 Finan，2008）研究了巴西市政府公布腐败审计所可能带来的影响，对比了那些在选举前公布腐败审计结果的城市与在选举后公布腐败审计结果的城市；结果发现，与某些研究报道认为腐败对于选举无关紧要的观点相反，选民的确会惩罚那些在审计报告中被发现具有腐败行为的政治官员。表 2.3 中所列举的其他研究也充分利用了近似随机性自然实验研究设计方法分析不同类型的政策干预效应；这些研究的近似随机性具有不同程度的可靠性，对此我将在第七章与第八章中做更加详细的探讨。

57

2.3.1　管辖边界分配

另一个越来越普遍的自然实验设计来源就是对政治或地理管辖边界的利用。政治边界能将具有相似特质的人口、社群、公司或其他研究分析对象分离开来。一般而言，实验分析对象被政治或管辖边界所分离开来，那么政策变化（或政策干预）对于这些被分离开来的不同群体将具有不同的影响。更宽泛地说，受到政策干预影响的群体可以被看作实验组，而没有受到影响的群体就可以被看作对照组。一个关键问题就是，如何保证这种分配方式具备近似随机性，换句话说，是否能剔除掉其他可能对研究结果产生干扰的混杂效应。[②]

---

① 然而，Blattman（2008）认为，人员年龄与来源地区可能会是估计中的混杂效应。
② 涉及"管辖边界"的自然实验有时也被归类为断点回归设计方法之中，其中针对某一项协变量的明确阈值是作为样本分配方式的条件（见第三章）。可参见 Lee 和 Lemieux（2010），Hahn、Todd 和 Van Der Klaauw（2011），以及 Black（1999）。然而，

　　例如，克拉斯诺和格林（Krasno 和 Green，2008）研究了州内竞争性选举广告对于一些相邻州内选民的投票率的溢出效应。米格尔（Miguel，2004）利用地理管辖边界研究了肯尼亚和坦桑尼亚的"国家建设"对于公共品供给的影响。在经济学中则有一个来自卡德和克鲁格（Card 和 Krueger，1994）的著名实验，他们研究了美国新泽西州和宾夕法尼亚州边界处的相似类型的快餐店，发现新泽西州的最低工资标准上调不仅没有增加失业率，反而对其有抑制作用，这一点与劳动经济学的基本理论相悖。[①]

　　关于非洲殖民时期的国家边界问题的自然实验设计研究越来越普遍。通常认为，这些边界的划分具有任意性，很少顾及到族群分布特征或其他因素。[②]一个新颖的研究来自波斯纳（Posner，2004），他的研究重点是为什么切瓦和姆布卡两个族群在马拉维的政治文化差异非常显著，而在赞比亚却不明显。这里最初曾经被塞西尔·罗德斯（Cecil Rhodes）的不列颠南非公司进行过行政边界划分，并在后来的英国殖民主义背景下再次强化。分布在马拉维的切瓦族人和姆布卡族人分别与分布在赞比亚的切瓦族人和姆布卡族人在诸如语言、外貌等"客观"文化特征方面都具有很大的相似性。

　　然而，波斯纳发现，两个国家内不同族群对于种族间的认知态度存在很大差异。在马拉维，每个族群都有其自己的政党，并且选

58

虽然"管辖边界"类自然实验与断点回归设计具有相似性，因为它们都是对距离边界很近的样本做出研究，但是一般而言，实验组和对照组的分配往往基于多个协变因素。

　　① 在 1990 年，新泽西州立法机构将最低工资标准从每小时 4.25 美元上调至每小时 5.05 美元，而宾夕法尼亚州的最低工资标准则没有变化，通过两个州就业率的差异性对比，就能为估计检验提供了条件。

　　② 莱廷（Laitin，1986）曾为此贡献了一个重要的早期研究，也可参见 Berger（2009），Cogneau 和 Moradi（2014），MacLean（2010），Miles 和 Rochefort（1991）。

民很少会产生交叉选举行为，对切瓦族和姆布卡族的受访者的调查显示，不同族群很难接受相互通婚以及在总统选举中将选票投给对方候选人等行为，并且对于对方族群持有负面态度。而在另一方面的赞比亚，两个族群更容易将选票投给对方候选人，同时也更倾向于接受相互通婚，他们将对方族群看作是"民族兄弟与政治盟友"（Posner，2004，第 531 页）。

在研究设计中使用"管辖边界"时会出现一些问题。和所有缺乏真实随机性的自然实验设计方法类似，其中首要问题就是关于样本随机分配的假设是否是有效的。例如，如波斯纳所说的，处于边界两侧的切瓦族和姆布卡族之间长期存在的族群差异，不能解释其在马拉维和赞比亚这两个国家中所存在的不同族群关系；关键的原因在于，"像许多其他非洲国家间的边界划定方式一样，赞比亚和马拉维的边界划分纯粹是来自于殖民行政目的，而并没有顾及族群的分布方式"（Posner，2004，第 530 页）。关于"管辖边界"的分析在不同的研究设计中往往具有不同程度的合理性：例如，在卡德和克鲁格（Card 和 Krueger，1994）的研究中，快餐店店主可以选择位于边界线的任意一侧开店，同时立法者也可以改变最低工资标准的立法。[①] 这些研究中近似随机性的合理性会在本书其他地方进行更加详细的讨论，参见第八章。在后面的章节中，我也将讨论关于"管辖边界"的自然实验设计中可能存在的其他问题，例如样本分配的 59

---

① 同时卡德和克鲁格也指出，随着 1990 年经济形势的恶化，新泽西州通过了提高最低工资标准的法案，但是在 1992 年这项决议即将实施之时，新泽西州的立法委员又决定撤销这项决议，不过最终被州长否决。因此，这一系列行为可能会造成这项自然实验研究不符合近似随机性假设。关于这方面的批评可参见 Deere、Murphy 和 Welch（1995）。

聚类效应(参见第六章)与干预变量的捆绑效应(即第九章中所讨论的复合干扰效应)。这些问题对于这类研究结果的分析和解释具有重要意义。

2.3.2 选区划分与司法对购

美国政治学家似乎经常使用选区重新分配政策或者其他类似机制来作为自然实验设计的来源。例如,安索拉比赫勒、斯奈德和斯图尔特(Ansolabehere、Snyder 和 Stewart, 2000)利用选区重新分配的事件作为一个自然实验设计来研究个人投票对官员在任优势的影响。[①] 由于选区的重新划分,一些以前没有在该官员管辖区域的选民在事后被划分进了该区域,研究者对比了那些选区重划之后被分配进来的选民和一直在该区域的选民的投票结果。因为选区的重新划分,使得这两种人现在面临的是同样的政府官员,经历着同样的选举事件,但是由于前期来源地的不同,他们对于该区域在任官员的态度就会有所差异,而这恰好能为研究者分析"个人投票行为的连贯性"提供基础,同时能够剔除掉其他可能对在任官员优势产生影响的因素。在这个自然实验设计中,一个关键前提就是,那些因为选区重新划分而进入的选民,与之前一直在该区域的选民不存在实质性差异,除了后者在实验中得到了"干预",即个人投票行为的连贯性(也可参见 Elis、Malhotra 和 Meredith, 2009)。然而,正如色肯和泰休尼克(Sekhon 和 Titiunik, 2012)所指出的,如果新选民是以近似随机的方式从他们的旧选区中被挑选进新选

---

① 另一项关于选区重新分配的研究可参见 Glazer 和 Robbins(1985)。

区，他们与其新选区的旧选民不存在可比性，而是应该与其旧选区的旧选民作对比。然而不幸的是，后一种比较不能被用于分析个人投票行为的因果效应：新选区的新选民与旧选区的旧选民面临的是不同的在任官员以及不同的竞争性选举。因此，尽管这样可以保证近似随机性，但是它对于分析官员在任优势对于个人投票行为的影响问题却没有丝毫帮助。

在其他例子中，近似随机性可能也没有那么有说服力。来看格罗夫曼、格里芬和贝里（Grofman、Griffin 和 Berry，1995）研究的一个例子。他们使用点名数据来分析那些从众议院转向参议院的国会代表的投票行为。这里的问题是，那些具有更大与更具有异质性司法权的新参议员（也就是说，他们代表各州而不是国会选区），是否会使得他们的投票行为向"中间投票人"的方向靠拢。格罗夫曼、格里芬和贝里发现，新参议员在参议院的投票记录与他们以前在众议院的投票记录、在众议院的党内平均投票记录以及来自新参议员所在州的现任参议员的投票记录都是很接近的，因此没有证据表明，这些从众议院进入参议院的新参议员的投票行为会转向中间投票人的方向。

然而，在这个案例中，众议院议员向参议院转移的这个行为，可以看作是一个实验"干预"机制。在这种情况下，在因果推断中难以避免的自选择偏差似乎会导致新参议员的分配不具有近似随机性。正如作者他们自己所说的，"适合国会区选民的那些极端自由的民主党和极端保守的共和党候选人，应当不适合于那些对意识形态观念更为淡薄的州选民"（Grofman、Griffin 和 Berry，1995，第514页）。因此，那些具备参议院空缺席位的州的选民特征，与那些寻求参议院席位的众议院成员的特征，或许可以解释为什么众议院成员一开始就希望竞选参议院席位。因此，这类研究也许就不太符合自然实验的严格标准。

2.4　结论

具有真实随机性的自然实验能够提供令人信服的因果推断证据，因为这种随机性能够摆脱混杂效应的干扰，正如真实实验那样。此外，有些自然实验中包括了难以被控制的干预变量。例如征兵制度或少数民族的政治代表选举。因此，这样一些研究既在样本分配上具有充分的随机性、同时其实验干预手段也具备理论的和实际的相关性，从而相当具有说服力。当然，相对而言，其他一些涉及真实随机性的研究却因为诸如干预方法的相关性问题而不那么具有说服力。

61　　在缺乏真实随机性的研究中，近似随机性在不同情形下其合理性也不尽相同。即使研究者能够阐明其在实验组和对照组的相关可观测的特质上表现出了完美的平衡性，那些不可观测的、无处不在的混杂因素仍有可能会影响其最后的平均结果。因为近似随机性顶多只能被数据所支持，却不能被数据所充分证实，所以很明显，不存在什么硬性规则来帮我们验证一个自然实验。相对于随机控制实验而言，这也许就是自然实验以及其他观测性研究的阿喀琉斯之踵，后面我将会回到这一点进行深入的讨论。①

---

① 参见第八章。

许多标准自然实验即使缺乏真实随机性但是却依然能够得出令人信服的因果推断结论。此外，这些自然实验研究所涉及的干预过程通常难以进行实验性的控制，从而在很大程度上算不上是随机的自然实验——例如投票站、最低工资法以及种族分化等。但是，虽然这些自然实验研究可能缺乏有说服力的随机性，但是它们往往具有很强的实际相关性。未来的章节将会更加明确地阐述这个问题。[①]

练　习

2.1）一项调查发现，关于"警察存在是否会影响犯罪率"的这一问题，在22篇论文中有18篇分别讨论这一影响是否存在（Cameron，1988；Di Tella 和 Schargrodsky，2004）。这些证据可以证明警察对犯罪率行为不存在影响，甚至会鼓励犯罪行为吗？为什么？自然实验方法可能会对这一问题的研究有何帮助？

2.2）在一项关于警察存在对犯罪率的影响研究中，迪特拉和沙格罗德斯基（Di Tella 和 Schargrodsky，2004，第115—116页）写道："自1994年7月，阿根廷的布宜诺斯艾利斯的犹太中心发生恐怖袭击之后，所有犹太机构都得到了警察保护……在对犯罪率变量进行回归的过程中，可以假设这些机构的地理分布是外生的，因此这就构成了一个自然实验……"

这些作者发现，犹太机构被分配了额外的警察保护后，会经历

---

① 参见第十章和第十一章。

较低的机动车盗窃率,而对照组样本是那些在同一个街巷上的未被保护的非犹太机构。在这里对犯罪率进行回归分析中,"外生"的含义是指什么?犹太机构的分布可以被推定为外生的吗?在这个近似的随机分配中是否存在潜在的干扰因素?怎样能够对这些干扰因素做出经验评估?

2.3)斯诺的霍乱研究。

泰晤士河的水质问题一直是当局广泛关注的问题(即使还未将其和霍乱传播联系起来),1852年通过的"大城市水质法案"事实上已经禁止了任何供水公司在1855年8月31日以后使用泰晤士河作为供水水源。然而截至到兰贝斯公司决定在20世纪40年代晚期搬迁其供水管道至泰晤士河上游地区,并于1852年完成这项搬迁工作时,萨瑟克-沃克斯豪尔公司直至1855年才相继完成了搬迁工作,换句话说,兰贝斯公司的搬迁工作是在1852年法案颁布与1853—1854年的霍乱传播之前,而另外两家公司却并没有这样做。这个事实对于得到洁净水与非洁净水的住户分配模式构成影响了吗?以及因为霍乱而产生的死亡率是否具有随机性?为什么?斯诺对于那些在供水分配中可能会影响自然实验本身的潜在因素是怎样分析的?

2.4)探讨"联合国维和行动"案例中的匹配设计方法,它与有效的自然实验方法有什么不同?假设一个研究者将其看作是一个潜在的自然实验,你认为可以从哪些方面对此进行反驳?

第三章 断点回归设计

在本章与下一章中，我将探讨两种特定类型的自然实验：本章 中的断点回归设计以及下一章中的工具变量设计。只要处理得当，这两种方法都将符合自然实验的关键定义性标准，即随机性或近似随机性样本分配过程。然而，它们在其他方面存在差异，并且在问题的发现、分析与解释方面，二者的使用都将具有不同的特征。因此，值得在不同的章节中对这两种自然实验方法分别进行探讨，从而可以对每一种方法都给予更为详细的关注。

断点回归设计是由西斯尔思韦特和坎贝尔（Thistlethwaite 和 Campbell，1960）最早提出，并由特罗钦（Trochim，1984）进行了推广。尽管西北大学的唐纳德·坎贝尔及其研究团队做了许多关于此方面的研究，但还是由于一些未知的原因，此项研究设计仍然在接下来的几十年内没有得到充分利用。然而，就在过去的十年间，这项方法在社会科学领域得到了爆炸性的应用。在本章中，我将介绍许多关于断点回归的相关研究，借此对该方法在实际应用过程中的设计艺术进行一些启发性的探讨。更多的关于该方法的分析与解释将在本书的第二部分和第三部分出现，在本章中对此只做一些简单的概述。

3.1　断点回归设计的基础

作为社会或政治生活过程中的一部分，个体或其他社会单位有时会因为具备某个自变量的不同特征而被分配到不同的研究组中（例如实验组和对照组），而分配的标准就在于它们所具有的该自变量特征是否达到了一定的阈值。对于那些分布于阈值上下的样本而言，这种实验分配方式与随机化配置具有同样的效果，能够保证位于阈值上下的样本在混杂变量因素方面具有相似性。这就为断点回归设计提供了机会，在该方法的实验干预中，能够使得处理效应对因变量影响的因果推断更具说服力。值得注意的是，"断点回归"设计的这一称呼，并不意味着需要用"回归"方法去分析数据。

与标准自然实验方法相比而言，断点回归设计所要求的近似随机性特别涉及与阈值有关的相应变量的位置。[①]例如，在西斯尔思韦特和坎贝尔（Thistlethwaite 和 Campbell，1960）针对美国国家奖学金项目的一项研究中，他们通过对那些获得公开表彰的获奖学生与没有获得公开表彰的获奖学生对比，来研究公开表彰对于学生成绩所造成的影响。在参加一项学术能力测试后，那些高于阈值分数的学生会得到荣誉证书，他们的名字会被印成一本小册了发送给各大学和其他奖学金授予机构，并且与那些仅仅获奖而未公开表彰的学生相比多获得了近 2.5 倍的新闻报道。然而，那些成绩稍低于阈

[①]　从更多技术的角度来看，在断点回归设计中，样本的干预分配过程是由其协变量的值所决定的，有时这种协变量又被称为"强制变量"，在严格断点回归中，正是通过考察协变量值是否大于截断值从而确定该样本是否被干预（Campbell 和 Stanley，1966，pp. 61—64；Robin，1977）。

值分数的学生仅仅是获得证书而已，获得关于其成绩的公开表彰就要少多了。

通常情况下，那些在资格考试中取得高分的学生本身就与取得低分的学生不同，这种不同体现在很多方面，不论是奖学金的获取率上还是日后所能取得的学术成就上。例如，如果平均来说高分学生比低分学生具有更高的初始能力的话，那么他们日后更为优秀的表现既可能是公开表彰所造成的结果，也可能是其初始能力的差异所造成的结果，或者二者兼而有之。那么此时将高分学生与低分学生做学习能力结果对比的话，关于公开表彰对于学业表现的影响的因果推断将会具有误导性。比如，如果高分获得者可能受到过更多的学习辅导、受到更多精英学校入学申请的邀请，或者具备除公开表彰之外的其他获奖形式的差异，那么即使将这种变化结果进行事前与事后检验的对比也仍然会具有误导性。[①]

然而，给定考试中的各种意外因素和运气因素，在分数线阈值上下邻域内的学生从平均意义上而言应该是非常相似的。特别地，即使他们得到了荣誉证书或者仅仅只是获得证书，他们所具有的对学习成绩起影响作用的因素并没有什么系统性的差异。因此，"每一个人最终是否会获得公开表彰"这一变量是应该独立于"他是否获得了一个证书"。[②] 这个假设说明，学生不能轻易地将自己"归类"到阈值的左侧还是右侧，继而也不会知道它们分别所具有的潜在影 65

---

①　通过比较干预前后的实验组与对照组的因变量结果，这种方法被称为"双重差分法"。

②　第五章将系统地介绍"潜在结果"。潜在结果是样本单位被分到实验组或对照组所最终得到的结果，因为一个样本单位最多只能被分配进入一个组，以此，至少有一种潜在结果是不能被研究者所观测到的。

响结果。此外，官方也不能有选择性地制定阈值分数以此来划分出特定的学生并让其获得荣誉证书，这些学生可能会与对照组的学生具有许多其他方面的差异。下面我将会对此展开更为详细的讨论。然而，如果以上条件成立的话，那么就可以认为那些分数在阈值附近并最后获得荣誉证书的学生分配方式是近似随机的。因此，对阈值附近的不同组别的样本作对比，就能够对其因果效应进行估计。①

图 3.1 所示的就类似于西斯尔思韦特和坎贝尔（Thistlethwaite 和 Campbell，1960）的研究中所用的图表，它也展现了"断点回归"这个词的含义。该图刻画了一个假设性结果变量的平均值，在此为学生获得奖学金的平均比例与其资格考试分数之间的关系。横轴代表的是资格考试的分数，纵轴代表的是学生获得奖学金的平均比例。因为美国各州分数线不同，所以这里的分数设置只是一个假设结果。分数线是按照比例设置的，所以可以看出图中的关键阈值是11：得分为 11 或 11 以上的学生能够获得荣誉证书，而那些低于该分数的学生只是获得证书但没有获得荣誉证书。为了方便说明，考试分数都四舍五入到近似的两个整数的中值点（例如 4.5、5.5 等）。分数线 11 上方的那条垂线正是确定证书分配的考试分数关键阈值。

在图 3.1 中，我们看到了三种截然不同的情况。在序列 A 中，在分数 10 和 11 之间存在明显的变量值的"跳跃"，因此对于获得

①　奇怪的是，Thistlethwaite 和 Campbell（1960）在"获得荣誉证书"的研究组中移除了那些同时获得国家奖学金学生的样本，只有获得荣誉证书的学生才有资格获得国家奖学金，而获得国家奖学金是由他们的绩点和这次考试分数共同决定的。因此，此时在对照组中的样本就包括那些若获得获奖证书就会获得奖学金的学生和获得获奖证书但没有获得国家奖学金的学生。实验组中的样本则只包括了后者。如果这里的类型与最终潜在结果息息相关的话（这看似是可信的），那么这种设计有可能导致干预效应的估计出现偏误（参见第五章）。

10分的学生而言他的结果就很糟糕，因为他们相比获得11分的同学而言，会按照相应比例得到更少的奖学金，而那些获得11分的学生则能以荣誉证书的形式得到公开认可。如果我们假定潜在实验结果对于那些位于阈值附近的学生成绩而言是独立的，那么"谁将获得荣誉证书"就是近似随机的，同时关于它的因果推断效应也是可信的。

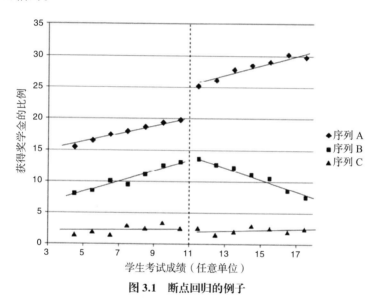

图3.1　断点回归的例子

在此，垂直虚线两侧的实线分别代表了阈值两侧的学生成绩和获得奖学金人数比例的回归关系。[①]注意在序列A中，这两条实线

---

①　注意，根据每个区间内的平均结果对资格考试分数进行回归所得到的拟合线与将实际结果对资格考试分数进行回归所得的拟合线相同，只要将每个区间利用其学生数量进行加权即可。

关于 10 分与 11 分之间的垂直虚线的截距有明显不同,这种回归线截距间的"跳跃"状态正是"断点回归"这一术语的出处。但是,在断点回归中,却并不需要线性回归分析来估计因果效应,因为那将导致结果是有偏的,这些内容我们将在第二部分进行详细探讨。

图 3.1 底部的 C 序列则呈现出刚好相反的情况。在此,10 与 11 这两个分数之间并不存在回归结果的"跳跃"情况。实际上,阈值两侧的回归线基本一致,它们的截距也一样。尽管我将在第五章和第六章中讨论抽样偏误,并将会描述验证因果效应存在性的更为系统性的程序,而序列 C 却似乎显示,荣誉证书发放对于阈值临近两侧的学生而言并不具有任何因果效应。

最后,在图 3.1 中序列 B 似乎呈现出一种更为混乱的情形,因为阈值两侧的回归线斜率明显不同:在阈值左侧回归线向右上方倾斜,而在阈值右侧回归线向右下方倾斜。然而,与序列 C 相同的是,它们在阈值附近的截距却是相同的,说明对于那些得 10 分与得 11 分的学生而言,分数线对于他们获得奖学金的结果并没有太大影响。总体上来讲,这样的图形并不能为获得荣誉证书的因果效应提供有说服力的证据。例如,回想一下,这里的结果是由奖学金发放造成的。类似序列 B 模式的产生可能是由例如奖学金发放机构倾向于将奖学金发放给那些收入低但学习优秀的学生导致的,假设收入与能力均与考试成绩相关的话。那么,在某种程度上,考试成绩与奖学金的获得就是正相关的,因为成绩低的学生也倾向于收入低。然而,当收入超过一个临界点时,那些优秀的学生可能因为太过富裕从而不再会受到奖学金发放机构的青睐。此时,平均来说考试成绩与高分生的奖学金获取将呈现负相关关系。

这最后的一点强调了关于断点回归的核心特征：只有对于阈值附近分布的样本而言，样本的分配与干预过程才有可能是近似随机的。例如此处对荣誉证书的因果效应识别中，只有选择分数线附近的学生样本并对其进行研究才有效。在断点回归设计中，使用回归线斜率来进行因果推断的问题在于，这其中包括了无法观测的混杂变量，例如收入，这些因素不仅会影响斜率，甚至会影响截距。因此，在分析问题中，如果要选择得分为 11 的学生样本的对照组，最可靠的选择是那些得分为 10 的学生样本，而并非是得分为 17 分或者 4 分的学生，因为他们与得分为 11 分的学生相比而言，可能存在着其他更多的系统性差异，而不仅仅只是一场考试的运气。①

这个例子还粗略地展示了使用回归分析来研究断点回归下的 68 因果效应识别的一些潜在危险：在图 3.1 的序列 B 中的两条回归线的斜率甚至包括它们的截距都是由与断点回归的关键阈值相隔较远的数据产生的，它们的混杂性是由该测试中 10 分或 11 分学生之间的简单对比所无法得出的。我将在第五章和第六章详细讨论这些问题，那时我将着重分析断点回归设计中的数据分析程序。

最后，该例子还说明了断点回归设计中的另一个基本原则：将分析对象限制在 10 分或 11 分学生之间就是限制了混杂变量的干扰，这样就能够提高就公开表彰对学生的影响进行有效因果推断的能力，但与此同时这也限制了我们在远离阈值的样本中就公开表彰对学生的影响进行有效因果推断的能力。这就是一种"内部有效

---

① 正如 Thistlethwaite 和 Campbell（1960，第 311 页）所说，荣誉证书的因果效应只针对那些邻近于截断值处的样本分析有效，远离截断值处的学生样本则可能存在其他能力因素上的差异，以至于这些因素会对因果效应产生干扰。

性"与"外部有效性"的权衡问题(Campbell 和 Stanley, 1966)。这种取舍性的强度取决于具体的实际应用:在许多情况下选择"内部有效性"就得以牺牲"外部有效性"为代价,而有时则又可能不会。

然而,这些分析与解释的核心问题最好留到本书后面的章节中进行讨论。本章的核心目的是对断点回归设计的实际社会科学应用进行综述,从而回答如下问题:断点回归设计到底应该在何时应用?

3.2　社会科学中的断点回归设计

断点回归设计是在过去的十年到二十年之内才在社会科学领域,尤其是经济学、政治学领域中得到了广泛应用。在西斯尔思韦特和坎贝尔(Thistlethwaite 和 Campbell, 1960)之后,许多学者基于"入学考试"问题进行了断点回归设计;例如,松平(Matsudaira, 2007)研究了对那些考试分数低于阈值的学生实施强制性的暑期学校补课项目的影响(也可参见 Jacob 和 Lefgren, 2004)。

然而,学者已经大大扩展了该方法的实际研究领域,例如表 3.1 和表 3.2 中所列举的例子。第一个表列出了在最近社会科学研究领域内断点回归方法设计的一般性来源;第二个表则罗列了部分但数量巨大的断点回归设计研究。关于每一项研究,表中列出了作者、研究重点、研究发生地所在国家以及断点回归设计的来源。[①](表 3.2 还标明了这些研究在分析数据时是否运用了简单差值检验,我将在

---

① 大部分此类的研究都是利用一个国家进行的,关于这方面的讨论将随处可见。

本书后面章节中对此进行详细的讨论。)

表 3.1　几项断点回归的设计来源

断点回归设计来源	研究组单位 （基于断点回归阈值）	干预变量	结果变量
入学考试	学生、其他人	学习成就的 公开认可	学习成绩
人口阈值	市区、市民	投票技术	有效选票
		联邦基金	投票行为
		现金转移支付	投票行为
		选举规则	投票行为
		政治家薪水	候选人资格
基于规模的阈值设计			
选民人数	选民	邮件投票	投票行为
学校规模	学生	班级规模	学习成绩
公司规模	公司	反歧视法	生产率
合格标准			
贫穷等级	市区	反贫困项目	投票行为
犯罪指数	罪犯	高安全性监禁	再犯罪率
基于年龄的阈值设计			
投票年龄	选民	过去投票行为	投票结果
出生季节	学生	受教育年限	收入
势均力敌的选举	候选人／党派 公司	现任者的竞选 捐款	候选人能力 与政府的公 共合同

　　注意：上表所提供的关于断点回归设计的例子是不完全的。具体关于该设计方法的应用参见表 3.2。

表3.2 断点回归设计的案例

研究者	研究重点	断点回归设计的来源	国家	简单差值检验
Angrist 和 Lavy (1999)	班级规模对学生成绩的影响	对于不同班级规模的记录	以色列	否
Boas 和 Hidalgo (2011)	现任领导人对于媒体的影响	选举中的接近胜选者与接近落选者	巴西	是
Boas、Hidalgo 和 Richardson (2011)	选举的持续时间对于政府合同的影响	选举中的接近胜选者与接近落选者	巴西	否
Brollo 和 Nannicini (2010)	现任市长的党派从属倾向对于联邦财政转移的影响	选举中的接近胜选者与接近落选者	巴西	否
Brollo 等 (2009)	联邦财政转移对市长腐败与候选人质量的影响	基于人口的收益分享规则	巴西	否
Chamon、de Mello 和 Firpo (2009)	第二轮市长竞选对于政治竞争与财政结果的影响	基于不同参与投票人群的断点设计	巴西	否
Dunning (2016b)、Dunning 和 Nilekani (2010)	种姓制度对于种族身份认同与政治权利分配的影响	基于种姓制下配额在不同人群中的分配 [a]	印度	是
Eggers 和 Hainmueller (2009)	立法会议的召开对于财富积累的影响	选举中的接近胜选者与接近落选者	英国	否 [b]
Ferraz 和 Finan (2010)	货币激励对于政治家才能与政绩的影响	根据城市大小,市政府官员的工资也不同	巴西	否

70

研究者	研究重点	断点回归设计的来源	国家	简单差值检验
Fujiwara（2011）	第二轮投票对于第一轮投票的影响	基于人口规模,对投票系统的断点设计	巴西	否[b]
Fujiwara（2009）	电子投票技术对于税收政策和选举权的影响	阈值标准为"选民是否进行了事先注册"	巴西	否[b]
Gerber、Kessler和Meredith（2011）	竞选邮件对于选民投票率与投票选择的影响	阈值设置规则为"选民是否获得该邮件"[c]	美国	是
Golden和Picci（2011）	现任优势与政治分肥	党内接近获胜的担任与接近失败的人的对比	意大利	否
Hidalgo（2010）	电子投票技术对于税收政策和选举权的影响	阈值标准为"选民是否进行了事先注册"	巴西	是
Kousser和Mullin（2007）、Meredith和Malhotra（2011）	基于邮件形式的投票对于投票结果与投票选择的影响	以那些获得邮件投票资格的人群进行划分,作为阈值标准	美国	否
Lerman（2008）	在高防御性的监狱里,监禁政策的社会和政治影响	因犯根据不同的犯罪指数被分到不同级别的监狱	美国	是[d]
Litschig和Morrison（2009）	市政府的联邦转移支付行为对现任官员进行重新选举的概率影响	以基于人口收益分享规则为基础的断点回归设计	巴西	是

续表

研究者	研究重点	断点回归设计的来源	国家	简单差值检验
Manacorda、Miguel 和 Vigorito（2011）	现金转移项目对于现任政府的支持率影响	基于项目开展前的实验预处理打分标准设置阈值	乌拉圭	是
Meredith（2009）	过去的投票结果对于随后的投票率与党派竞争的影响	对于投票年龄的限制	美国	否[b]
Titiunik（2009）	在市长竞选中的现任官员优势	选举中的接近胜选者与接近落选者	巴西	是

a 这个断点回归设计具有完全随机性。

b 具有或者不具有协变量的局部线性回归，或者不具有协变量的多项式回归在这些研究中也以应用，同时，差值检验的对比图表也在其中有所展示。

c 该规则是家庭收入以及其他变量的函数。

d 该研究同时应用了断点回归设计与工具变量设计。

　　这些设计是如何被发现并被广泛应用于各种各样的研究中的呢？与标准自然实验相比，如何发现那些有效的"断点"既是一门科学，也是一门艺术。然而，正如本章综述将要表明的那样，在一个地方或者一种情形下所发展出来的断点回归设计方法往往对其他情形下的断点回归设计具有启发性。因而，本章的一个目标就是使读者熟悉这些思想，并能够将其应用于其他完全不同的领域。

3.2.1　基于"人口"与"规模"的阈值设置

　　一个最为常见的断点回归设计就是研究者充分利用如下事实：一项政策干预措施根据人口规模去分配地理或政治样本，然后采取一个严格的阈值，位于阈值上下的样本将面临不同的政策干预。正如那些分布在分数线上下的学生就拥有截然不同的公开表彰一样，具有相同人口规模的地理单位所面临的政策干预也可能截然不同。当人口规模出现测量误差时，一些其他因素将会有可能影响阈值上下的样本分布情况。如果这种样本分布是近似随机的话，对于其两侧样本结果的比较就能得出此次政策干预所带来的因果效应。当然，这一切都建立在政府官员不能操控人口规模的测量方式，以及不能控制阈值两侧附近样本分布的前提下。

例如，伊达尔戈（Hidalgo，2010）使用断点回归设计研究了在巴西电子投票技术的应用对于候选人资格、党派支持与国家财政政策的影响（也可参见 Fujiwara，2009）。1998 年巴西立法选举中，电子投票技术被引入，超过 40500 人口的市区使用电子投票方式，而没有超过 40500 人口的城镇继续使用传统的纸张进行投票。该投票机就类似于 ATM 一样，能够显示候选人的姓名、党派关系和照片供选民确认，这种技术的引入被认为是减轻了复杂性的投票体系，特别是有利于文盲以及那些未受到良好教育的市民。巴西采取的是"开放名单（open-list）比例代表制"，即候选人数量与地区规模成比例，这意味着许多候选人可能来自同一个地区。例如在联邦众议院选举中，选举地区以州为单位；位于圣保罗州的选民必须在 200 多个候选人中选出 70 名议员来。这个数字对于选民造成困扰，尤其是对于那些需要用传统纸质选票的文化程度较低的市民而言，选举过程会变得异常艰难，因为他们需要写出每一个办公室的候选人姓名（或 5 到 6 位的识别号码）。复杂、不方便的选举程序导致了₇₃巴西成为拉丁美洲具有最高的无效或空白选票率的国家，与其他地区 8.5% 的平均无效选票率相比，巴西在 1980—1998 年间这一选举模式改革之前的时期,这一数字平均能达到33%。

基于断点回归设计的阈值标准是"是否具有40500人口规模的市区"。[①] 阈值两侧附近的样本,从平均意义上而言,除了登记在册的人口规模"刚刚超过40500"和"刚刚低于40500"以外应该是相似的。事实上,该阈值公布日期为1998年5月,而选民人数的登记日期是在1996年选举中就完成了的,因此政府当局不具有控制选民在阈值两侧分布方式的能力。同时也没有证据表明,阈值的选择是为排除或包括巴西某些特定城市(除了四个州以外,阈值在全国范围内是统一的)。对于那些刚好落在阈值上方或下方的样本,它们的分配过程就是随机的,而围绕阈值附近的样本进行比较,就能够对投票技术使用的因果效应进行估计。

伊达尔戈(Hidalgo,2010)和藤原(Fujiwara,2009)发现,电子投票在立法选举中的引入能够有效提高选民投票率13至15个百分点,在拥有高文盲率的贫困地区甚至可以提高33%。这很有可能是因为电子投票技术大大简化了投票过程,在开放名单比例代表制度下的选举中,规模较大的地区意味着选民有时必须从中选择出数百位候选人,纸质选票就要求选民必须将候选人的姓名、党派关系及照片都一一对应,而相比之下对于电子投票技术而言,它使用一个类似于ATM机的界面将以上信息全部显示,这将特别有利于那些文化程度较低的选民。

此外,电子投票技术的引入还会导致东北地区几个州的在任执政党派的支持率下降。因此,伊达尔戈(2010)认为,该技术的使用

---

① 早在1996年还开展过一项改革,是使用"登记选民人口是否超过二十万"作为电子投票技术应用的阈值。可参见第十章。

导致了巴西纲领性政党运动的加强。最近几个巴西政治观察家已经注意到纲领性政党的重要性日益增强，伊达尔戈（2010）则使用断点回归设计研究分析了这一趋势的一个可信的影响因素，其研究表明，这种实际选举权差异不可能是由非常微弱的混杂因素造成的，而是由电子投票技术的引入造成的。[①]

　　基于人口规模阈值的断点回归设计也常常被用于拉丁美洲和其他地区的联邦转移支付的经济与政治影响分析上。例如，格林（Green，2005）基于市区贫困等级而设计的断点回归设计方法，研究了墨西哥"有条件现金转移支付"项目的选举回报问题。[②]利茨格和莫里森（Litschig 和 Morrison，2009）研究了巴西联邦转移支付对于城市在任官员的投票支持率影响，而布罗洛等人（Brollo 等，2013）则研究了这种转移支付对于政治腐败与候选人质量的影响。后面这两项研究都充分利用巴西的一些联邦转移支付规模依赖于给定人口阈值的这一事实。因此，这些作者可以通过构造断点回归设计对相关阈值两侧的市区进行比较。[③]

　　研究者还经常利用"基于人口规模"的阈值设计去研究选举制度的经济和政治影响。例如，巴西联邦议会规定，那些注册选民数量不足 20 万的城市在市长选举中采取"单轮相对多数投票规则"（在一轮选举中得票相对最多的人获任市长，得票不必超过半数）去选举他们的市长，而如果注册选民人口超过 20 万时，则采取"双

---

　　① 关于这项研究的更多说明还可在本书的后续章节提及，比如可参见第五章和第十章。

　　② 这一政策项目同样被 De La O（2013）的研究所运用，可参见第二章中的讨论。

　　③ 也可以参见马纳科尔达、米格尔和维戈里托（Manacorda、Miguel 和 Vigorito，2009）关于乌拉圭的研究。

轮相对多数投票规则"（第二轮决赛），即一个选民可以参与两轮选举。藤原（Fujiwara，2011）发现，阈值附近的样本中，当选民从单轮制向二轮决赛制转变时，排名第三的候选人的票数将会增加，同时缩小了第一名、第二名与第三名之间的差距——这一发现与策略型投票以及杜维格（Duverger，1954）和考克斯（Cox，1997）所观察到的现象是一致的：当存在 m 个席位时，m+1 个候选人将控制大部分的选票。查蒙、德梅洛和菲尔波（Chamon、de Mello 和 Firpo，2009）扩展了这一研究结果，他们发现，在以 20 万注册选民作为市长选举阈值的断点回归设计中，选举制度的断点变化会导致更为激烈的政治竞争，从而导致城市投资增加和现有支出减少，尤其是个人支出减少。

　　研究者还经常利用"基于人口规模"的阈值设计去研究其他领域，例如立法效率与选民投票率。巴西宪法规定地方立法官员的工资由地方人口规模决定。利用这项规则建立相关的断点回归设计，费拉兹和菲南（Ferraz 和 Finan，2010）发现更高的工资能够激励立法机构效率与政治准入，同时也会增加针对现任官员的连任率。库瑟尔和马林（Kousser 和 Mullin，2007）、梅雷迪斯和马尔霍特拉（Meredith 和 Malhotra，2011）等人分析了一项在美国加州实施的投票政策，加州一些地区的选民被要求使用邮件方式参与选举投票，这些地区被选择的方式是基于注册选民的人口规模被随机划分出来的。[①] 梅雷迪斯和马尔霍特拉（2011）对 2008 年加州州长选

---

　　① 这里的选举法规定，如果在选举前的特定日期内一个地区的注册选民人数仍然不足 250 人，那么这些地区的选举方式将采取"邮件投票"的方式进行。然而事实上，即使一些超过 250 人阈值的地区也采取了邮件投票的方式参与选举，因此这个实

举进行了研究，通过对那些在阈值两侧附近的地区选民行为进行对比，结果发现那些使用邮件投票的地区，选民会增加他们选择已退选候选人的概率，同时这种方式也会影响继续竞选的候选人的相对表现。

这一综述表明，政策制定者依据人口规模来分配相关利益，或者进行其他政策创新，这就为研究者进行丰富的断点回归设计建立了基础。显然，这样的机会不会总是存在于相关实际研究中。然而，根据最近的文献记录，该方法的潜在应用范围仍然相当广泛并等待着研究者去挖掘。事实上，基于人口规模的阈值设计在许多国家的不同公共利益分配问题上仍然很常见，进行各类因果研究的研究者应该充分利用这些案例去构建断点回归设计。

研究者也经常利用除了人口因素以外的其他类型的基于规模的阈值设计来建立断点回归。一个广为人知的案例来自安格里斯特和拉维（Angrist 和 Lavy，1999），该项研究同时展示了该设计的优点与局限，其中研究者分析了班级规模对于学生学习成绩的影响。一般而言，直接对比拥有不同班级规模的学校学生的学习状况对于分析班级规模的影响而言是具有误导性的：那些在规模较大班级的学校学生可能在一些潜在可观测性因素上（收入、种族背景）以及许多更难观测的因素上（父母背景、学习动机）都存在差异。

然而，针对于此问题，安格里斯特和拉维（1999）设计了一项断点回归实验，它是基于当代以色列法规来设计的，在 12 世纪犹太教规之后，迈蒙尼提斯规则——要求中学学校每个教室不得超过 40

76

验可以被看作是一个"模糊"断点回归设计（将在第五章中讨论），具体细节也可参见 Kousser 和 Mullin（2007）或者 Meredith 和 Malhotra（2011）。

名学生。因而，在一所学校的学生注册量都是接近于此阈值或者它的倍数，例如学校学生数量在40人、80人或120人以下。在注册中多余出来的学生将会迅速缩小每个班级的平均人数规模，因为为了符合规则，班级数量必须增加。因此，那些注册学生总数刚刚低于阈值40（或80、120）的班级学生成绩，可以与那些人数刚刚超过阈值、从而不得不将学生重新分配到其他拥有更少学生的班级里去的班级学生成绩进行对比。

这其中的关键在于，平均而言，那些在阈值规模以上的学校与那些在阈值规模以下的学校应当是相似的，除了平均班级规模不一样之外。因而，分配给不同学校的班级规模的人数是近似随机的，所以通过对阈值两侧附近的样本进行估计，就能够得到班级规模的因果效应推断。在这个实验设计中，一个关键点就在于，学生不能自我选择进入规模更小的教室，因为迈蒙尼提斯规则的触发机制完全是由全校范围内的年级注册数量增加造成的。这个设计很有趣，此时在阈值两侧附近样本分配中存在着可信的近似随机性——该研究还提出了另外一些有趣的分析和解释方面的问题，这个我将在后面的章节进行讨论。

除了班级规模之外，研究者也已经利用基于规模的阈值设计去研究许多其他问题的因果效应。例如，哈恩、托德和范德克莱（Hahn、Todd和Van Der Klaauw，1999）研究了一项只适用于拥有15名以上员工的公司的反歧视法的影响。在此类研究中，我们必须充分考虑与公司规模有关的各种混杂因素的影响；例如，一个具有种族主义倾向的老板，为了避免反歧视法可能对他造成的不利后果，可以将他的雇员规模限制在15名以下。然而，即使有这些疑虑，以基于规模的阈值设计为基础的断点回归设计研究的潜在应用范围仍然是很大的。

3.2.2　选举中的近赢者与近输者

这是一项在近年来刚刚兴起与众不同的断点回归设计，研究者充分利用了如下事实：在一场双方势均力敌的选举中，选举结果具有一定的运气和不可预测性因素；选举结果中的近赢者（与赢家得票相近的输家）和近输者（与输家得票相近的赢家），其潜在特征基本没有太大差异。正如李（Lee，2008）对于美国国会选举的研究分析结论一样，在势均力敌的选举中，平均而言那些近赢者和近输者基本没有任何差异。因此，他们之间的比较分析就可以用来估计"赢得大选"的因果效应。事实上，由于在一场势均力敌的选举中的那些运气成分，到底哪一个候选人和党派能够取得胜利，可以被认为是一件近似随机的事。与其他自然实验一样，在这种断点回归设计中是否满足近似随机性假设，必须通过后面章节中所讨论的各种定量与定性分析工具来对其有效性进行评估。在李（2008）对美国众议院选举的研究框架下，考伊和色肯（Caughey 和 Sekhon，2011）对于近似随机性论断做出了令人信服的评论；在其他研究框架下，这一近似随机性的论断甚至可能更有说服力。

例如，在泰休尼克（Titiunik，2009）关于巴西市长选举的研究中，通过将一个政党几乎输掉了 2000 年市长选举的那些市区与其几乎赢得选举的市区进行对比，从而分析了市长选举中所存在的"执政党优势"。与美国的选举研究分析结果不同的是，她发现，现任执政无论是在得票率还是在得胜率方面都具有强烈的负效应；这一显著的负效应的范围大概是负 4% 的支持率（巴西自由先锋党）与负 19% 的支持率（民主运动党）之间。

　　在另外一项关于在任官员与媒体介入的研究中，博厄斯和伊达尔戈（Boas 和 Hidalgo，2014）发现，那些接近胜选的人相比那些接近落选的人更具有向政府申请使用无线电许可的倾向，这一研究更加证实了以前针对巴西的一项关于对媒体进行政治控制的分析。布罗洛和南尼奇尼（Brollo 和 Nannicini，2012）使用了相关的断点回归设计考察了党派关系对于巴西市政府的联邦财政转移的影响，通过分析势均力敌的选举中的获胜者与失败者，来判断获胜方成员是否是来自与总统相同的党派。

　　除了候选人的在任优势之外，这些断点回归设计还被用来分析市民个人和公司对于那些获胜候选人的支持行为。例如，博厄斯、伊达尔戈和理查森（Boas、Hidalgo 和 Richardson，2011）研究了来自捐赠者的政治献金对于政府合同的影响。研究者对比了近赢者与近输者之间对于捐赠者的回报率差异，结果发现那些依赖于与政府签订合同的公共事务企业可能会在选举投资方面获得大量的货币回报。可以说，这种回报效应大得令人震惊：专门从事公共工程项目的公司，如果其竞选捐款帮助工党赢得了大选，那么它所能获得的政府合同款项价值至少是其捐款的 8.5 倍。戈尔登和皮奇（Golden 和 Picci，2011）在对意大利开放式比例代表制的选举体系研究中，同样基于近赢者与近输者的对比，使用断点回归设计分析了联邦支出与官员的连任前景的关系，来研究了官员"在任优势"的党内影响。此外，埃格斯和海恩缪勒（Eggers 和 Hainmueller，2009）也使用了通过近赢者与近输者的对比来构造断点回归的思路，估计了英国议员所能获得的政治回报。研究发现，保守党议员基于自身所具有的政治资本可以从外部的就业市场中获利（该影响对劳动党议员却不显著）。

　　注意，在关于近赢者与近输者的断点回归设计中，它的方法构造与西斯尔思韦特和坎贝尔（Thistlethwaite 和 Campbell，1960）所提出的经典设计存在诸多差异。例如，在该方法中不需要一个预处理协变量（或指数）作为阈值来划分不同的样本组。在只有两个候选人的相对多数选举活动中，这两个候选人的得票数差异就可以被想象成一个分配变量——可以设定零作为关键值，取值为正就被分配到实验组，取值为负则被分配到对照组。当候选人超过两个人时，可以将第一名和第二名得票者的得票数差异作为分配变量（或者被称为"强制变量"）。然而，当断点回归设计方法应用于其他选举体系的研究中时，譬如比例代表制选举体系，就可能意味着近赢者与近输者的得票差在分配阈值上并不为零，而且在每一场选举中都可能有所不同（例如，在政党候选人名单上，进入立法机构的得票最低者与未进入立法机构的得票最高者之间的得票数之差并不一定为零）。[①]因此，在如图 2.1 中那样将选举结果表示为分配变量的函数，且将其图像画出来，并没有那么容易。然而，在此对于处理分配效应的估计与其他类型的断点回归设计的逻辑还是相似的，并不存在太大区别。

　　关于选举方对于在阈值附近的候选人分配是否真的具备近似随机性，这一点即使是在势均力敌的选举中，也是存在争议的 79

------

　　①　可以参见 Luis Schiumerini 和 Olle Folke 关于此项研究的未完成的工作，也可以参见 Golden 和 Picci（2011）。

（Caughey 和 Sekhon，2011）。近似随机性是自然实验处理数据的原则，应该根据具体情况进行准确评估。在本书后面，我将继续讨论对断点回归设计有用的各种相关先验推理和经验证据。①

3.2.3　"年龄"作为回归断点

过去的投票行为会影响后来的选民投票率与党派选择吗？许多关于政治参与的理论表示，投票行为本身对于选民的政治态度和行为都具有重要影响。然而，要对此类因果关系结论进行经验性估计乍看起来简直不可思议，因为对于那些具有投票资格的人而言（譬如他们第一次获得投票资格时），他们可能真的和不具备这种资格的人存在多方面难以观察、难以测量的差异。例如，他们可能会感受到更大的公民义务，这可能会影响他们的投票行为以及政治态度。因此，情感或行为上的初始差异，可能会导致其随后在投票率或党派身份认同上的差异。

然而，梅雷迪斯（Meredith，2009）充分利用了美国总统选举投票对选民年龄的非连续性限制，来识别选民过去的投票行为对其以后的投票率与党派身份认同的影响。因此，这篇论文比较了那些在总统选举日前已年满 18 岁且已具有投票资格的人，与那些在当日即将满 18 岁但还不具有投票资格的人之间的差异。随后，研究者在某一特定的总统大选期间，选出那些年满 22 岁并有机会参与投票的青年，并按照 4 年前的上一届总统选举中他们是否年满 18 岁，以近似随机的方式将他们分成两组，也许不同组内的青年的年龄只

---

① 参见第七章和第八章。

相差了数天或数个月。因为精确的出生日期并不会作为混杂变量来影响他们的投票行为或党派认同，这一断点回归设计为研究选民前期投票行为对其随后行为的影响提供了一个有效的自然实验。[①]结果发现，如果选民在上一届总统选举中具有投票资格，那么这将增加他们在本次选举中 3% 到 7% 的投票参与率，同时这种影响具有长期效应，它会影响选民接下来的多轮选举行为，在过去选举中 80 的投票参与行为也将影响选民在随后选举过程中的党派认同。

其他类型的"年龄阈值"设置也能够被应用于断点回归的设计上。例如，个体经常因为未达到年龄门槛而在进入图书馆、博物馆或利用其他公共资源时可以少支付费用（例如，一些给老人或小孩提供的折扣）。同样，医疗服务中心所提供的医疗服务也具有年龄限制（例如美国的公共医疗项目），这也可以用于研究，通过对比"是否具有年龄资格加入该项目"的人员，分析加入这些项目所带来的因果效应——但也许常常会发现，这种因果效应并不存在（Card、Dobkin 和 Maestas，2009）。需要再次强调的是，基于"年龄阈值"设置的断点回归设计仍然在政治学和经济学领域具有巨大的应用潜力，它能够被用于分析许多公共服务的政策性影响。

3.2.4 指数

在以上列举的许多例子中，每一个断点回归设计的阈值基本上都是来自于预处理的单个协变量值。例如学生在资格考试中的

[①] 这项设计也能被用于研究青年"过去投票行为对以后投票行为的影响"，而不是仅仅研究他"是否具有投票资格会对未来投票行为产生影响"。具体可参见第四章和第五章中的工具变量分析。

分数或者是城市的人口规模（这些被称为"预处理"协变量的原因在于他们的取值是在实验干预之前就已经确立好的）。这种方法是最常见的断点回归设计方案。有时候，政策制定者可能会将多个变量的信息汇编成一个单一的指数，这也可以作为断点回归的设计来源，指数取值的大小将决定干预过程中的样本分配。例如，马纳科尔达、米格尔和维戈里托（Manacorda、Miguel 和 Vigorito，2009）使用了一个基于预处理"合格线"阈值的断点回归设计来研究乌拉圭现金转移的行为对于现任广泛阵线（Frente Amplio）政府的支持率影响。他们发现，那些现金转移支付的受益人与非受益人相比，对现任政府的支持率要高出 11% 到 14%。类似地，勒曼（Lerman，2008）利用美国加州的监狱系统指数将罪犯分配到高度安全与低度安全的不同安全级别的监狱中，去研究高度安全级别监禁所产生的一系列影响，结果发现那些身处高度安全级别监狱的罪犯，他们对待社会的态度与行为也会发生改变。

3.3　断点回归设计的变化

81

在 3.2 章节中所列举的各种基本断点回归设计具有许多扩展与变化。也许最重要的区别在于，有些断点回归中，实验干预的标准是严格的，样本的分配必然基于阈值的两侧——例如在西斯尔思韦特和坎贝尔（Thistlethwaite 和 Campbell，1960）的最初设计中，学生获得荣誉证书与否取决于他们的分数是否能够通过分数线。而另一些断点回归则属于模糊断点，与阈值之间的距离会对干预设计造成一定的影响，但不能起到决定性作用。有些断点回归设计还具有真实随机性的特征。我在此只是简单地对此进行介绍，更详细的内容将会在后续章节中提及。

3.3.1 严格断点回归与模糊断点回归

在上面所提到的断点回归设计中，关键的回归阈值似乎必须对项目参与过程起到决定性作用：例如，根据不同地区的人口规模，一项政策性干预会在某些地区实施而在另一些地区不实施——在这个过程中，采取了一个硬性的阈值设置，它能够保证那些高于阈值的样本单位都受到干预，而那些低于阈值的样本则不会。虽然这被称之为一种"严格"断点回归（Campbell，1969；Trochim，1984），但它却不是该方法的必要条件。在一些断点回归设计中，阈值只是影响了样本单位是否参与此干预的概率，而不是决定性标准。[①] 也就是说，位于阈值两侧的样本单位是否接受实验干预，其本身受关键阈值的影响，但却不是完全由它决定的。

这种断点回归的设计方法被称为"模糊"断点回归（Campbell，1969；Trochim，1984）。例如，在格伯、凯斯勒和梅雷迪斯（Gerber、Kessler 和 Meredith，2011）的一项研究中，美国堪萨斯州的一个政治组织曾使用一项规则来选择一定比例的家庭，让他们收到一封关于现任官员的政治批评性邮件。根据这项规则，那些居住在收入高于给定阈值的家庭数量达到某个特定比例的普查区居民，就明显更

　　[①] 我将在第五章对这种情况展开讨论，对于人们是否参加某个政策项目而言，政策干预被视为一种工具变量的形式存在。因此这也可以被看作是模糊断点回归与工具变量法的相通之处。

82　有可能被选中并收到这封邮件。然而，可以看出，该阈值本身并没有确定性地决定样本的干预分配过程。

这种"模糊"断点回归设计与我将会在下一章中介绍的工具变量设计密切相关：正如工具变量设计一样，样本对象的随机分配过程并不能完全决定样本是否受到干预。模糊断点回归设计的分析方法产生了与工具变量法非常相似的问题，我将在后续章节对这一设计进行进一步讨论。

3.3.2　随机断点回归设计

一些断点回归设计的阈值设置包含了真实随机性特质。例如，阈值的设计标准可能会相对比较粗糙，使得在阈值附近的很多样本都有资格被包含进实验组里（尽管它们可能具有异质性）。然而，这里的实际分配过程却可能是基于一个真实的随机设计。

邓宁和尼勒卡尼（Dunning 和 Nilekani, 2010）提供了一个来自印度的案例。[①] 在卡纳塔克邦的选举法要求中，一些委员会的主席席位必须保留给拥有较低等级的种姓和部落，即在一些委员会中，主席必须来自于那些拥有席位配额的低等种姓和部落。配额的分配方式是，对于不同的委员会而言，根据每个委员会中低等种姓和部落所拥有的席位数量，对这些不同委员会可得席位的多少进行降序分配。[②] 因此，配额优先分配给位于名单顶部的委员会（主席席位的总数在一次选举中是给定的，并且分配比例是按照所在地区

---

① 　也可参见 Dunning（2010b）。

② 　委员会中为低种姓人员与部落保留席位的多少取决于每个委员会内的这两部分人口占整个选区人口的比例。这里所说的选区是根据行政区划所划分的。

低等种姓和部落的人口规模所决定的），随后配额再降序进入下一个委员会模块。① 因此，在任何一次选举中，给低等种姓和部落的席位配额都是固定的，正如其他断点回归设计一样，该给定阈值能够影响样本的分配过程，低于阈值的委员会也许不能得到配额，而高于阈值的委员会则可以得到配额（尽管有时该委员会没有得到配额，譬如若它在上一次选举中得到了；因此，这依然是一个模糊断点回归）。

83

在该设计中存在真实随机性的特征，因为一旦那些有资格获得配额的委员会数量（基于委员会中低等种姓和部落所该获得的配额值），超过了法定所允许所得配额的委员会数量，将会采取随机抽取的方式从中进行重新选择。换句话说，在断点回归的阈值处存在着完全随机性，通过对比那些都具有配额资格但最终得到配额和没有得到配额的委员会，就能够估计关于选举配额的有效性的因果效应推断。

3.3.3 多重阈值

在有些断点回归设计中，能够决定样本分配方式的特定阈值可能会因为不同的行政区划、不同的人群或不同的时间节点而可以被多重划分。例如，在伊达尔戈（Hidalgo，2010）关于巴西电子投票的研究中，巴西市政府"是否采用电子投票方式进行选举"的阈值是"人口总数是否达到 40500"；在 1998 年，人口如果超过此阈值的城市则采用电子投票的方式。然而，早在 1996 年的一项改革中

---

① 这种轮换制度始于 1994 年，在第一次选举之后被国家宪法修正案以法律形式确定下来，法律规定必须给妇女和低等种姓选民留有席位配额。

规定,在"人口总数超过200000"的城市就使用电子投票。因此,在该年的电子投票的因果效应估计则应该采用这个阈值。在邓宁(Dunning,2011)、邓宁和尼勒卡尼(Dunning 和 Nilekani,2013)对于印度低等种姓与部落席位获得的研究中,由于不同地区的规模以及低等种姓人口比例的不同,因此所给的配额阈值也不相同。从而在不同地区,基于种姓分配配额的因果效应估计在不同的阈值划分中也存在不同的结果。

正如本书后面将会讨论的,多重阈值的断点回归设计的潜在优势之一就是可以明确比较不同阈值处的因果效应。一般而言,在许多断点回归设计中,一个可能存在的局限就是阈值附近样本的因果效应与远离阈值处的样本因果效应具有差异性,而往往对前者的估计才更具说服力。然而,具有多重阈值的断点回归设计至少可以在一定程度上解决这个外部有效性问题(参见第十章)。

3.4 结论

近年来,断点回归设计在社会科学研究领域内的增长是显而易见的。在许多研究中,在阈值附近的近似随机性分配具有很强的先验合理性,从而使得这一自然实验方法在因果效应推断中非常有用。当然,与其他自然实验一样,该方法的使用范围仍然饱受争议,并且,近似随机性在不同的研究中,其说服力也存在差异。[①]

发掘一个断点回归设计,就如同其他种类的自然实验一样并非

---

① 参见第八章。

是一件精确的事，这往往取决于运气与灵感。然而，正如本章中所罗列的各种实验设计所示，学者经常能够从其他研究中获取灵感从而对自身的一些具体问题进行探讨。例如，基于人口规模的阈值设计思路就常常被用于不同的断点回归设计中；事实上，有时候相同的阈值设计能够适用于不同的研究从而得出不同的结果。选举中近赢者与近输者之间的对比分析策略，已经被适用于越来越多的因果识别分析研究中，例如现任官员的行为、政治活动捐款等。

　　然而，断点回归设计仍然可能存在着几个局限，其使用过程已经在该方法的因果效应分析与解释方面激起了许多争议。例如，关于断点回归设计的数据分析策略就存在一个持续的争论：简单均值差检验在断点回归中的优缺点问题，以及关于如何定义"研究组规模"的相关问题——特别是关于阈值两侧附近的"窗口"大小程度。这些问题的抉择都将依赖并且会影响实验设计中样本分配过程的近似随机性。我将在第五章回到此点讨论。

　　至于对因果效应的解释方面，在断点回归设计中，平均因果效应的参数估计仅针对阈值两侧附近的样本单位才有效，即断点回归设计中的研究对象组。伊姆本斯和安格里斯特（Imbens 和 Angrist，1994）将该参数称之为"局部平均因果效应"，强调该估计只适用于特定样本单位。在社会科学研究中，该参数是否有效，以及在什么范围内有效，已经成为了一个争论的焦点。我在本书的后续章节中会重新探讨此问题。[①]

---

　　① 参见第九章。

练　习

3.1) 断点回归设计估计了那些特定集合内样本的平均因果效应，在该集合中，样本单位的协变量值决定了它们位于阈值的哪一侧，从而也决定了样本的分配方式。在本章所列举的案例中选取两例，回答以下问题：

（a）对于社会科学研究而言，对那些位于阈值两侧的分配样本的因果效应估计真的有意义吗？为什么？在回答这个问题前，考虑一下参数估计过程中所具有的优点和局限性。

（b）以你的经验来看，这种因果效应与那些由于协变量远离阈值而不参与估计的样本单位是否具有相关性？

3.2) 美国一些州所颁布的反歧视法只针对拥有 15 名员工以上的公司生效（Hahn、Todd 和 Van Der Klaauw，1999），去设计一个断点回归法观察这些反歧视法在某些方面所具有的因果效应，例如可以采取对比的方式进行研究，对比对象分别来自那些拥有 13 或 14 名员工的公司与拥有 15 或 16 名员工的公司。

（a）这是否是一个有效的自然实验？有哪些潜在的因素可能会威胁实验的近似随机性？

（b）这些威胁如何能够在经验研究中被识别出来？在检验中你将需要用到什么知识和信息？

3.3) 一个研究者曾说道："在那些运用了'管辖边界'的自然实验中，村庄或者其他位于边界线一侧的样本单位将会受到实验干预，也就是说，这一类自然实验都可以被看作是断点回归设

计。"这种说法正确吗？为什么？如果不正确的话，如何区分一个 86
标准的断点回归设计，如西斯尔思韦特和坎贝尔（Thistlethwaite 和
Campbell，1960）和那些使用了"管辖边界"设计的其他研究？

3.4）我们在简介章节曾经看过一个例子，坎贝尔和斯坦利
（Campbell 和 Stanley，1966）研究了美国康涅狄格州的交通事故死
亡率问题，他们将其称之为"时序断点"设计。假设一个研究者比
较了法律颁布前后的一个短时期内的交通死亡率问题，那么这项研
究可以被看作是断点回归设计吗？为什么？如果不是，那么又该如
何区分断点回归设计与时序断点设计的区别？

第四章　工具变量设计

工具变量设计完全遵照的是另一种近似随机性的设计思路。当考虑到给定自变量对因变量的因果推断中存在互为因果或混杂变量的干扰时，这种因果效应的估计就会变得异常艰难。而工具变量设计的解决方式就是去寻找一个与自变量相关的、却不受到因变量或其他原因影响的变量。因此，样本单位分配过程的随机性或近似随机性不是针对我们所关心的自变量而言的，而是针对工具变量而言的。

例如，回想一下安格里斯特（Angrist, 1990a）对征兵法案的研究案例。越战期间的征兵法案所规定的参军资格是通过将 1 到 366 的数字与潜在应征者的生日相匹配，而后通过随机抽签的方式来分配给青年男子；当男子所具有的号码高于阈值时，则他就不具备应征资格。通过比较位于阈值两侧附近拥有不同抽签号码的样本来估计征兵法案的因果效应，这种分析方法被称为"意向干预"分析。如补充说明 4.1 所示，被对比的只是青年男子是否具有征兵法案所规定的应征资格，而并不是他们是否真正在军队服役。意向干预分析是自然实验方法中的一个关键原则，通常应当在研究结果中被明确报告出来。①

---

① "意向分析"这一术语来自医学试验，在试验中，研究者将打算对分配到实验

　　然而，意向干预分析估计的是征兵资格的因果效应，而不是实际兵役服务的因果效应。因为事实上有许多具有服役资格的人并没有服兵役，而许多不具备资格的人却自愿加入了军队。所以实际服兵役的因果效应可能与具备此资格的因果效应有所差异。一般而言，意向干预分析是对兵役服务的因果效应的一种保守估计。

　　工具变量法提供了一种有用的替代性分析方法。这种分析工具可以用来估计实际兵役服务对于那部分"潜在士兵"的平均影响——这部分人只有在他们具有参军资格时才愿意服兵役。这些人被称为"顺从者"，因为他们完全顺从于他们在样本分配过程中的干预条件（Imbens 和 Angrist，1994；Freedman，2006）。

　　工具变量法为何会有效？简单来说，由抽签决定的征兵法案为我们提供了一个工具变量，它与干预变量（实际兵役服务）是息息相关的，但是它不会受到因变量或其他混杂因素的影响。需要注意的是，服兵役对于劳动力市场收入与军人政治态度的因果推断会受到诸多混杂变量的影响：例如那些自愿加入军队的人与那些非自愿加入的人就存在日后收入上的不同（见第一章）。因此，受到干预的样本组就包含了那些不管是否具有征兵法案资格而最终却自愿加入军队的人，而对照组却不存在这样的志愿者。因此，自我选择效应破坏了实验组与对照组样本干预的事前对称性：如果这种对于兵役服务的自愿倾向与日后潜在收入或政治态度有关，那么直接对比加入与没有加入军队的样本就会导致对兵役服务的因果效应推断产生偏误。

89

组的样本进行干预（但也有部分人因为不遵守协议而在此过程中离开）。可参见弗里德曼、佩蒂媞和罗宾斯（Freedman、Petitti 和 Robins，2004）对于乳腺癌的研究案例。

88

补充说明 4.1 意向干预分析原理

在自然实验中，真实随机性或近似随机性决定了诸如个体或市区之类的样本单位被分配到不同的实验组与对照组。然而，这并不意味着所有在研究组内的样本单位都是按照这样的分组方式被实施干预处理的。例如，越战期间征兵法案的抽签决定了青年男子是否具有应征资格，但并不是所有具有参军资格的人最终都进入了军队。在哥伦比亚的私立学校，政策制定者通过抽签分配的方式决定学生是否能够获得补助保障，但总有一部分获得了补助保障的学生最终没能入学。在断点回归设计中，一个总体性指标或者其他实验预处理变量指标可以为某个政策项目设立合格性的阈值，但是一些具有项目资格的人有可能会选择退出。将那些具有自我选择性的受干预样本与那些未被干预的样本直接进行对比，将是不明智的做法：这样的比较可能会产生混杂效应，从而可能对干预效应的因果推断产生误导。

因此，许多自然实验所采取的分析策略是意向干预分析。在这种分析模式下，通过（近似）随机性的方式被分配到不同组的样本单位是可以进行比较的，无论受干预的样本单位是选择进入还是选择退出项目。在安格里斯特（Angrist, 1990a）的越战征兵法案研究中，具有参军资格的人可以和不具备参军资格的人作对比，而无需考虑他们最终是否真正进入军队服役。意向干预分析是自然实验中最重要的分析原则之一，即使样本对于他们所受到的实验干预的反应具有异质性，但意向干预分析并不需要针对这种异质性做出统计调整。我们反而需要格外注意的是在基于随机性或近似随机性的样本分配过程中，随机误差要尽可能地在实验组与对照组之间保持平衡。意向干预分析针对统计检验也同样有效，它能够被用于评估实验组与对照组的结果差异。这些专题我们将在第五章和第六章中再进行探讨。

　　然而，具有分配随机性特征的征兵法案却能够保证这种平衡，因为"是否具有应征资格"是随机分配的，这个分配过程与混杂变量无关，顶多存在随机误差。工具变量法之所以有效，是因为在"顺从者"的比例和实验组与对照组之间的分配比例大致是一样的。通过探查每一个组最终进入干预过程的样本单位比例，我们就可以估计出研究组中的顺从者比例。利用第五章中将要详细讨论的分析工具，我们就可以将这种意向分析方法进行调整，从而能够估计出服兵役对于那些只有具备征兵法案资格才愿意服兵役者的影响。

　　正如上述讨论所明确的，我们应该将工具变量法看成是一种分析策略，而不是一种特定类型的自然实验设计方法——主要是在样本分配过程并不完美的标准自然实验中被用来做定量估计，例如对"顺从者"干预的因果效应估计。尽管如此，由于工具变量法在近年研究中的重要性与日俱增，以及许多研究者也倾向于使用该分析方法来研究自然实验问题，因此该方法值得我们在本书第一部分中单独列一章内容出来进行探讨。此外，正如在后续章节的讨论中所要明确的那样，工具变量法经常会针对具体问题做出具体解释。因此，本章的讨论为此提供了一个有用的参照点。

　　工具变量法的分析逻辑有时可以贯穿于具备近似随机性的自然实验中。在评估因果效应的过程中，可以将工具变量所针对的样本对象看作是自变量中那些被随机分配的样本对象，虽然这种随机性看起来并不那么明显，但是这种样本分配的随机性对于有效的工具变量而言非常重要。在不具备真实随机性的情况下，该方法需要对近似随机性进行验证；正如其他自然实验方法一样，这一要求 90

也许是一个棘手的问题。此外，在回归模型的应用中，该模型背后的假设也许是可信的，也许是不可信的：针对不同的具体应用，工具变量设计既有可能是更"基于设计"的，也有可能是更"基于建模"的。

关于工具变量设计的其他假设也十分关键，无论其实验干预分配过程是否符合真实随机性或近似随机性。例如，工具变量只能通过影响干预条件的机制来影响实验结果，这种所谓的"排他性约束"可能存在也可能不存在：譬如，在"是否具有征兵法案资格"对于日后"收入"的影响的因果推断中，除了实际服兵役可能带来的影响以外，也有可能存在其他影响机制（例如，接受教育）。最后，需要强调的是，关于顺从者实际干预处理的因果效应估计的参数是否真的具有重要意义，取决于整体的研究背景和具体的研究问题。

91　　关于以上问题的具体分析和解释将会在本书后续章节中进行更为详细的讨论。① 这一章的主要内容与前两章一致，主要通过对相关研究案例的述评来探讨研究者如何挖掘和设计一个工具变量。为此，表4.1列举了几个工具变量的一般性来源，表4.2和4.3则分别列举了工具变量在真实实验与自然实验中的应用研究。本章余下部分将简要讨论工具变量法在一些真实实验中的应用，其用法类似于安格里斯特的征兵法案研究；随后，我将再回到自然实验上面来，根据表4.1中相关的工具变量来源来进行讨论。

―――――――――――

① 请特别参见第五章以及第八章到第十章。

表 4.1　工具变量法的设计来源

工具变量来源	研究组样本单位	干预变量	结果变量
抽签			
征兵法案	士兵	兵役	收入，态度
抽奖彩票	彩民	总收入	政治态度
随机判决	囚犯	监禁	再犯率
培训邀请	求职者	求职培训	工资
校方担保	学生	私立学校入学	学习成绩
气候冲击			
降雨量增加	国家	经济增长	内战
自然灾害	国家	油价	民主制
年龄			
出生季度	学生	教育	收入
双胞胎研究			
双胞胎生日	妈妈	孩子数量	收入
制度变迁			
选举周期	国家	警察数目	犯罪率
土地使用权类型	国家	不平等	公共品
历史冲击			
领导人死亡	国家	殖民地吞并	地区发展
殖民者死亡率	国家	现有制度	经济增长

注意：这张表据供的关于工具变量法应用的案例仍然是不完全的。具体研究可参见表 4.2 和表 4.3。

4.1　工具变量设计：真实实验

工具变量法在真实实验中主要应用于某些实验对象没有遵照实验分配过程时的情形。事实上，理解工具变量设计运行机制的一个最好的办法就是将其类比于真实实验。在真实实验中，那些诸如抛硬币之类的随机过程决定了实验对象的分配过程，从而接受干预处理的实验对象与被随机分配到对照组的实验对象平均来说是无差异的。然而，如果将接受干预处理的实验对象与未接受干预处理的实验对象进行比较的话，那么即使是在真实试验中也会存在混杂效应。实验对象是否接受干预处理，譬如在临床试药实验中被选中的测试者是否愿意服药，不是由实验者决定的，而是由受试者决定的，而那些愿意接受干预处理的实验对象与那些不愿意接受干预处理的实验对象相比，其差异对于实验结果可能至关重要。

因此，研究者应该将那些随机分配到实验组的样本与那些随机分配到对照组的样本进行比较。正如坎贝尔（Campbell, 1984）所告诫的那样，必须要在随机化条件下进行样本分析。然而，意向干预分析并不考虑随机分配的样本最终是否被干预。在真实实验中，正如一些观测性研究中所做的那样，工具变量法可以用于估计"顺从者"的因果效应，因为这些被随机分配的样本最后都接受了实验干预。在真实实验中，实验干预处理的分配过程通常能够满足工具变量的两个关键性要求：首先，通过随机性配置，它在统计意义上能够独立于其他影响因变量的不可观测性因素；其次，它只是通过影响实验干预处理条件的接受来影响实验结果。在真实实验数据分析中,工具变量法是一个普遍的分析方法;表 4.2 列举了一些相关方面的研究实例①。

表 4.2　真实实验中的部分有关工具变量设计的相关研究

研究者	研究重点	工具变量来源
Bloom 等(1997)	职业培训的参加率对日后收入的影响	"是否参加该培训项目"的人员是随机分配的
Burghardt 等(2001)	参加"就业指导团"对于日后收入的影响	"是否参加该项目"的人员是随机分配的
Howell 等(2000)	私立学校的入学率对于学生考试成绩的影响	"是否受到担保人资助"的人员是随机分配的
Krueger(1999)	班级规模对于学生学习成绩的影响	"去大班或是去小班"的人员是随机分配的
Powers 和 Swinton (1984)	学生的学习时间长短队考试分数的影响	关于考试的相关资料是随机分配的
Permutt 和 Hebel (1984, 1989)	母亲吸烟对于出生婴儿重量的影响	免费的戒烟咨询指导名额是随机分配的

注意:以上列举的相关已经发表或未发表的研究是不完全的,这些来自于政治学、经济学等领域的实验,与随机对照实验同理,都在对干预样本进行分析的过程中使用了工具变量。

4.2　工具变量设计:自然实验

在可观测性研究中,样本分配过程不受研究者控制,此时因为

---

① 在表 4.2 中的许多工具变量设计属于"激励型"设计,因为被随机分配到实验组的样本将会面临激励以使他们最终愿意接受干预——例如,他们有可能被免费提供学习资料以鼓励他们去参加某项考试(Powers 和 Swinton, 1984)。在这些研究中,对于样本参加某项活动的激励就可以被看作是真正参加该项活动的工具变量。

样本单位面对实验组与对照组存在自我选择性，混杂变量问题就会变得非常严重。工具变量法可被用于控制这种干预过程中所存在的内生性。正如在真实实验中一样，一个有效的工具变量必须独立于其他可能会对因变量产生影响的因素，它会影响干预条件的接受过程，却不会对研究结果产生直接影响（除了通过影响干预条件的接受过程从而影响研究结果）。[①] 这些通常都是非常强的假设，只能部分地通过实验数据来证实。

94

在自然实验中，有些工具变量是基于真实随机性机制来建立的，例如抽签活动；而有的则是基于近似随机性机制来建立的，例如天气冲击或者其他由工具变量引起的状况。表 4.3 列举了相关案例，我将在本节中讨论其中几个例子。

表 4.3　自然实验中的部分有关工具变量法的相关研究

研究者	完全随机或是近似随机	研究重点	工具变量来源	国家
Acemoglu、Johnson 和 Robinson（2001）	近似随机	制度对经济增长的影响	殖民者死亡率	跨国研究
Angrist（1990a）	完全随机	服兵役对日后劳动力市场的收入影响	越战期间的征兵法案的随机抽选	美国
Angrist 和 Evans（1998）	近似随机	劳动力供给程度的影响	兄妹性别构成	美国

---

① 后者的情况有时被称为"排他性约束"，指的是在因果推断模型中工具变量不会直接对结果变量产生影响。

续表

研究者	完全随机或是近似随机	研究重点	工具变量来源	国家
Angrist 和 Krueger (1991)	近似随机	教育年限对于收入的影响	法律对教育年限的规定(按照"季度"划分的出生日期是工具变量)	美国
Bronars 和 Grogger (1994)	近似随机	受教育程度与劳动力供给程度的影响	具有双胞胎的家庭	美国
Card (1995)	近似随机	教育年限对于收入的影响	邻近大学	美国
Doherty、Green 和 Gerber (2005)	完全随机	收入对政治态度的影响	中奖彩民在全体彩民中的随机分配	美国
Duflo (2001)	近似随机	个体受教育年限对收入的影响	学校在时间与空间上的不同分布	印度尼西亚
Evans 和 Ringel (1999)	近似随机	母亲吸烟对于出生婴儿体重的影响	不同州对烟征税的不同	美国
Green 和 Winik (2010)	完全随机	监禁与缓刑对罪犯再犯率的影响	对罪犯不同惩罚程度的随机分配	美国
Gruber (2000)	近似随机	残疾保险替代率对劳动力供给的影响	保险收益制度在时空分布的不同	美国

续表

研究者	完全随机或是近似随机	研究重点	工具变量来源	国家
Hidalgo 等 (2010)	近似随机	经济状况好坏对于"巴西受到侵略"的影响	由于降雨量带来的经济环境冲击	巴西
Kling (2006)	完全随机	刑期长度对于就业与收入的影响	对罪犯不同惩罚程度的随机分配	美国
Levitt (1997)	近似随机	警察对于犯罪率的影响	选举周期	美国
McClellan、McNeil 和 Newhouse (1994)	近似随机	心脏病手术对于健康的影响	那些有机会得到心脏病治疗中心实施治疗的人	美国
Miguel、Satyanath 和 Sergenti (2004)	近似随机	经济增长与内战	由于降雨量带来的经济环境冲击	跨国研究（非洲）
Ramsay (2011)	近似随机	油价对于民主的影响	由于自然灾害所造成的油价波动	跨国研究

注意：以上列举的相关已经发表或未发表的研究是不完全的，这些来自政治学、经济学等领域实验，与那些准自然实验同理，都在分析过程中都使用了工具变量。

4.2.1 抽签

随机抽签机制有时也能提供工具变量。例如，在第二章中，我探讨了多尔蒂、格林和格伯（Doherty、Green 和 Gerber，2006）的一个研究，他们研究的是彩民的中奖行为与他们的政治态度之间的关系。在此，他们所运用的是标准自然实验，因为中奖彩民在所有彩民中是随机分配的（在给定的彩票种类和数量的前提下）。

然而，这个彩票研究也可以为工具变量设计建立基础。[①] 例如，彩民的收入金额与政治态度之间的关系会受到混杂因素的影响，因为有许多因素，比如家庭背景等，都会对收入与政治态度产生干扰。但是，这里我们有"彩票中奖金额"作为一个工具变量，它与总收入相关，且我们假设它会独立于影响政治态度的其他因素。这个例子强调的是，不论一个研究运用的是标准自然实验还是工具变量设计，它都取决于研究的问题本身，比如说该研究更关心的到底是彩票中奖金额还是总收入。要想使这个工具变量有效，必须还要符合许多不同的假设条件；工具变量分析在这种情况下的优势和局限将会在第九章进行进一步探讨（也可参见 Dunning，2008c）。

95

类似地，工具变量设计可以来源于那些在不完美样本分配过程中所采用的抽签程序，例如越战征兵法案的案例。类似地，哥伦比亚私立中学的教育券就是通过抽签方式随机分配给学生的（有的学生没有享受该"优惠券"，从而必须自费）。在这里，教育券可以作为私立中学入学率的工具变量，例如可用于研究私立中学对学生成绩的影响的因果推断研究中（Angrist 等，2002）。教育券的分配直接相关于私立中学的入学率，但是由于这种分配的随机性，同时它又能够独立于其他可能会影响学生学习成绩的因素。为了使得这

---

① Doherty、Green 和 Gerber（2005）使用了工具变量。

种工具变量的设计更为有效,教育券的分配过程不能对学生成绩产生直接影响——其影响至少不能超过其对私立中学入学率的影响。与此同时,还要满足另外一些假设。[①]

4.2.2 气候冲击

近似随机性也可以作为工具变量设计的实施基础。例如,许多研究使用"气候诱致型冲击"作为工具变量去代替诸多自变量,包括经济增长和商品价格等。米格尔、萨提亚纳斯和瑟金提(Miguel、Satyanath 和 Sergenti,2004)研究了经济增长对非洲内战爆发概率的影响,就是使用了年度降雨量变化作为工具变量的。在该研究中存在着互为因果的问题——战争会导致经济增长放缓。并且,许多难以测量的缺省变量会对经济增长和内战爆发的可能性都产生影响。正如米格尔、萨提亚纳斯和瑟金提(2004,第 726 页)所指出的,"现有文献根本不足以充分解决经济变量对内战爆发影响的内生性问题,因此这二者之间难以建立起一个令人信服的因果推断机制。在内生性问题中,缺省变量,例如政治制度的平等性,会对经济增长和战争冲突都产生影响,这将会导致这种跨国研究结果的估计偏误"。

然而,相对于其他经济与社会活动过程,年度降雨量的变化却很可能具有近似随机性,并且它与经济增长直接相关。换句话说,年度降雨量变化将不同的经济增长率随机地"分配"给非洲各国,因此,基于降雨量变化所预测的经济增长率就可以替代实际经济增

---

① 参见第五章和第九章。

长率来进行相应的分析。如果降雨量独立于除经济增长以外的其他所有影响战争爆发的变量，那么工具变量法就能够在经济增长对战争爆发的因果推断中得以运用，至少对于那些经济增长的确受降雨量影响的国家而言就是如此。

当然，降雨量与其他影响战争爆发的因素可能相关也可能不相关，并且它有可能只通过影响经济增长来影响战争，也可能不只通过影响经济增长来影响战争（Sovey 和 Green，2009）。如果降雨导致的洪水漫延了街道，士兵也许就不具备战斗力，因此有可能降雨量越过了对经济增长的影响，从而直接影响了战争进程。[①] 另外，降雨量的变化有可能只是对于经济增长中的特定部分起作用，例如农业发展。有可能这种农业发展对战争爆发的影响机制不同于房地产发展对于战争的影响机制（Dunning，2008c）。如果这种"经济增长对战争的影响机制"模型建立得不够合适与详细的话，那么使用降雨量作为经济增长的工具变量就有可能只是刻画了异质性而不是一般性效应。[②] 因此，在模型推断与政策研究过程中，工具变量法还需要谨慎使用。

还有一个相似的例子来自伊达尔戈（Hidalgo，2010），他研究的是巴西经济增长对于土地入侵的影响。许多评论认为这二者之间可能存在互为因果关系的机制或存在缺省变量问题。例如，土地入侵本身就会影响经济增长，并且不可测度的制度因素也会同时

---

① Miguel、Satyanath 和 Sergenti（2004）考虑并分析了该研究"排他性约束"中所可能出现的情况。

② 具体讨论可参见第九章。

影响经济发展和土地入侵,因而使用降雨量作为经济增长的工具变量。这些作者发现,降雨量减少的国家的确会更容易导致土地入侵。需要再次说明的是,这一工具变量应用既具有其显著优势,但同时也具有局限性。降雨量冲击既有可能是近似随机的,也有可能不是;它有可能仅仅通过影响经济总量来影响土地入侵,也有可能通过其他方式来影响土地入侵;并且,降雨量也可能只是影响特定部门的经济增长,譬如农业部门,而这可能会对土地入侵的可能性产生异质结果(Dunning,2008c)。堀内和斋藤(Horiuchi 和 Saito,2009)用降雨量作为日本选民投票行为的工具变量,研究投票率对市政府接受中央财政转移支付的影响。

97

拉姆塞(Ramsay,2011)研究了石油财富是否会产生威权政府这一机制,正如某些研究者所谓的"资源诅咒"观点[Ross,2001;也可参见 Dunning(2008d)以及 Haber 和 Menaldo(2011)的相关论述]。政治制度类型可能无法决定一国的自然资源禀赋(譬如石油),并且与政治制度类型相关的混杂变量可能与自然资源禀赋并不太相关,但是一国基于石油所得到的财政收入却有可能受到政治系统特征的影响。然而,由于自然灾害带来的世界性损害而产生的石油价格冲击,对于石油供应商而言可能是近似随机的;正如其他工具变量设计一样,这些冲击可以在特定年份对不同国家的石油收入造成不同的影响,而这种差异是近似随机的。若如此,那么此时自然灾害就可以作为石油收入的工具变量,从而研究石油收入对于政治制度类型的影响(Ramsay,2011)。

4.2.3 死亡率所导致的历史或制度变迁

其他具有随机性或近似随机性的事件,有时也能为工具变量设计建立基础。譬如政治领导人的自然死亡。例如,在伊耶(Iyer, 2010)的自然实验中,她对比了在印度地区所实施的两种不同的英国制度的长期影响:直接殖民控制和间接殖民控制。前者是指由英国政府直接对当地实施管辖并征税;后者是指代表英国利益的当地政府进行征税,但对地方具有管辖自治权。[①]

将印度那些直接殖民地区与间接殖民地区进行对比就会发现,就社会经济发展的很多方面而言,今天直接殖民地区的经济状况会更好一些。与由地方傀儡政府所控制的地区相比,由英国直接殖民控制的地区,在今天具有显著更多的人口数量和人口密度(表4.4)——这也许说明了城市化水平提高与社会经济发展具有紧密的联系。[②]另外,研究者还报告了在后殖民时期,直接殖民地区还具有更高的农业投资与农业生产力。例如,在印度独立的数十年后,直接殖民地区的平均土地灌溉比例、肥料使用强度、高产农作物种植与总农业产量都有更优的表现(Iyer, 2010,第693页,表3.4)。最后还发现,尽管在直接殖民地区的公共品提供比间接殖民地区要少,但这种差异不具备显著性。总之,由英国直接管辖的这一政治制度能够为地区长期发展带来更优异的表现。

98

---

① 王室对地方拥有内部管理自治权,但不具备实施对外政策的权利。这一自治权在1947年印度取得独立之后被限制。但在此之前的殖民时期,这种政治结构自19世纪中叶到20世纪中叶被保留了一百年左右。

② 然而,两个地区类型的文盲率却不具有显著差异(表4.4)。

表 4.4　印度境内英国政府的直接与间接控制地区

变量	直接控制地区	间接控制地区	差值（SE）
人口（对数值）	14.42	13.83	0.59（0.16）
人口密度 （人/km²）	279.47	169.20	110.27（41.66）
文盲率	0.32	0.28	0.04（0.03）
年度降水量 （mm）	1503.41	1079.16	424.25（151.08）

注意：上表所示的是在印度由英国政府所直接与间接殖民控制地区的核心协变量的差异。SE 代表"标准误"。

资料来源：Iyer（2010）。

　　然而，这种影响是因果性的吗？表 4.4 显示，由英国直接控制的地区并不是随机选取的，它们相对于那些被留给莫卧儿帝国王子们的间接殖民地区几乎拥有 1.5 倍的年降水量，殖民地的选取并不是一个随机的过程，英国政府所选取的地区都是那些适宜发展农业的地区，因为它们可以为帝国政府提供更高的土地税赋（Iyer，2010，第 698 页）。因此，在殖民地选择与经济增长的因果机制中存在混杂变量，它们也能够解释一部分这种制度差异下不同地区的长期经济发展水平差异。

　　为了解决混杂变量问题，伊耶（Iyer，2010）使用了一个工具变量设计。在 1848—1856 年间，印度中央政府总督达尔豪西伯爵颁布了一项针对士邦附属地区的新政策：

　　"我宣布，除非有一些特殊的政治因素和理由，否则当自治区缺乏自然继承人时，那么这些地区的本土管辖权将自动失效，并且不允许本地政府领养继承人。"

　　换句话说,根据这项"无嗣失权"政策,一共有20个独立地区(根 99
据现在的印度版图)随着上一任王子去世时因为缺乏自然继承人而
被英国政府兼并,其中有16个地区被纳入英国政府的直接控制之
下,也就是说有80%的独立地区被"分配"到了英国直接控制的管
辖权力之下。在剩下的161个地区中,也只有18个被英国政府直
接兼并和控制,这一比例大概只有11%。因此,由于"无嗣失权"
政策被重新分配为直接殖民控制的地区,与其本身是否受到实际的
直接殖民控制有很强的相关性。①

　　在这种情况下,那些无嗣统治者死去的地区可以与那些并未发
生无嗣统治者死亡从而不受达尔豪西政府管辖的地区做直接对比。
这种意向干预分析(见附录4.1)的结果显示,英国直接管辖制度具
有显著的负面影响:在后殖民时代,那些无嗣统治者死去随后受到
英国直接控制的地区,相比那些并未发生无嗣统治者死亡从而未受
直接控制的地区,具有显著较少的中学数量、医疗中心和道路设施。
事实上,在公共品提供方面,前者相比后者也低了5个百分点,这
就表明了英国直接控制制度所具有的实质性影响。②

　　伊耶选取了那些被无嗣失权政策划归到英国直接控制的地区
样本作为工具变量用于该研究当中,该研究也表明直接殖民制度会
降低公共品提供的数量(我们将会在第五章和第六章看到,意向干
预分析与工具变量设计将会得出具有一致斜率方向与统计显著性
的估计结果。在因果估计中,工具变量法主要针对的是那些意向干

---

　　①　通过这种不同地区控制权的"净交叉转换率"可以估算出研究组中的"顺从者"
比例,即0.8-0.11=0.69。
　　②　然而,这种意向分析(也称为"简化型回归"分析)同时需要控制变量,这将有
可能会大大削弱回归的可信度。

预分析中最终没有被分配进入干预过程的样本）。换句话说，"直接殖民制能够促进经济发展"这一命题在严格的实证检验之下并不成立。

当然，同以往的研究一样，这些结论的得出仍然需要一些理想的假设。该自然实验要求那些最终丧失或继续保留继承权的地区在选择上必须是随机的，换句话说，那些受殖民直接管辖和间接管辖的地区（即实验组与对照组样本）的长期经济变量必须在统计意义上独立于它们的继承人在上任死亡后是否拥有继承权这一情况。伊耶认为，在英国殖民时期，地方领导人死亡后出现无人继承的现象是非常普遍的，但无嗣失权政策只是在 1848 年到 1857 年间加强实施的。因此，结合其他的证据，这可以使得我们更加相信，地区统治者去世出现无人继承的这一情况可以被合理地认为是随机发生的，尽管这些地区可能会在长期经济发展方面存在不可观测性的差异。关于这项研究中近似随机性的可信性估计技术将会放在第八章进行详述。①

为了使得"缺乏自然继承人"作为"英国直接管辖"影响机制的有效工具变量，伊耶还做了我们后文将会提到的"排他性约束"检验。也就是说，"是否具有自然继承人"这一影响不能直接作用于当地长期经济发展水平上。伊耶表明，在无嗣失权政策还未生效的其他历史时期，那些缺乏自然继承人的地区并不会显著减少公共品供给和降低婴幼儿死亡率。因此，她认为，在不同的历史时期中，

---

① 另外一种利用领导人自然死亡的研究来自 Jones 和 Olken（2005），他们研究的是这种领导人过渡是否会影响各国的经济增长率。

能够合理地解释被英国政府控制时会比由地方政府控制时表现更差的原因，是殖民规则的差异化经验，而非无嗣统治者死亡这一事实。[①]

这些关于工具变量设计的重要前提条件同样需要在其他设计中得以满足。例如，在历史或制度变量作为当今制度或经济状况的工具变量的时候。阿西莫格鲁、约翰逊和罗宾逊（Acemoglu、Johnson 和 Robinson，2001）曾有一项非常著名的研究，他们考察了制度管理对于国家经济绩效的影响关系，在该研究中他们应用殖民时代的"殖民者死亡率"作为"现代制度"的工具变量。这些研究者认为，殖民时代的殖民者死亡率并不会影响当今社会的经济发展状况，除非它会对现行制度产生历史性影响；并且，至少在控制协变量的情况下，殖民者死亡率是近似随机的。因为在研究中没有数据能够表明它满足工具变量所要求的假定，因此他们必须使用大量的历史和先验性证据来证实他们的核心假设，该研究至少部分地满足了这些条件。但是，以过去的殖民者死亡率作为现代制度的工具变量，并以此来研究对经济绩效的影响，这种因果效应有可能会产生异质性，从而使得他们的结论有失一般性（Dunning，2008c）。此外，一个国家所受殖民制度的影响必须与其他国家的制度设置无关。[②] 这些工具变量分析的重要性及其局限性将在后面的章节中再做讨论。

[①] 其他的许多相关假设也被研究所加以考虑，例如，假设所有作为样本的地区都是"顺从者"（参见第五章）；或者参见练习 5.1。

[②] 这被称为"平稳性单元干预"假设，将在第五章和第九章中进行讨论。

4.3　结　论

近年来,许多实质性研究领域都在因果效应估计中使用了工具变量法。正如本章介绍的各种案例所表明的,工具变量法是一个非常有效的工具,因为它能够解决混杂变量的问题——这也是社会科学研究中最令人关心的问题。从这些案例也可以看出,关于工具变量设计的一个新思路同样可以被其他研究所借鉴,有时会起到很好的估计效果。

然而,一个工具变量是否能够成功应用的关键还在于具体的研究问题和研究背景。为了提高工具变量设计的有效性,对于研究背景的详细了解是必不可少的。工具变量法的使用通常需要很强的前提假设,而这些假设往往只能得到数据的部分证实。另外,工具变量近似随机性分配的这一核心假设,有时可以通过一些经验检验来进行评估;例如,这些工具变量也许与预处理中的协变量不相关(这些预处理协变量在实验干预前就已经确定了)。先验性的推理,以及有关经验研究背景的详细了解,在研究中也是至关重要的。在可观测性研究中,因为不存在实际的随机性,样本分配的近似随机性难以被证实;因此,只能说其研究结论介于“不合理”与“合理”之间(见第八章),但是在任意给定的研究中,这种合理性的精确定位总是非常困难的。

工具变量法在许多应用中还会产生其他问题,特别是在多元回归分析中尤其如此(见第九章)。例如,因为担心被干预变量的内生性问题,通常导致研究者会使用工具变量进行回归。但是,研究者通常并不讨论其他协变量之间也可能会存在的内生性问题。（一个重要的原因可能就在于，工具变量的个数必须大于或等于产生内生性变量的个数，而且好的工具变量却并不好找。）另外，具有真实随机性的工具变量也可能与一个内生性干预变量之间并不具有很强的相关性，在这种情况下就会发生实质性的小样本偏误。一个实际的解决办法就是在研究结果中报告"简约型"分析结果。（"简约型"分析是"意向干预"分析的同义词；在此，结果是直接对工具变量进行回归。）

　　另一种解决方法是去掉协变量，只报告工具变量的回归结果；在一个拥有内生性干预变量和有效的工具变量模型中，将协变量包含进来是不必要的，甚至是有害的。此时，研究者需要注意的是对于参数估计的定义一定要谨慎，特别是在将这种研究结果推广到其他研究背景和研究问题中时要仔细考虑各种可能存在的困难。在多元回归模型中，统计模型本身在某种程度上必须是有效的；在回归中，因果效应的识别不仅仅取决于工具变量针对所设定模型的外生性，还取决于其基本模型本身的有效性。

　　最后，需要强调的是，这些判断工具变量有效性的核心标准——工具变量必须在统计意义上独立于那些影响因变量的不可观测性因素，以及工具变量只能通过影响内生干预过程来影响因变量——都是无法用数据来直接进行验证的。研究者在使用工具变量法时，必须尽可能地利用相关证据和推理对此进行解释与说明。然而，特别是一旦脱离了实验研究的范畴，对待工具变量法的估计结果就要格外谨慎。我将在余下章节继续讨论这些主题。[1]

---

①　请特别参见第五章和第八章到第十章。

练 习

4.1）正如本文中所描述的，伊耶（Iyer, 2010）对比了先前受地方政府控制，但因为缺乏自然继承人而后在新政策实施期间被英国政府直接殖民的地区与那些有资格被英国政府控制，但实际上仍由地方政府管理的地区。

（a）在本文中，研究者如何进行意向干预分析？具体来说，在伊耶（Iyer, 2010）的自然实验中，哪两个组成为了意向分析的对比对象？

（b）意向分析与工具变量分析是如何建立联系的？

第二部分

自然实验的分析

第五章 简洁性与透明性： 数量分析的关键

假设一个研究者已经发现了一个可靠的自然实验，并设计了一个研究方案，其方案设计达到了我在先前章节中所阐述过的那些最佳案例的水准。那么接下来，该研究者将面临一个核心问题：如何进行数据分析？本书的第二部分将开始探讨这一核心问题。

基于我将要详细探讨的各种原因，自然实验的分析应当是定性与定量分析方法的完美结合。针对这两种分析模式，有时我们将会面临重要的取舍。本章和下一章将探讨定量分析，定性分析工具则留到第七章。在本章中，我将描述因果效应的定义与估计。因果效应估计中的随机变异性问题——包括标准误计算中关于抽样过程与抽样程序的各种假设——将留到第六章中进行探讨。

本章与下一章的一个核心主题是：自然实验的定量分析能够并且应当具有简洁性。通常来说，这只会涉及极少的数学处理。例如，实验组与对照组之间的直接对比，比如两组平均结果之间的差异，通常足以为因果效应是否存在提供证据。这些均值差分析（或比例差分析）在每一种自然实验中都扮演着重要的角色，从标准自然实验和断点回归设计到工具变量设计，莫不如此。

　　有绝对的理由相信，定量数据分析的这一潜在的简洁性能够为自然实验分析带来重要的优势。首先，它意味着统计结果通常易于表达与解释。通常来说，只有一个或少数几个主要的定量检验与核心假设的检验是最相关的。相对于多元模型系数估计中通常需要用冗长的表格来描述回归结果而言，研究者如今将在文章中有更多的空间来讨论研究设计的特征与估计结果的重要性。其次，由于在这些检验方案的构造中所涉及的程序易于理解和报告，定量分析中的简洁性往往也意味着透明性。将精力集中于关键参数的简单估计结果上，使得研究者可以不必像在多元回归分析中那样过度关注于"数据挖掘"。与核心假设有关的均值差检验结果几乎总是应当被全部描述出来；因此，这可以减少我们对于如下问题的纠结——到底哪些分析结果才是"重要的"，才应该写进研究报告。

　　最后（也许是最为重要的一点），这种分析上的简洁性应当建立在对数据生成过程的描述高度可信的因果关系与统计模型的基础上。这一点强调了一个至关重要的问题。

　　在强有力的真实实验和自然实验研究设计中，其数据分析要求分析者对于可观测数据的生成过程做出假设。在一个因果关系假设的形成与检验之前，必须先定义好一个因果关系模型，并且对可观测变量与模型参数之间的关联做出推测。与此同时，统计检验取决于生成该数据的随机过程，并且该过程也必须用一个统计模型来描述。

　　因此，自然实验仍然需要设计一个描述数据生成过程的模型。然而，在强自然实验设计中，这些模型可能会更简单、更灵活，同时与那些观测性研究（譬如那些利用多元回归模型来拟合观测型数据的研究）相比，它们可能会涉及更少的无法检验的假设。理解不同研究方法中的研究假设的区别，对于自然实验与那些包含了常规性可观测类研究的定量分析而言至关重要。

因此在本章中，我通过标准的自然实验，将着重对因果假说与统计假说的性质进行分析，并致力于使自然实验研究更具有简洁性与透明性。虽然文献梳理不是至关重要的分析方式，但它却可使那些具有少量专业背景的阅读者易于理解。在因果识别研究中，内曼模型（Neyman 等，〔1923〕，1990；Rubin，1978，1990；Holland，1986）是我们进行诸多细节分析与处理的必要模型之一。为了确保不同类型的读者能够理解，严格的模型与技术处理将不在正文中出现，而是放在附录与补充部分。然而，这些技术性细节对于模型理解而言却至关重要：对于分析自然实验数据来讲，尽管（模型）在技术层面上往往被最小化地处理，但是在此基础上所构建的因果统计分析的简洁性却并非微不足道。

其后，我将对断点回归设计与工具变量法的应用例子展开讨论。不同的问题所针对的自然实验设计也将不同。然而，在不同的案例中，内曼模型的潜在结果为数据分析的简洁性与透明性提供了基础。在标准自然实验中，不同方法的直接比较应该扮演着至关重要的角色。

分析的简洁性与透明性以及一个模型的潜在可信度在理论上往往是一个强自然实验的重要保证，但是在实践中也许并非如此；将正如我在随后章节中所说的那样，随着数据分析的可信程度不同，模型的可信度在不同的应用过程中往往存在较大的实质性差异。[1]

---

① 参见第九章。

这将会增加内曼模型在自然实验应用中优劣性的判别风险。在此以及其他章节中，我将会讨论这一主题并将基于内曼模型的简单分析与多元回归模型进行比较。我也将会在控制变量被添加的情况下就该问题展开分析（我们的答案总是极为谨慎保守，未调整的均值差分析结果总是应当尽可能地在研究报告中明确展示出来）。

总之，本章与下一章将会为那些希望从事自然实验数据分析的研究者提供一个简单的引导，这些内容将会提及，在伴随着诸多辅助分析的基础上，为什么以及如何展示未调整的均值差检验结果，以及标准误计算必须遵照实验设计的原因和理由，而并非仅仅关注于标准模型的建立与假设条件的设定。这些实践中的经验与技巧在社会科学中并非经常提及，诸多分析重点往往关注于包含了诸多假设且难以被解释与验证的复杂模型上。

5.1　内曼模型

什么样的因果统计模型能够证实上文所提及的那些简洁、透明且高度可信的定量数据分析方法，例如未调整的均值差检验？内曼模型（或者称之为内曼—霍兰—鲁宾模型）将会是一个能够运用在诸多自然实验中的合理模型（Neyman 等，〔1923〕，1990；Holland，1986；Rubin，1978；Freedman，2006）。[1] 在本部分内容中，

---

[1] 实验中的潜在结果的概念最早可追溯到 Neyman 等（1923，1990）、D. Cox（1958）、Rubin（1974，1978），以及其他许多研究者对此模型进行了精炼与扩展。霍兰（Holland，1986）对该模型的应用范围做了扩展，他将其称为鲁宾因果模型，同时可参见 Rubin（1990）对此的探讨。

我将会就该模型的因果与统计假设、关键参数的定义（如平均因果效应等）展开讨论。

在展开讨论之前，我认为给出一个自然实验中的关键定义，即 108 "研究组"的定义，是很有必要的。简单地说，"研究组"指的就是在自然实验中所关注与研究的一系列研究单位（这里我对"单位"的定义就类似于"研究对象"，例如个人、城市、地区或者其他研究所关注的对象）。例如，在本书导论部分所提及的阿根廷土地产权问题的研究案例中，研究组就是那些在布宜诺斯艾利斯的一个特定区域内是否拥有土地产权的贫困占地者。在伊达尔戈（Hidalgo，2010）使用断点回归法研究巴西选举使用电子投票方式的研究中，研究组就是那些在绝大多数巴西市区内使用电子投票方式进行总统选举的人群。以及在安格里斯特（Angrist，1990a）使用工具变量分析越南战争中兵役的影响研究中，研究组就是那些被随机分配在1970、1971、1972年征兵法案中的生于1950、1951或1952年的特定人群。

目前我将会对研究组的来源与如何定义进行说明。尽管有一点需要明确指出的是，几乎在所有的自然实验中——尤其是社会科学的自然实验中，研究组通常都不是潜在分析对象的代表性样本。然而，研究组却是整个研究的分析对象。通常来说，正如在断点回归设计中那样，关于研究组如何准确定义与选取的问题，通常会面临许多重要的抉择，我将会在随后的章节中对此进行探讨。目前最为关键的问题是如何促使研究对象随机或者近似随机地被分配到对照组与实验组之中。有时候，可以将研究组自身看成一个小的总体；正如我们将会看到的那样，将实验单位随机或近似随机地分配到实验组与对照组的逻辑非常类似于在由研究组构成的小总体中进行随机抽样的逻辑。[①]

　　然而,我将仍然使用术语"研究组"(而不是"自然实验总体"),以避免与那些实验单位抽样于更大总体的情形相混淆。

　　接下来的一个关键定义是"潜在结果"的概念。在内曼模型的最为简单的版本中,基于不同的实验组与对照组,研究对象的潜在结果将会不同。实验组的样本潜在结果是指在被分配在实验组内的样本的最终观测结果。而对照组的样本潜在结果是指在被那些被分配在对照组内的样本的最终观测结果。这一定义使用的是"虚拟语气",因为同一单位的研究对象不可能同时被分配到实验组与对照组。回到阿根廷土地产权的案例中,如果一个叫胡安·弗拉诺(Juan Fulano)的人得到了土地产权,那么我们就无法观察到他没有得到产权时产生的储蓄与投资行为。同样的道理,如果他没有得到土地产权,那么我们同样无法观测到他获得产权时所形成的潜在结果。[②]

　　通常情况下,潜在结果在单位层面上被假定为确定性的,也就是说,根据该模型,每一个样本单位被分配到实验组之后都会实现一个结果;同样,每一个样本单位被分配到对照组之后也都会实现

109

------

①　例如,在实验中,有时会将研究组称成"实验总体"。我将在书中广泛讨论自然实验研究组与研究总体之间的关系。

②　读者也许认为,理论上我们可以将一个研究单位在某一时刻置于实验组,而在另一个时刻置于对照组,这样也许就能同时观测到同一单位样本在两个组内的潜在值。然而,事实上这样做会存在一系列的问题,我们必须规定在时刻 t 与时刻 t+1 的潜在结果是相同的,但是将研究样本分别分配到实验组与对照组的过程中情况也许是发生变化的。同时,还必须假设样本在对照组中的潜在值与之前在实验组中的潜在结果相等(反之也须成立)。

一个（可能不同的）结果。然而，这并没有要求一个样本单位在实验组内的潜在结果必须与实验组内的其他样本单位的潜在结果相同；同样的道理也适用于对照组的潜在结果。

"个体因果效应"就被定义为一个研究个体在实验组的潜在结果与其在对照组的潜在结果之间的差异。这个"参数"是不可观测的，因为我们不可能同时观察到同一研究个体分别在实验组与对照组内的潜在结果。霍兰（Holland，1986）指出个体因果效应的不可观测性是"因果推断研究方法的基本问题"。

尽管存在这种困难，个体因果效应的思想却蕴含在内曼模型中最为重要的因果关系的思想中：即关于因果关系的一个"反事实"定义。当研究个体在一个因果机制下产生结果时，我们就无法观测这些研究个体在没有这个因果机制时将会产生什么样的结果。然而，将因果效应存在时所发生的情况与该因果效应不存在时所发生的情况进行比较分析（即事实与反设事实的比较），却是内曼模型中因果推断的核心。

5.1.1　平均因果效应

然而，观测个体因果效应的普遍不可能性并不意味着我们不能进行因果推断。至少，另外三个重要的参数通常会令人感兴趣。正如我们将要看到的那样，这三个参数都是可以进行估计的。[1] 这三 110 个参数分别为：

---

[1]　必须保证一个参数或函数的估计量是无偏估计量时，该参数或函数是（无偏）"可估的"。例如，设 X 是一个可观测的随机变量，同时，θ 是一个影响 X 概率分布的参数。那么存在一个函数 g，使其对于所有的 θ 而言，有 $E_\theta[g(X)] = f(\theta)$ 成立，则函数 $f(\theta)$ 是"可估的"。具体可参见 Freedman（2009，第 119 页）的相关讨论。

　　（1）所有研究单位都分配到实验组时的平均反应结果；

　　（2）所有研究单位都分配到对照组时的平均反应结果；

　　（3）上述两个平均反应结果的差值。

第三个参数被称为"平均因果效应"。正如（3）中的清晰描述，平均因果效应被定义为实验组与对照组的平均潜在结果的差异。基于我们的观测重点是实验组，所以（3）又被称为"意向干预分析"参数（平均因果效应有时又被称为平均干预效应，尽管这一称呼有时会有歧义）。补充说明 5.1 定义了平均因果效应的一般性数学定义。

　　平均因果效应是非常有意义的，因为它将会告诉我们作为组内研究对象面对随机干预时所产生的因果效应的结果。这一参数有时候与政策效应研究息息相关，因为它可以告诉我们实验组内研究对象的边际回报。例如在那个阿根廷土地产权研究案例中，假设政策制定者将土地产权赋予给所有的贫困占地者（并且在阿根廷的法庭上没有土地所有者会违抗征地行为）。那么平均因果效应就将会告诉我们，相对于政府不将产权赋予给任何占地者而言，那些占地者平均能获得多少。当然，如果没有土地所有者调整法庭的征地行为，我们也将失去估计平均因果效应的基础。如果缺乏自然实验，我们只能观测到参数（1）而无法估计出参数（3）。

　　关于平均因果效应的运用不仅仅体现在政策研究方面，其在社会科学中也同样应用广泛。例如，通过使贫困占地者以财产抵押的方式参与资本市场，那么扩大产权也许就能够促进社会经济发展（De Soto，2000），那么这也同样可以看作是一项"自然实验"，可用类似于阿根廷土地产权研究的方式去进行经验分析，在这一研究范式下平均因果效应的估计就可以为关于人们的储蓄和借贷行为的相关结论提供证据。[①]

补充说明 5.1　内曼模型与平均因果效应

用 T_i 表示实验组第 i 单位研究样本的潜在结果，用 C_i 表示对照组第 i 单位研究样本的潜在结果。根据前文关于因果推断的模型阐述，通常情况下可用 $Y_i(1)$ 代替 T_i、用 $Y_i(0)$ 代替 C_i 来进行表述。

因此，实验组分配的个体因果效应就定义为 $T_i - C_i$。然而，由于 $T_i - C_i$ 是不可观测的，因为样本单位 i 要么被分配到实验组、要么被分配到对照组，所以我们要么观测到 T_i、要么观测到 C_i，但无法同时观测到二者。研究者往往在因果推断分析中重点关注于另一个不同的参数：平均因果效应。假设一个自然实验研究组规模为 N，研究单位表示为 $i = 1, \cdots, N$。则实验组的潜在结果的均值为 $\bar{T} = \frac{1}{N} \sum_{i=1}^{N} T_i$，而对照组的潜在结果的均值为 $\bar{C} = \frac{1}{N} \sum_{i=1}^{N} C_i$。平均因果效应则被定义为 $\bar{T} - \bar{C}$。

注意，平均因果效应在此定义了实验的干预分配效应，因为 $\bar{T}$ 表示的是若所有研究单位都被分配到实验组时将会发生的平均结果（不管他们事实上是否被分配到实验组），而 $\bar{C}$ 则表示所有研究单位都被分配到对照组时将会发生的平均结果。正因为如此，平均因果效应又被称为"意向干预参数"（参见补充说明 4.1）。

注意，平均因果效应的这种定义强调了实验干预分配过程的影响——将所有研究单位分配到实验组所得到的结果，减去将所有研究单位分配到对照组所得到的结果。当然，在许多情况下，受实验

[①] 参数估计在除了平均因果效应中的处理以外同样是比较有效的，在回归报告中的参数估计能够促使你很好地思考其回归结果的理论相关性。同时平均因果效应估计也是有效的，通常情况下它对于研究组中的细分研究样本是比较适用的，它的研究框架很好地适用于此案例。

干预分配方式选择的样本并不等同于最终实际上接受实验干预的样本。例如，在一个贫困者救济金的案例中，有许多达到了救济资格的贫困者在断点回归的设计中都被排除在外，主要原因在于平均因果效应希望得到的是每一单位符合（研究）选取资格的样本，换句话说，是将纳入救济计划的准入门槛逐步提高以保证有足够的样本个体被分配到对照组而不是全部进入实验组。这样平均效应的估计量将不是由直接实验组所选取的样本造成的。（针对于按照"真正"组别进行实验干预研究的方法，我们将在后文的工具变量方法中进行分析。）平均因果效应就是"同质性"样本的"意向干预分析"

112 参数，它将直接测量出随机分配下的因果效应。"意向干预分析"在自然实验中是一个重要的分析方法，它在第四章的补充说明 4.1 中有具体描述。[①]

真实实验与自然实验的研究者因而通常重点关注平均因果效应的估计。然而值得注意的是，平均因果效应也面临与个体因果效应一样的困难。毕竟，平均因果效应被定义为所有研究单位都分配到实验组的平均结果与所有单位都分配到对照组的平均结果之间的均值差。然而，当所有样本都被分配到实验组时，那么就没有被分到对照组的样本，此时的平均因果效应将是不可观测的，正如个体因果效应一样。

5.1.2　平均因果效应的估计

研究者如何获取关于平均因果效应大小的信息呢？该问题的关

---

① 接下来，我将探讨非顺从者效应或交叉干扰效应的问题，并将"意向干预分析"与其他分析方法进行对比。

键在于随机抽样的方法上。对于真实实验和完美的自然实验设计而言，内曼方法在样本的随机抽样问题上本身就是一个自然合理的统计模型。它能为自然实验提供一个良好的平均因果效应估计量。

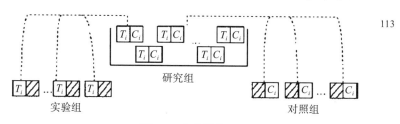

113

图 5.1　内曼模型

在此，我们在一个票数为 N 的票盒中随机抽选。每一张票都代表着自然实验中一个研究样本。用 T_i 与 C_i 分别表示实验组与对照组的潜在结果。如果单位 i 被随机抽取到实验组中，我们就观测到 T_i 而不是 C_i；如果单位 i 被随机抽取到对照组中，我们就观测到 C_i 而不是 T_i。实验组中 T_i 的均值就是整个盒中所有 T_i 的均值的估计，而对照组中的 C_i 的均值就是对整个盒中所有 C_i 的均值的估计。

图 5.1 以"票盒"方式描绘了该模型。[①] 在此图中，盒子中的票代表了自然实验研究组，即所研究的个体单位的集合。其中，盒中的每一票代表一个单位。每一张票对应两个取值：实验组单位的潜在结果与对照组单位的潜在结果。现在想象一下，一些票以随机抽样的方式被选出并被放入实验组中；剩下的票则被放入对照组中。如果票被放入实验组，则我们观测到的结果就代表着实验组单位的潜在结果；如果票被剩在对照组中，则我们观测到的结果就代表着对照组单位的潜在结果。对于那些位于实验组的票，我们将对照组的潜在结果（用 C_i 表示）用斜杠在图中表示出来；而对于那些分配

---

① 参见 Freedman、Pisani 和 Purves（2007，第 509 页）使用的一个相似票盒模型对随机对照实验的讨论。

到对照组的票,我们就将实验组的潜在结果(用 T_i 表示)用斜杠在图中表示出来。

值得注意的是,根据以上这个简单模型,实验组与对照组中的选票都来于"票盒"的随机抽样。在真实实验与自然实验中,研究者通常不讲随机抽样,而是通常称之为研究对象在实验组与对照组之间的随机分配。然而,在内曼模型中,实验组与对照组的分配也可视为来自图 5.1 所示的票盒中的随机抽样。这是一个非常重要的需要牢记的问题。随机抽样的逻辑机制能够帮助理解与识别自然实验中的因果效应估计量以及该估计的(随机)变异性(这将会在下一章中讨论)。

在一个真实实验中,实验组和对照组都可被看作是来自于实验研究组的随机样本。类似地,在一个强自然实验中,实验组与对照组也能够被认为是从自然实验研究组中被随机地或近似随机地选出——正如图 5.1 所示。这些假设的可信度在每进行一项研究中都需要得到验证,尤其是当实验组与对照组很难被真正随机地进行分配的时候。但是在一个具有较高设计水平的自然实验中,这些假设往往与数据本身的生成和处理方式紧密相关。这种联系在其他可观测性研究中可能并不存在,因此相对于一般的可观测性研究而言,这也是真实实验和自然实验所具备的优势之一。[①]

114　　　在图 5.1 所示的模型中,我们有关于该模型关键参数的现成的可用估计结果——例如平均因果效应的估计。我们可以遵照如下准则:

"一个随机样本的均值是关于总体均值的一个无偏估计。"

这意味着,通过大量的重复性抽样,来自样本的平均因果效应往往就

---

① 更多讨论参见第七章和第八章。

可以代表整体的因果效应。在任意一个特定的随机样本中，它确实有可能高于或低于均值，这是随机误差造成的结果。[①]然而，如果我们不断地在研究对象总体中反复以随机的方式抽取样本，那么这些样本的均值往往就会与总体值相等。事实上，当样本估计量的期望值等于参数的真实值时，这也正是统计学家对于"无偏估计量"的定义。

　　根据这一原则，从图 5.1 的票盒中根据随机抽样所得到的实验组样本的均值应该是总体中的实验组对象的所有潜在结果均值的一个无偏估计量，即研究组的无偏估计量。类似地，根据同样方法得到的分配到对照组的平均结果也是对照组所有潜在结果均值的一个无偏估计量。因此，实验组中所观测到的平均结果与对照组中所观测到的平均结果之间的差就是总体研究组中干预分配过程的平均因果效应的一个无偏估计量。[②]

　　重新概括一下，在内曼模型的定义中，我们定义了关于研究组的三个参数：(1)当所有对象都分配到实验组时的样本平均反应结果；(2)当所有对象都分配到对照组时的样本平均反应结果；(3)平均因果效应，即(1)和(2)之间的差。给定此模型，存在三个无偏估计量，每一个参数对应着一个估计量：

　　（i）实验组单位的平均反应结果；

　　（ii）对照组单位的平均反应结果；

　　（iii）上述两个结果之间的差。

---

　　① 关于抽样误差、抽样误差大小估计，以及其他相关话题诸如假设检验的构造等等，将会在第六章中进一步讨论。

　　② 在此我们将不考虑样本分配过程不符合实验最终干预的情况，这将使条件变得更为复杂。在这里，接受分配的样本最后都会接受干预，因为意向干预参数与平均处理效应是相等的。因此通常来看，意向干预参数就是接受干预的样本的平均处理效应。

115　这第三个数值所估计的就是平均因果效应。当我们应用图 5.1 中的模型时，我们也自然而然可以得到以下结论：

　　　"平均因果效应的一个无偏估计量就是一个均值差。"

因此，对于强自然实验而言，图 5.1 所提供的模型具有很高的实验数据处理可信度，它能够简单有效地通过对具有近似随机性的实验组与对照组之间的差值对比来估计出平均因果效应。补充说明 5.2 将讨论这种估计方法的一般情况。

补充说明 5.2　平均因果效应的估计

　　此处的讨论采用了补充说明 5.1 中的概念，并参照图 5.1。首先，在图 5.1 中的每一张票都代表一个样本单位，它具有两个值 T_i 和 C_i——分别代表在实验组与对照组中的潜在结果。盒中一共有 N 张选票，代表了整个研究组的规模，样本则分别可被表示为 $i = 1, 2, \cdots, N$。现将 $n(n < N)$ 个样本随机分配进实验组，而保留 m 个样本在对照组，即 $n + m = N$。如果当一个样本处于实验组时，它可被我们观察到的结果是 T，如果它处于对照组时，则可被观察到的结果就是 C。

　　在这些一系列假设条件下，实验组的 n 个样本的平均结果估计了实验组所有潜在结果的平均取值。同样地，对照组的 m 个样本的平均估计值则估计了对照组所有潜在结果的平均值。

　　具体来说，以随机方式分配到实验组的 n 个样本单位，可被表示为总集 $\{1, \cdots, N\}$ 的一个子集 A，那么我们在整体研究组中可观测到的实验组 T_i 的平均估计值 $\overline{T}$ 可用样本的估计值 $Y^T = \frac{1}{n}\sum_{i \in A} T_i$ 来进行代替。同样，分配到对照组的样本可表示为总集的一个子集 S，因此，$Y^C = \frac{1}{m}\sum_{i \in S} C_i$ 可表示参数 $\overline{C}$ 的无偏估计量。在这里，Y^T 和 Y^C 都是可被观测到的随机变量，则平均因果效应 $\overline{T} - \overline{C}$ 就等于 $Y^T - Y^C$。

5.1.3　一个例子：阿根廷产权研究

在实践中如何运用这些思想呢？我们再来考虑一个标准的自然实验案例，即阿根廷的产权研究问题。加列尼和沙格罗德斯基（Galiani 和 Schargrodsky，2004）想要估计出产权对于儿童健康的影响程度；他们假设拥有产权可进行房地产投资与改善家庭人口结构（例如一个家庭拥有孩子的数量），从而有利于儿童的健康水平。[①]同时，基于医疗机构对人体健康标准的调查研究，他们对儿童健康的主要评价标准为儿童的"体重—身高测度"与"身高—年龄测度"。[②] 同时他们根据公共健康领域的相关文献，他们将体重—身高标准作为儿童健康状况的一个短期测量指标，身高—年龄标准则代表这种儿童获得营养的主要长期评价标准。另外，他们还调查了14—17 岁女性的怀孕率。

表 5.1 展示了拥有土地产权的家庭中的儿童调查的平均结果（第一列）；不拥有土地产权的家庭中的儿童调查的平均结果（第二列）；以及两者之间的均值差（第三列）。这个样本值主要被用于估计三个参数：(1)研究组中拥有产权的家庭中的儿童的健康状况的平均结果；(2)那些不拥有产权的家庭中的儿童健康状况的平均结果；(3)不同健康状况的均值差，即平均因果效应。因此，正

116

---

①　关于其他因变量情况参见 Galiani 和 Schargrodsky（2004）以及 Di Tella、Galiani 和 Schargrodsky（2007）。

②　这里的 Z 值是指每个受访者的体重身高比减去样本平均的体重身高比后，再除以总体样本的标准差所得到的值，因此，当分数大于零时说明，在给定身高的情况下体重超过了平均值。

如研究者自己所说，只要进行简单的样本结果对比就能够有效估计出"是否拥有产权"对于儿童健康状况的因果效应（Galiani 和 Schargrodsky，2004，第 363 页）。[①]注意，这里所做的也是意向干预分析：儿童健康状况的对比研究是基于其所在家庭是否会被赋予土地产权（提供 =1；不提供 =0），而不是基于这些家庭最终是否真正得到了土地产权。[②]

表 5.1　土地产权对于儿童健康的影响

	拥有土地产权 =1	不拥有土地产权 =0	差值检验
体重—身高比	0.279	0.065	0.214
Z 值	(239)	(132)	(371)
身高—年龄比	0.398	0.314	0.084
Z 值	(277)	(147)	(424)
少女怀孕率	0.079	0.208	-0.129
	(63)	(24)	(87)

注意：表 5.1 的前两行中的数据来自于 0—11 岁儿童；第三行中的数据来自 14—17 岁的少女。括号内为观察值数量。

通过该研究所提供的证据表明，土地产权对于短期健康状况会产生影响，因为在"体重—身高测度"的差值检验中，"是否获得产权"的 Z 值差等于 0.214（在表 5.1 中我没有报告标准误，因为这将是第六章中的内容，研究者报告的结果在 0.1 的置信水平上显

[①]　"估计的一致性"是指当研究组包含有越来越多的样本时，如果将样本分配到实验组和对照组的这一固定程序没有发生变化的话，那么样本在概率意义上的平均分布将无限趋近于真实的研究组内的平均值。也就是说，平均处理效应的估计量是渐近无偏的。即如果能保证随机分配的条件成立，即使在小样本中，估计值仍然是无偏的。

[②]　在该地区 1839 个被提供土地产权的人当中，有 108 个人最终因各种原因并没有获得土地产权，其中包括了人口搬迁，死亡，不具有完整的法律程序等等以及其他原因（Galiani 和 Schargrodsky，2004，第 356—357 页）。

著)。① 然而，通过"身高—年龄比"的 Z 值检验发现，并没有证据表明，产权差异会对长期健康状况产生影响。同时，该研究还表明，产权差异会对少女的怀孕率产生影响，对于获得产权的家庭而言，少女怀孕率为 7.9%，而对于未获得产权的家庭而言，这一数值则为 20.8%。②

　　在这里，所关注的重点已经不是特定的因果效应是否存在的问题，而是它们的实质解释力的问题，简单的样本干预结果对比可以为平均因果效应的估计提供充分的可信度。事实上，这种研究分析方法又让我们想起斯诺关于霍乱的研究，该研究也是通过简单的对比寻找到了霍乱的起源——来自不同公司的供水(见第一章的表 1.1)。这些均值差检验(或比例差检验)在内曼模型中都有所体现与阐释，它们为自然实验中的平均因果效应的估计提供了一个简洁而透明的思路。

　　当然，读者可能会考虑到混杂变量的问题。也许这些混杂变量 118 会与被分配到实验组与对照组的样本相关，它们也许会与潜在结果相关。例如，假设在图 5.1 中会产生这样的情况，在对实验组与对照组的样本分配过程中，那些具有高潜在值的样本全部被分配进实验组，而低潜在值的样本全部被分配进入对照组。在该案例中，即

---

　　①　Galiani 和 Schargrodsky(2004) 在计算差值检验与标准误过程中，似乎并不考虑他们样本所面临的集群随机性质，因为在分配土地产权的家庭中，有的家庭不止只有一个孩子，但他们在多元回归中计算了不同家庭样本下的群标准误。

　　②　这一差异不具有显著性，也许是由于 14—17 岁的姑娘的样本量太少，Galiani 和 Schargrodsky(2004) 在多元回归模型中控制了其他条件，对此进行点估计，结果是显著的。简单差值检验和多元回归模型所得到的这种结果差异，我们将在以后章节中讨论。

是否存在这样的情况，那些得到土地产权的家庭，儿童本身的健康状况就比较好，而没有获得产权的家庭，儿童的健康状况本身就会更差一些。如果是这种情况的话，我们就说样本的分配过程不符合图 5.1 所给出的条件，因为样本在不同研究组中的分配过程不具备随机性。

因此，对于一个自然实验而言，最为关键的问题就是在实验设计中排除混杂变量的干扰。因此，研究者在实验中必须采取随机或近似随机的方式去分配受干预样本，而简单的内曼模型可以保证这些条件都能够有效地实现。在第七章和第八章，我主要将基于先验性推理、定量经验分析，以及因果推断的背景知识掌握等各方面的内容，去探讨实现这些假设条件并保证其有效性的估计方法。在第九章，我将再重新以一个更广泛的视角来探讨分析数据所用的基本模型的可信度。本章所着重讨论的是适用于有效自然实验的建模假设和分析技术。

对于一个自然实验而言，实验设计所必须具备的底线在于样本分配过程的近似随机性，而如果研究者不能做到这一点，则不可能设计出一个成功的自然实验。[①] 因此随机分配或合理的近似随机分配是一个成功自然实验的保障，它能够避免混杂变量的影响。在这种情况下，图 5.1 所示的模型能够很好地描述数据生成过程，并排除混杂变量所带来的偏误。特别地，该模型中样本分配的随机性意味着，不存在任何混杂变量会使得实验组或对照组系统性地出现具

---

① 有一些这样的研究，它们在样本分配到实验组和对照组的过程中会受到协变量的部分干扰，即使这种干扰的性质很弱，然而在接下来进行的实验干预中，就会导致样本的因果效应很难识别。

有极高或极低取值的两极分化结果。

5.1.4　内曼模型的关键性假设

关于补充说明 5.1 和 5.2 以及图 5.1 中所描述的模型，还有几点需要强调。首先，尽管我现在所描述的是内曼模型最为简单的情形，其中只有一个实验组与对照组样本，但是该模型在应用于真实实验或自然实验的过程中，可以很容易被拓展到具有多个实验组与对照组样本的情形中去。例如，假设一个自然实验中存在三个实验组样本（或者两个实验组，一个对照组的组内样本），那么图 5.1 所提供的票盒中就存在三个潜在值分别对应着三个受干预对象。当票被随机分配进三个不同的组时，对于每一个组而言，我们所观测的潜在结果就都是样本受干预的结果，那么平均因果效应就是估计这每一个样本的均值。因为每一个样本是从研究组中随机选出来的，因此它们都是整体规模的无偏估计量，即整个研究组的样本结果均值。该模型不仅具有普适性也同样具有灵活性，想考察任意受干预变量对其他变量的因果推断，只需要进行相关随机变量的均值对比即可。①

　　其次，关于该模型的局限性，有一点需要特别强调，即对于许多自然实验而言，必须假定受干预样本的潜在结果不会受到来自其他研究组的干预或干预分配状态的影响。考克斯（Cox，1958）将这种重要的假定称之为自然实验样本之间的"非干扰性"假设（关于该假设还有其他的类似称呼）。其他学者，例如鲁宾（Rubin，1978）

119

---

　　①　正如在后面章节将要讨论的，许多研究者已经开始对内曼模型进行扩展并应用于实值干预变量和参数模型中，其中还包括线性因果关系。

称之为"平稳性单位干预值"假设。该假设可被概述为：

非干扰性：样本单位 i 的潜在结果只会受到样本 i 的干预分配过程的影响，而不会受到来自其他任何样本 j 的影响（$j \neq i$）。

在某些情形下，许多实验设计中的"非干扰性"假设比其他假设的限制性更强。让我们重新考虑阿根廷土地产权的例子。因为实验组和对照组的样本性质基本上非常接近，同时双方又可能会互相作用，因此"非干扰性"假设可能会不成立。例如，那些没有获得土地产权的人可能在经济、政治等行为或健康状况等方面受到那些获得产权的人的影响。如果实验组中的样本获得了土地产权，他们可能增加储蓄，进入资本市场或减少生育，这些行为对于对照组来说就有可能产生"溢出效应"，譬如对照组的贫民可能也具有增加投资、借钱、减少生育的行为，仅仅是因为他们的邻居——那些身在实验组的人也是这么做的。这将有可能导致实验组和对照组样本的平均潜在结果差异减小，即整个研究组平均因果效应的低估。在这里，最大的问题就是由于"非干扰性"假设不成立。在随后的章节中，我将讨论那些有利于该假设成立并具有较高可信度的估计方法（譬如在第七章）。

在其他情况下，"非干扰性"假设的成立与否应该不会产生太大的问题。例如，那些在地理空间上相近并被分在不同实验组和对照组的样本并不会产生上述问题，这种样本间交互影响的程度很低。不幸的是，自然实验研究者无法从检验中判断他们的模型设计过程中这种"溢出效应"的大小——实验室研究者有时也做不到这一点（Nickerson, 2008）。然而，研究对象的背景知识和其他经验技巧常常却可以帮助研究者判别这种"交互干扰性"的大小，只是在不同的自然实验中这种溢出效应的大小程度也不一样。我将在随后的章节中来讨论这一问题，特别是第九章。

另外还有非常重要的一点需要指出的是，这种样本间的交互性影响并不只是存在于内曼模型里。在多元回归分析中，也存在一个类似的"非干扰性"假设：样本单位 i 的实验结果是样本单位 i 的随机分配状态、协变量以及随机误差项的函数，而不是其他任何样本单位 j 的函数（$j \neq i$）。由此可以看出，这种样本间的干扰性不但不利于针对社会科学中各类成功的因果推断研究，同时它也会对描述因果过程的其他各种模型产生影响。我将在随后的章节中来继续探讨内曼模型的优点和局限性。

最后，内曼模型中还暗含了一个重要假设，那就是干预分配过程只能通过受干预样本来对实验结果产生影响。让我们重新考虑阿根廷土地产权的案例。我们假设土地产权对于实验结果的影响——例如对人们的信念态度的影响，只能通过他们是否获得土地产权来进行区分，而不能通过其他机制来施加这种效应。但是，假如存在这么一个特定的研究组，组内的样本获得土地产权的方式都是通过前土地所有者自愿转让而非法院强制分配的，那么是否还存在其他途径会对其个体态度产生影响？例如，他们是否会由于彩票中奖而非获得产权才改变了自身的信念和态度？如果土地产权的分配对于不同的样本而言，其分配过程都是相似的，那么土地产权的因果效应将不会受到太多干扰。然而，真正令人担心的是，有的人是通过其他途径来获得土地产权的（例如购买产权），这与正常的土地产权分配过程不同。因此，我们已经所讨论过的潜在结果模型隐含地定义了一个所谓的"排他性约束"：

排他性约束：干预配置对潜在实验结果的影响只取决于实验组单位是否接受干预。

我们将在接下来的章节中对此关键性假定展开进一步讨论，尤其是要将其与工具变量分析结合起来。

5.1.5　分析标准自然实验

总而言之，我们可以说，内曼模型即使并不总是有效，但也能经常为标准自然实验分析提供有益的帮助；如果有效的话，那么在它的应用过程中，只需要简单的均值差分析就能够准确估计出平均因果效应。因此，对于标准自然实验的分析往往是简洁而透明的，其对于数据生成与处理而言是一个可信度较高的模型。

这一模型当然不是适用于所有的标准自然实验，但的确适用于很多标准自然实验。在随后的章节中（尤其是第九章），我将会探讨一些其他的替代分析工具以及相关的交叉检验和回归建模等问题。在接下来我将要讨论的断点回归设计与工具变量设计中，也可能产生一些特殊的问题。然而，我们将看到，在大多数诸如此类的研究分析中，也都能保证其分析的简洁性和透明性，并且关于实验组与对照组的简单均值差检验仍然会在因果效应估计中发挥着重要作用。

5.2　断点回归设计的分析

许多关于标准自然实验的分析原则都能够被直接扩展应用于断点回归设计中。正如我在第三章所说的，个体、市区或者其他样本类型都能够根据他们在实验预处理中的协变量性质而被分入实验组或对照组，例如一次入学考试成绩或者最低生活保障标准。在 122 该设计中最为关键的因素就是阈值设置，它能够将样本划分进不同的实验组和对照组中，① 这些分布在阈值两侧附近的样本共同构成了断点回归设计的研究组。

当我们使用断点回归设计作为自然实验的分析方法时，最为关键的假设就是在阈值设置过程中，保证其附近两侧在实验组和对照组中的样本分布是近似随机的。我将在第八章探讨如何估计这一假设的可信度以及其他一些重要问题，例如如何定义研究组样本规模，即阈值两侧"附近"的大小程度。让我们暂时假设如下条件是成立的：也就是说，位于阈值附近的实验组单位，它们的分配过程是近似随机的。

然后，在标准自然实验中所讨论的简洁性和透明性的分析策略在断点回归设计中也是同样适用的。尤其是断点回归设计中的平均因果效应的定义与估计，与标准自然实验是完全相同的。对于分布在阈值附近的样本而言，平均因果效应即为分布在实验组中的样本平均结果值减去分布在对照组中的样本平均结果值。

此外，内曼模型也同样能够应用于例如图 5.1 所示的抽样过程中。根据该模型可知，根据断点回归设计中所设置的关键阈值，可以将阈值两侧样木以近似随机的方式分配到不同的实验组与对照组。对于整体研究组而言，根据实验组中的样本可以得出实验组的

---

① 正如在第三章所讨论的，在许多断点回归设计中，当面临不同的实验干预条件时，会存在多个阈值的情况，内曼模型可以被扩展应用到具有有限数量的多个干预条件的自然实验中，也可被应用于具有多个研究组从而具有多个阈值的实验中。

平均反应值，而根据对照组中的样本则可以得出对照组的平均反应
123　值。最后，实验组和对照组之间的均值差就是整个断点回归研究组
样本的平均因果效应的一个无偏估计。[①]

5.2.1　两个例子：荣誉证书与数字化民主

　　为了使这一研究设计的逻辑和思路更为清晰明了，我们来考察
两个例子，一个是基于拟合性数据的例子，另一个则是基于真实数
据的例子。第一个案例来自于第三章所介绍的西斯尔思韦特和坎
贝尔（Thistlethwaite 和 Campbell，1960）的研究案例，其中那些成
绩在一个特定阈值之上的学生获得荣誉证书、其学习能力从而得到
了公开表彰。而那些成绩刚好位于阈值之下的学生只是得到一个
获奖证书，但不会得到公开表彰。该研究的分析目标就是探讨以荣
誉证书的形式获得公开表彰是否会对学生日后的学习以及职业成
就产生影响。

　　散点图 5.2 是根据第三章图 3.1 顶部 A 序列数据进行拟合而画
出来的。在此我们仍然随机设置分数 11 为阈值，得分高于 11 分的
学生会获得公开表彰。该图中的横坐标代表的是一次预处理资格
考试的分数水平，纵坐标则代表结果变量；在此，结果变量基本是
连续的，而非离散分布的（可以说，这里的分数指标测量了学生对
于学术生涯的兴趣）。正如第三章中那样，更大的方块符号代表的
是学生在不同分数区间所获得分数的均值（例如，12—13 分，13—

　　[①]　并不是所有人都同意这个结论，例如 Hahn、Todd 和 Van Der Klaauw（2001），
Imbens 和 Lemieux（2007），以及 Porter（2003）。我将在下文中以另一个视角来讨论这
个问题。

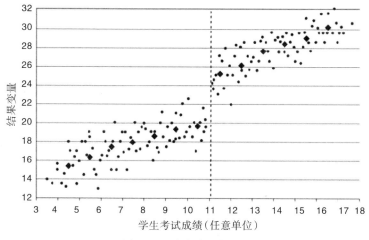

图 5.2　一个断点回归设计

该图描述了结果变量（譬如对学术职业的兴趣）与学生的资格考试成绩之间的关系。能获得 11 分以上的学生（表示他们对学术生涯非常感兴趣）在取得荣誉证书的时候能够获得公开表彰，而低于 11 分的学生则只能得到获奖证书（参见 Thistlethwaite 和 Campbell，1960）。那些较大的方块代表的是每个分数阶段学生所获成绩的均值（例如 10 分—11 分，11 分—12 分等）。

14 分等）；但在本图中，每一个参加考试的学生个体的分数也都用散点表示了出来。垂线则划分的是学生"是否能够通过获得荣誉证书的形式得到公开表彰"。

从许多方面而言，图 5.2 代表了一个利用断点回归设计进行因果推断的理想情形。首先，在阈值附近两侧的均值分数差异非常明显。平均来说，对于在阈值左侧附近、得分在 10—11 分区间内不能得到公开表彰的学生而言，他们的"学术兴趣指数"取值的总体均值为 19.6，而对于在阈值右侧得分在 11—12 分区间内，能够得到公众表彰的学生来说，他们的"学习兴趣指数"均值为 25.1。在给定每一场考试都不可避免存在运气成分的情况下，可能存在一个先验性的结论：那些获得 10 分的学生与获得 11 分的学生平均而言应当是相似的。此外，那些会影响学生获得 11 分而不是 10 分的任何潜在的混杂因素，都将不得不对这个阈值两侧附近的巨大平均结果差异给出有力的解释。

124　　　其次，阈值两侧的结果变量存在显著差异的同时，也可以发现每一侧的结果变量基本不会重叠。该图清晰地表明，统计调整或其他校准行为对于自然实验的因果推断而言，在定性方面甚至在定量方面都无关紧要。在此，阈值附近两侧的数据量较少，在 10—11 分区间内的学生只有 12 人，而在 11—12 分区间内的学生为 11 人。然而他们却存在了一个显著的 5.5 分差异，这说明该因果推断的估计是显著的，即该差异显著不为 0，说明不太可能是因为偶然因素所导致的这种差异（参见第六章）。[①]

　　最后，在断点回归设计中，即使阈值两侧的带宽规模大小不同，但是其因果效应估计结果依然是稳健的。例如，在阈值两侧各扩张一个分数区间，我们就会发现，在 9—11 分区间学生成绩的平均结果为 19.4，而在 11—13 区间的学生成绩平均结果为 25.6，此125 时这种差值的平均差异为 6.2 分。当继续扩大带宽，让阈值每一侧包含三个分数区间时，发现在 8—11 分区间内的得分均值为 19.1，而 11—14 分区间内的得分均值为 26.2，它们之间存在了一个 7.1 分的差异。[②] 在这类设计中，阈值两侧附近的结果差值是不稳定的：

---

　　① 在此，所估计的因果效应的规模大小将会用来与实验组和对照组中的经验变异性进行比较（见第六章），后者在该例子中相对较小。

　　② 可以注意到的是，在阈值每一侧的不同分数区间内，样本的平均分数变化差异

对于阈值两侧"带宽"的定义不同，公开表彰对于学生成绩的影响程度估计也会存在差异。[①]

总而言之，图5.2展示了断点回归设计的简洁性与透明性，尤其表现在一个简单的差值检验就能够清晰地估计出平均因果效应。

伊达尔戈（Hidalgo，2010）所研究的另一个真实世界的例子，也能够清晰反映出断点回归设计类似的诸多特质。正如我们在第三章所讨论的，他关注的是巴西电子投票制度的影响效应。在该研究中存在两个因果关系问题需要探讨：对于那些没有接受过良好教育的选民而言，电子投票技术的便利性是否有效促进了他们的政治参与？这种电子投票技术的广泛使用是否存在一些政治或者政策影响？在1998年巴西立委选举中，凡是城市人口超过45000的地区需要使用电子投票技术参与选举，而人口规模低于45000的地区则仍然采取传统的投票方式。伊达尔戈（Hidalgo，2010）发现，早在1996年以阈值为5000所实施的电子投票技术能够显著降低13.5%的无效选票率和10%的空白选票率。总体上，这些技术的开展会带来约23%的政治影响以及能够提高那些受教育程度低的市民34%的政治参与率（也可参见Fujiwara，2011）。此外，在巴西 126 东北地区的一些州，电子投票技术的引入事实上还降低了现任官员

都非常小（例如，左侧的平均结果分别是19.6、19.2以及18.6；而右侧的平局结果分别是25.1、26.0和27.6），这种平均结果的变化差异会因阈值设置的不同而得到不同的因果效应估计。

① 这是由于预处理的协变量——考试分数——并不能与图中的结果变量强相关所导致的，例如可以发现，两侧回归函数的斜率非常平坦。正如下文中将要讨论的，在通常情况下，扩大阈值两侧带宽将会给因果识别带来困扰：因为这都取决于分数的差异性水平，那些得了8分的人和得了14分的人之间所存在的差异一定会存在来自不可观测性混杂变量的影响。

的得票率。

正如在上述西斯尔思韦特和坎贝尔（Thistlethwaite 和 Campbell，1960）的研究中所讨论的假设性案例研究一样，有几个特质使得伊达尔戈（Hidalgo，2010）研究的断点回归设计是令人信服的。首先，关于 45000 人口规模的阈值是一个很强的先验性规定，当它作用于不同的城市时，研究组中样本的受干预分配过程就是近似随机的（更多讨论详见第七章和第八章，一些定性与定量检验都表明该条件得到了满足）。其次，该阈值的"断点"非常明显，说明 1998 年的技术实施能够显著降低空白选票与无效选票的出现，但同时还发现，在阈值两侧的结果变量分布很少有重叠（参见 Hidalgo，2010）。最后需强调的是，有非常充分的证据表明，这一差值检验所得到的因果效应估计是稳定的，说明该效应对于"带宽"选择不敏感。该研究结果与伊姆本斯和勒米厄（Imbens 和 Lemieux，2007）使用局部线性回归和交叉验证的方法去选择研究组样本"带宽"（接下来将要讨论）所得到的结果是相似的。但是尽管均值差检验在许多方面具有更好的表现性（与内曼票盒方法相一致），但是使用不同程度的"带宽"检验与分析所得到的相同的研究结果却可能更令人安心。

在以上这些例子中，均值差检验对于平均因果效应的估计是有效且令人信服的。[①] 在本书的后面章节，也将会阐述一些更为复杂的检验。但是，内曼模型确实具有很高的可信度，因而在该类研究中大多数的均值差检验都是简洁、透明且高度有效的。实验研究设

---

① 在下文中，我将探讨均值差检验估计量可能具有的有偏性，这是由 Imbens 和 Lemieux（2007）等所提出的。

计与因果效应的规模（而非对复杂统计方法的详述）应当足以证实
这一点。在断点回归设计中，正如标准自然实验研究一样，均值差
检验在研究组的平均因果效应估计中发挥了至关重要作用。

5.2.2　定义研究组：“带宽”问题

127

然而，并不是所有的断点回归设计都能够直截了当地得出最终
结果。也许可能有一个重要问题需要注意，那就是如何定义“研究
组”，即当不同的“带宽”使得因果效应估计出现冲突时，阈值两侧
究竟该留有多大程度的“窗口”和“带宽”。

在“带宽”选择的问题上，存在一个核心的权衡问题。当扩大
“带宽”时，也许会使得估计结果更为精细；因为研究组也随之扩
大，受干预样本的效应估计值将具有更小的方差。然而，在扩大“带
宽”的同时也将面临估计结果的偏误，因为距离阈值较远的样本也
许无法提供一个有效的反事实框架。例如，当西斯尔思韦特和坎
贝尔（Thistlethwaite 和 Campbell，1960）中的资格考试阈值设置为
11 分时，那些在考试中取得 5 分的对照组学生与那些取得 17 分的
实验组学生，其潜在结果的估计值也许就存在巨大的差异。换句话
说，那些受干预样本（位于阈值右侧）与未受干预样本（位于阈值左
侧）的差异可能来自于混杂因素的影响，而不是干预所产生的因果
效应。

研究者曾做了很多尝试希望能提出一个算法来求出最优的带
宽规模，这样就能在扩大“带宽”的过程中平衡估计的精确性与
估计的偏误风险。例如，伊姆本斯和勒米厄（Imbens 和 Lemieux，
2007）曾开发了一个交叉检验程序，并一度受到普遍欢迎，但是最

终发现,来自不可观测性因素中的偏误很难被人工制定的算法进行可靠估计,因此这种算法对于估计精确性和偏误风险的平衡是不准确的。

那么问题接下来就归结为研究者是否可以在一个给定"带宽"下保证样本分配的近似随机性。正如其他自然实验研究一样,关于近似随机性的假设也就仅仅是"假设"。但事实上,这一假设可以被先验性推理以及本书其他地方所讨论的相关定性与定量分析工具来支持。那些确保可观测性协变量在实验组与对照组之间的平衡性的定量分析与相关图示证据,以及其他各种形式的定性分析工具,通常来说是最为重要的(参见第七章和第八章)。

作为经验法则,研究者在研究中可能会提出几种不同的"带宽"选择,通常包括最小的可行性"带宽"。例如,在西斯尔思韦特和坎贝尔的研究中,除了对比 10—11 分区间与 11—12 分区间的学生差异外,他们还设置了不同的"带宽"来进行分析。在上述"带宽"中样本分布可能过于稀疏,从而可能造成隐患,但是这并不必然意味着要扩大"带宽",而是可能需要选取更多的实验数据。

如果选取不同的"带宽"导致因果效应估计结果不一致,那么说明研究结论可能存在问题而需要更加谨慎。最终而言,因果推断应该基于实验设计本身以及所估计的因果效应的实际规模大小。对于很强的实验设计以及很强的因果效应而言,其研究结果不应该对于"带宽"选择过于敏感。

5.2.3 断点回归中的均值差估计是有偏的吗?

在断点回归设计中,均值差估计量的应用越来越多地受到一种不合理的偏见。根据哈恩、托德和范德克莱（Hahn、Todd 和 Van Der Klaauw，2001）以及波特（Porter，2003）、伊姆本斯和勒米厄（Imbens 和 Lemieux，2007）的说法，他们认为均值差估计量对于断点回归设计而言并不是十分贴切（也可参见 Lee 和 Lemieux，2010）。这些研究者认为，在断点回归设计中使用的均值差估计量是有偏的，尤其是在一些自然实验具有特定的假设条件时则更不能成立。他们更倾向于选择局部线性回归与全局多项式回归的方法。[①]

　　在本节中，我将对此说法进行简要的描述，具体证明详见于附录 5.2 部分。然而，我认为这种对均值差分析的怀疑说到底是具有误导性的，这种偏见将让我们在对有效断点回归的因果推断中，不自觉地远离了简洁性和透明性。简而言之，这一问题的关键在于，在关键阈值附近给定"带宽"的断点回归设计中，内曼模型是否适用（图 5.1）。如果适用的话，那么均值差分析对整体研究组的平均因果效应的估计就是无偏的。如果不适用，那么该实验设计本身就算不上一个很强的自然实验设计，从而该断点回归的因果推断效力 129 也会大大地受到实质性的削弱。

　　在断点回归设计中，一些重要问题往往都和关键性因果参数的定义息息相关。大量关于断点回归设计的理论性工作都将相关的因果量定义为断点回归函数的极限。例如，考虑图 5.3 中的例子，130 该图中展示了在一个预处理协变量的每一个取值水平下假设性平均观测值与潜在值之间的差异。这个例子继续沿用了西斯尔思韦特和坎贝尔的例子，所以图中的强化协变量代表学生的预考分数，

　　[①]　有时在断点回归设计中，无论是否需要控制协变量，这类回归方法也能够得以适用，我将在第九章中对这些分析技术进行详细的探讨和解释。

得分一旦超过 11 分就会被分配进入不同的干预组，即通过荣誉证书得到公开表彰。在图中，观测值以黑色表示，方点代表的是分配进实验组的样本情况，而圆点则代表的是分配到对照组的样本情况。而浅色的方点和圆点则代表的是该样本的反事实情况，是指那些在不同考试分数区间上分布的不可观测的潜在值。例如，分布在位于 11 分阈值垂线左侧的浅色方点，它们代表的是那些已经被放入实验组样本的反事实情况，即被放入对照组时所得到的结果；而分布在位于 11 分阈值垂线右侧的浅色圆点，它们代表的是那些已经被放入对照组样本的反事实情况，即被放入实验组时所得到的结果。因为图中画出了每一个分数区间上的实验组和对照组学生考试分数的潜在值，其所构造的函数就被称为回归函数。

在断点回归设计中，许多研究者将关键的因果参数定义为两个数量之间的差值，在关键阈值处的实验组潜在结果的回归函数值（在这里是考试分数为 11 分）和位于相同阈值处的对照组潜在结果的回归函数的差值。只要潜在结果回归函数在断点回归阈值处是平滑的（也就是说，不存在"跳跃"），那么这些数值就提供了有效的反事实。当然，在阈值处，我们最多只能就一种干预条件对平均结果进行观测。[①] 结果，这两个数量中至少有一个数量被定义为潜在结果回归函数在阈值处的（未观察到的）极限。比如在图 5.3 中，延长对照组中的回归函数使其超过阈值（即浅色圆点），那么在阈值右侧的样本就如同被划分进了实验组，而左侧样本则仍处于对照组，右侧样本就是左侧的反事实情况。因此，许多研究者都强调，

---

① 这里面将遗留下一个问题：那些被分配到实验组或是对照组的样本是否能够被直接分配在阈值处。

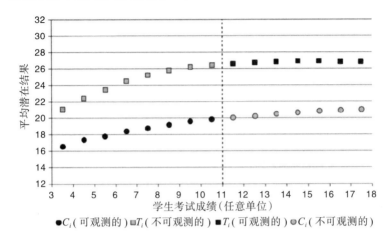

图 5.3 断点回归设计中的潜在结果与可观测结果

图中散点代表了所有参与考试学生的成绩分布，其中方点代表位于实验组的样本
潜在结果，而圆点代表位于对照组中的样本潜在结果。黑色散点为可观测性样本结果。
只有那些所得分数超过 11 分的学生才会受到干预，他们会获得荣誉证书从而得到公开
表彰。

断点回归设计只是在断点处才能识别出平均因果效应。

正如附录 5.2 所示，如果将因果效应定义为回归函数在阈值处
的极限值，那么此时均值差估计量的定义就可能存在偏差。其问题
的本质在于，该极限必须是边界点（即断点）上被观察结果的导数
的近似值。如果导数值非零，那么均值差估计量就会存在渐进的偏
差，偏差的程度是阈值附件"带宽" h 的线性函数。因此，在断点回
归中，考虑阈值两侧的潜在值函数是均值差估计量无偏性的关键所
在。正如伊姆本斯和勒米厄（Imbens 和 Lemieux，2007，第 10 页）
所说，"我们当然迫切希望回归函数的导数值为零，哪怕干预效应
为零都能够接受。在许多实验应用中，无偏性的合格标准往往基于 131

那些与实验结果有一些相关的协变量，从而使得那些与实验结果联系不紧密的协变量样本也能进入干预组"。

　　然而，为什么那些符合项目资格但其得分仅仅刚好位于断点回归阈值之上的样本单位，与那些得分刚好位于阈值之下的样本单位会具有显著的差异呢？如果实验组（或对照组）潜在结果的条件期望在阈值两侧具有很大差异，那么对于包含了所有样本的研究组而言，整体的自然实验设计就是失败的，因为事实上干预条件下的样本分配过程就不是近似随机性的。在这种情况下，分配到对照组的样本就不是被分入实验组样本的反事实。反之，如果自然实验是成功的，阈值双侧样本的反事实构造成立，那么潜在结果的条件期望的图像就应当如同图 5.3 中所展示的那样。也就是说，两个潜在结果的回归函数的斜率应当是近似平坦的，至少在阈值两侧附近应当如此。可以肯定的是，在整个数据处理过程中，预处理协变量会与结果变量息息相关；然而，对于最强的断点回归设计而言，这种关联会局部地降低，对于一个令人信服且有效的因果推断而言，任何潜在结果回归函数的条件期望，其断点都应当被阈值两侧的实际结果的断点所覆盖。

　　事实上，作为一种自然实验，断点回归设计的全部思想就是，除了随机偏误之外，分配到实验组的潜在结果的分布应当与分配到对照组的潜在结果的分布差不多才行。在阈值附近的两侧，不同样本组应该是可以互换的。[①] 一个学生在考试中得 10 分或是得 11 分，

---

　　① 如果原始序列中的任意样本序列都服从相同的联合概率分布，那么这种不同样本之间是可以互换的。

甚至是 9 分或是 12 分, 其学业成绩的公开表彰都不应当对其产生
太大影响。然而, 一旦阈值两侧附近的潜在结果回归函数的导数值
不为零的话, 那么阈值两侧附近的样本的可交换性就无法保证。诚
然, 在断点回归设计中, 这一条件可能不成立, 例如, 潜在结果回
归函数的斜率是局部陡峭的, 而且阈值两侧附件的样本无法构成有
效的反事实。然而, 这样的研究设计不能称作是有效的自然实验。
反之, 在断点回归设计中, 如果阈值两侧附近的样本分布满足近似
随机性, 那么两侧研究组样本就满足可交换性。因此, 对于实验组
和对照组均值差的简单比较就能够很好地估计出平均因果效应(见
补充说明 5.2)。

　　总之, 作为自然实验的一种形式, 断点回归设计的因果效应估
计并不仅仅只对回归函数在阈值处(即断点处)的极限值有所限制,
它还必须保证干预分配过程的近似随机性。如果仅仅满足阈值处
的极限值——潜在结果回归函数的斜率意味着在阈值两侧结果的条
件期望具有很大差异时——就难以保证合理的近似随机性。而宣称
其均值差不足以估计平均因果效应, 就相当于是说, 研究对象组包
含了错误的实验单位。

　　相反地, 在一个强断点回归设计中, 对于研究组中的样本而言,
实验组与对照组的平均潜在结果在阈值两侧应该是相似的,[①] 即潜
在结果回归函数的斜率值(导数值)在阈值处为零。这是一个非常
重要的条件, 因为就像我在补充说明 5.2 中所阐释的那样, 如果平

---

　　① 需要记住的是, 在实验组中的实验样本和在对照组中的对照样本, 只有部分的
潜在结果是可观测的。

均潜在结果在阈值处相似,即回归函数的斜率在其附近相同,则"带宽" h 的线性偏误就不会存在。因此,伊姆本斯和勒米厄(Imbens 和 Lemieux,2007)关于均值差估计量的核心批评也就不再成立。其关键问题在于,内曼模型(包括其样本分配过程的近似随机性)是否适用于当前的研究项目。如果近似随机性的条件是成立的,那么简洁透明的均值差分析方法就能够有效地用于平均因果效应的估计。如果近似随机性的条件不成立,则这种断点回归设计就不能满足自然实验的特征假设。

133　　　并不是所有的研究者都认为研究组中样本分配的近似随机性是断点回归设计成立的必要条件。许多研究者认为,潜在结果回归函数的平稳性(没有断点)才是断点回归设计的核心条件。同样,这就将因果效应定义在了回归函数的极限值问题上,而非研究组中不同实验组与对照组的潜在结果差异。然而,我认为后者才是断点回归设计的最为关键之处。再重复一次:如果样本分配过程满足近似随机性,并且内曼模型能够很好地描述研究组的样本数据生成过程,那么均值差估计量就是平均因果效应的一个无偏估计量。关于这一问题的讨论提醒我们,估计量的无偏性取决于被估计对象的定义,而这种定义则又来源于对假设模型中因果参数的描述与设置。进一步的讨论可参见补充说明 5.2 和第九章。

5.2.4　函数形式的构建

　　　一般情况下,预处理中的协变量取值与实验组和对照组中的潜在结果息息相关(因而协变量有可能会影响这种实验干预分配过程中的因果推断),阈值两侧附近的样本潜在结果应当不会有太大差异。因此，位于阈值一侧附近的实验样本可以被视为是位于阈值另一侧附近的样本的有效反事实，因为这些实验样本在分配到实验组或对照组之前应当是相似的。

总之，定量数据分析的简洁性、透明性与合理性是一个成功的断点回归设计乃至标准自然实验的必要条件。对于断点处样本的均值差分析可以被视作是断点回归设计中用于分析数据的最好的方法——至少这一方法对于一个成功的自然实验而言是非常有效的。在此，所采用的因果模型对样本数据生成过程做出了可信度较高的描述，并且其统计推断基于一个合理的票盒模型——在一个票盒中以近似随机的方式来抽签决定样本在实验组和对照组之间的分配。

然而，正如标准的自然实验一样，简洁性在实践中并不能被充分保证。最主要的一个原因可能在于位于阈值附近的样本量较少，这将削弱统计性检验的力度（即对真实因果效应的估计程度）。这种隐患促使研究者不得不将远离阈值的样本包含进研究组中来，然而这种做法却又会使得样本分布近似随机性假设的合理性受到挑战。当不能保证这种近似随机性时，研究者就会试图调整这种混杂性影响，包括将更多的预处理协变量添加到多元回归模型中去。然而这种做法将不再是一个自然实验设计所应该具有的做法。

当阈值附近缺乏足够的样本量时，也会促使研究者在阈值两侧使用局部线性回归与多项式回归方法去解决问题。这些回归方法的使用却有可能使实验结果与阈值处的观察值更不相符。格林（Green，2009）等人利用计算机基准测试程序发现，使用这些方法所得到的实验结果与真实实验结果相去甚远。同时，这些模型在对

数据处理的描述与解释力度中也缺乏合理性。那些使用远离断点
回归阈值的数据进行局部线性回归与多项式回归的分析，更应当
被视为是基于模型的而非基于设计的。此类分析更多地依赖于模
型本身，其建模分析记录常常是含糊不清的（例如，参考 Green 等，
2009）。在阈值处缺乏足够的样本是断点回归设计中所经常面临的
问题。但是，如果使用局部回归和多项式回归的手段来解决这一问
题只会让问题变得更糟。事实上，错误的治疗手段比毛病本身更可
怕。因此，正如其他类型的自然实验分析一样，均值差估计看起来
具有合理性，是断点回归设计的正确起点。[①]

5.2.5　模糊断点回归

在关于断点回归设计的讨论中，我已经做出隐含的假设，即
所采用的协变量会对实验干预样本产生决定性影响。这个假
设适用于许多断点回归设计。例如，在西斯尔思韦特和坎贝尔
（Thistlethwaite 和 Campbell，1960）的研究中，那些高于特定考试
分数的学生会获得荣誉证书从而会得到公开表彰，而低于该分数
值的学生则不会获得荣誉证书或公开表彰。在伊达尔戈（Hidalgo，
2010）的关于巴西电子投票技术推广的研究中，高于人口阈值的城
市会使用电子投票，而低于此阈值的城市则不会。

但是，在有些断点回归设计中，高于或低于阈值只会部分影响
样本干预分配方式，因为最终是否接受干预完全在于实验对象自

---

① 通过使用 Green（2009）等人研究中的样本进行重复性实验发现，简单均值差
检验估计量在实验估计中能够比其他估计量表现得更好，尤其是当阈值两侧的带宽非
常狭窄的时候。参见练习 5.4。

己。在这些情况下，受干预样本本身不会受到所采用协变量的决定性影响，但是，项目参与的概率却是由强制变量形成的。坎贝尔（Campbell, 1969）和特罗钦（Trochim, 1984）将这种方法称之为"模糊"断点回归，以此来与"严格"断点回归相区分，后者是指样本分配过程会受到驱动变量的决定性影响（见第三章）。

在模糊断点回归中，可以使用意向干预分析来进行数据处理（参见补充说明 4.1）。在该方法的使用中，可以将阈值两侧附近的不同样本进行直接的比较分析。也就是说，我们可以暂时先简单忽略掉这些样本是否真的会受到干预，而是将注意力放在两组样本是否满足随机分配性上。意向干预策略不但与政策制定者息息相关之外，也与社会科学研究者息息相关。例如，研究者一旦知道了一个城市的贫困扶助项目的扶助资格能够多大程度能降低贫困率时（不管谁实际上愿意接受贫困扶助），他就能大概计算出需要将项目扶助门槛设置到多少才能有效缓解贫困。

此外，模糊断点回归也可以使用另一种方法进行分析，即采取调整样本具有受干预资格和最终受到干预的概率之间的关系进行研究。这种分析方法与工具变量法的逻辑非常类似——事实上，模糊断点回归设计的这种分析方法很难与标准的工具变量法区分开来。因此，我将在下文介绍完工具变量法之后，再对此问题进行讨论。

5.3 工具变量设计分析

正如我们在第四章所看到的，工具变量法能够被广泛应用于大

量实质性研究中，大量的数据分析方法，包括多元线性回归模型，
都深受其影响。[1] 然而，这些还不足以让我们真正理解工具变量法
是如何应用的。

本节的第一个目标就是使用交叉干预的方式，来探讨工具变量
法分析中的一个简单且高度可信的逻辑机制：对受干预的"顺从者"
样本的因果效应估计。在许多真实实验和自然实验中，分配到实验
组的样本最终事实上被进行了控制，而许多分配到对照组的样本最
终却被进行了干预。在这种情形下，工具变量法可被用于估计那些
顺从其所被赋予的干预条件的实验对象的平均因果效应，即"顺从
者"的平均因果效应。

在介绍完如何利用工具变量法估计"顺从者"样本的平均因果
效应之后，我将会讨论工具变量法与模糊断点回归设计，以及线性
回归模型之间的联系。在双变量模型中对"顺从者"样本的净效应
进行估计之后，当我们进一步转向多变量回归模型中时，将会涉及
更为复杂的假设条件，从而使得研究结果的可信度下降了。更多关
于这些问题的相关讨论将在第九章中详述。

然而，正如我们将要看到的那样，均值差估计才是一个工具变
量法是否成功的核心关键。因此，尽管工具变量法的估计与设计过
程中存在很多重要的假设限制，但一个成功的工具变量设计与标准
自然实验和严格断点回归设计一样，仍然可以依赖于十分简单的分
析策略。

---

① 在这些应用中，工具变量更多的是为了克服内生性问题，即避免模型中的因
量和干扰项具有统计意义上的相关性。

5.3.1 自然实验与"非顺从者"

为了理解工具变量分析的内在逻辑，我们有必要探讨一下发生在真实实验和自然实验中的"非顺从者"与"交叉干预"的问题。在真实自然实验中，被随机分入实验组和对照组的样本是由实验者本人控制的。然而，即使是在这样的真实实验中，那些被分配好的样本仍然可能脱离实验者的干预控制。例如，格伯和格林（Gerber和Green，2000）曾研究了上门进行政治性拉票活动对于选民投票率的影响，但是有许多选民在收到了要进行上门拉票活动的信息之后，仍然对造访者拒不开门。 我们可以将这些样本越过实验组、进入对照组的现象称之为"交叉干预现象"——它们本来是被分配进了实验组接受干预条件却最终进入了对照组而未受到干预条件。

交叉干预现象在医疗实验中经常出现。例如，在试药实验中许多被分入实验组将要试服新药的实验者最后却拒绝服用新药，而许多被分入对照组的实验者却愿意尝试新药。当所有进入对照组的样本都得到控制，而进入实验组的样本却有人不愿意接受干预（或者是恰恰相反的情况），这种情形被称为"单向交叉干预"；相反地，如果被分配进实验组的样本想要进入对照组，而进入对照组的样本却想入实验组，则这种情况被称为"双向交叉干预"（Freedman，2006）。

这种不服从干预分配的"对抗"现象还经常发生在自然实验中。在关于"抽签"研究的标准自然实验中，例如哥伦比亚的私立学校担保补助研究（Angrist等，2002；Angrist、Bettinger和Kremer，2006）中就存在此问题：并不是所有受到补助的学生都愿意去私立学校上学。同样的，在安格里斯特（Angrist，1990a）关于越战征兵法案对于劳动力市场收入的影响研究中，那些被征兵法案登记的人，却因未通过体检而未曾入伍，从而选择继续接受教育，或者去了加拿大（在下文中将会详细讨论本案例）。① 在前一节所提到的模糊断点回归设计中，基于"高于或低于阈值设置"获得项目资格并不意味着样本本身就一定愿意接受干预进入项目组。在许多其他的自然实验中，研究者倾向于描述某一些与近似随机分配变量（譬如气候冲击）不完全相关的实验干预条件（例如经济增长）。正如那些存在交叉干预现象的自然实验一样，实验的干预分配过程与干预结果并不是完全相关的。正如我们将要看到的，只需要进行适当修正即可发现，实验中的交叉干预现象在这些例子中事实上是普遍存在的。

那么，当真实实验或自然实验存在交叉干预时，该如何对样本数据进行分析？一般情况下，直接比较实验组和对照组样本的差值结果将会是有偏的，因为其中可能存在混杂变量的影响。在格伯和格林（Gerber 和 Green，2000）的研究中，那些愿意开门接受游说者政治问询的样本肯定与那些不肯开门的样本不同。例如，这些人有着更清晰的政治观点或更加愿意从事投票等政治活动，即使没有上门问询的这一行为存在。因此，直接比较那些是否与游说者有往来的样本之间的差值会导致游说行为的因果效应估计是有偏的，这其中存在着自我选择性偏差。

① 这项案例曾经在第二章中讨论过，但是当时着重讨论的是意向干预分析，即仅是法案分配所产生的影响。然而，它也可以被用来作为工具变量使用。从这一点可以看出，工具变量法和其他自然实验方法的差异主要取决于你所要求的参数的差别上。

对于解决这种问题而言，意向干预分析是一个有效的方法（参见补充说明 4.1）。因为意向干预分析所关注的是那些受到随机分配的样本组，而不是那些存在自我选择性偏误的样本组。在意向干预分析中，样本分配会满足随机性或近似随机性，这使得数据分析结果也是有效且可信的。正如我经常在本书中所提到的，自然实验所采取的大多数分析方法都是意向干预分析方法。

但是，意向干预分析可能会导致更为保守的处理效应估计。譬如，当许多被分配到实验组的样本最终实际上都没有接受实验干预时就是如此。内曼模型可以被扩展应用于"非顺从者"问题的分析，并且可导出基本的工具变量估计。简而言之，就是估计被分配到干预组并接受干预条件的样本所受到的干预效应。

为了理解这一点，想象一下研究组中存在三种不同类型的样本：

"只接受干预者"：如果这些样本被分配进入实验组，那么它们就会接受干预；如果被分配进入对照组，它们也会坚持选择接受干预。换句话说，不论样本分配的方式如何，它们自始至终都只愿意接受干预条件。

"顺从者"：如果这些样本被分配进入实验组，则它们会接受干预，如果它们被分配进入对照组，则它们会接受控制。换句话说，它们会按照实验的分配结果行事。

"从不接受干预者"：如果这些样本被分配进实验组，则它们不愿意接受干预而愿意选择去对照组，如果它们被分配进对照组，则它们愿意接受控制。换句话说，它们永远不愿意接受实验干预。

图 5.4 使用票盒模型来描述了这种样本的选择方式。与图 5.1 相似，盒子代表自然实验研究组；在盒子里，研究组里的每一个样

本都有一张票。注意与图 5.1 不同的是，这里有三种不同类型的票。
第一种类型的票只存在一个值：

$$\boxed{T_i \mid T_i}$$

　　这些样本代表了自始至终只愿意接受干预条件的样本。之所
以只具备一个值是因为这些样本永远选择接受干预，不论它们被
分配到实验组或是对照组。因此，我们就可以假设，那些被分配进
入对照组的样本潜在结果与分配到实验组的潜在结果相同，即 $T_i = C_i$。[①] 第二种情况的选票也只存在一个值：

$$\boxed{C_i \mid C_i}$$

　　这些样本代表了从不接受干预者。它们永远倾向于选择进入
对照组，而不论它们是否被分配进实验组或是对照组。因此，同样
的道理，我们假设分配进实验组和对照组的样本的潜在结果是相同
的：$T_i = C_i$。[②] 对于第一种和第二种类型的样本而言，它们被分配进
实验组和对照组的平均反应值是相等的，因为对于自始至终只愿意
接受干预的样本和永不接受干预的样本而言，它们具有一个相同特
质，那就是干预分配行为并不会对它们的反应值产生影响。最后，
来看第三种类型的选票：

$$\boxed{T_i \mid C_i}$$

---

　　① 当样本被分配进入对照组时，它就会得到对照组下所该得到的潜在结果。因
为自始至终只愿意接受干预的样本永远会得到干预，并且我们有假设即实验组的响应
值不会受到干预分配本身的影响，因此在实验组和对照组中，永不接受干预的样本潜在
结果会相同。

　　② 我在选票两侧都用 C_i 标识而不是选择 T_i 就是因为我想强调的是这是对照组的
样本状况。

这种选票类型代表顺从者：如果它们被分配进入实验组，则我们可观测到的潜在结果是 T_i，如果被分配进入对照组，则可观察到的潜在结果为 C_i。[①]

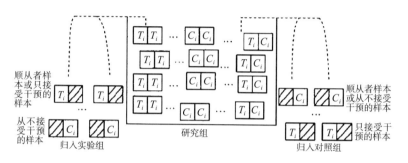

图 5.4　内曼模型的非顺从者

注：一个存在交叉干预现象的自然实验模型。盒中的每一票都代表着研究组中的一个潜在结果，一张票具有两个潜在结果，其中一个是来自于实验组干预结果，而另一个是来自于对照组结果。当两个潜在结果都为 T_i 时，称该样本为"只接受干预的样本"；而当两个潜在值都为 C_i 时，称之为"从不接受干预的样本"；当两个潜在结果一个为 T_i，另一个为 C_i 时，则称这种样本为"顺从者样本"（假设非顺从者样本已经被剔除）。在此，我们从拥有 N 张票盒中不重复随机抽取 n 张票（$n < N$）归入实验组，而抽取 $m(= N-n)$ 张票归入对照组。同时确保实验组和对照组中的三种不同类型的样本充分混合，这种混合程度应该在每一个组中相一致，当然随机偏误除外，因为要保证票的随机性分配。

现在，假设我们以随机性的方式抽取了不同类型的样本并将其分配进不同的实验组和对照组，同时假设我们能够观察到不同组内的样木是否"服从"这种分配方式。因此，当给定模型时，样本类型的部分信息就能够被数据本身所包含。例如，那些被分配进实验组的样本最后却进入了对照组，那么就可知这类样本为"从不接受

---

① 我将在下文中新添加一个在这里不存在的样本类型——对抗者样本。

干预的样本"（在图 5.4 中，这类样本位于图中左侧实验组样本的底部）。同样，也有的样本被分配进入对照组但最后却接受了干预，

140　那么这类样本就属于"只接受干预的样本"（在图 5.4 中，这类样本位于图中右侧对照组样本的底部）。

　　但是，样本类型在个体层面上的具体信息却不可能获得。例如，一个样本被自然试验分配进入实验组，并且他接受了干预，那么他有可能是一个自始至终只愿意接受干预的样本，也有可能是一个顺从者样本，这类情况即表现为图 5.4 中左侧实验组样本的顶部。同样，一个样本被分配进入了对照组并且他最终进入了对照组，那么他既有可能是一个顺从者，也有可能是一个永不接受干预的样本，这类情况在图 5.4 中即表现在右侧对照组样本的顶部。在这种情况下，我们不能对样本类型进行分辨，因为不论是分入实验组或是对照组的样本，我们都无法对其间的反设事实进行有效的观察。

　　在一个真实实验或是自然实验中，如果它只有样本会从实验组去往对照组的单向交叉干预现象，那么研究组中就只能包含从不接受干预的样本和顺从者样本。因为一旦包含有自始至终只愿意接受

141　干预的样本，那么就会存在样本从对照组进入实验组的现象发生。[①]然而，即使在对照组中，我们也无法分辨哪些样本属于顺从者样本，哪些样本属于从不接受干预的样本。并且如果存在双向交叉干预的情况，那就无法从顺从者中分辨出哪些是自始至终只愿意接受干

---

　　①　单向交叉干预在真实实验和自然实验中都会出现。例如，在格伯和格林（Gerber 和 Green，2000）关于投票问题的研究当中，那些拉票的人并没有访问任何被分配到对照组中的选民（除非研究者或是拉票的人不小心出错而访问了他们）。因此如果是这种情况的话则可以认为不存在"自始至终只愿意接受干预"的样本。

预的样本,哪些是永不接受干预的样本。

这类似于个体因果效应估计中所产生的基本问题。然而,正如上文所提到的,其他参数(譬如平均因果效应)却是可以估计的。工具变量法在此被用于分析和估计了一个特殊的样本组的平均因果效应,即来自那些顺从者的因果效应。

为了理解工具变量分析的直觉,注意到上述模型中所隐含定义的如下几个参数:

(A)研究组中顺从者样本的比例;

(B)受干预的顺从者的平均反应值;

(C)受控制的顺从者的平均反应值;

(D)(B)与(C)的平均反应值之差,即顺从者的平均因果效应。

该模型同时也定义了其他参数,譬如从不接受干预样本和只接受干预样本对于干预与控制条件的平均反应值。

在给定图 5.4 的模型之后,以上所列举的参数都能够被估计出来,事实上工具变量法分析是被用于估计(D),即顺从者样本的平均因果效应(当自然实验中只存在单向交叉干预时,该参数即为实验组顺从者的平均因果效应,它有时也被成为实验组中受干预样本的估计参数,但这种称呼往往可能会与其他一些估计量相混淆)。

现在,让我们来具体探讨随机抽样下的参数估计过程。为简单起见,我们假设研究组中的样本只存在从实验组到对照组的单向交叉干预样本,即不存在自始至终都只愿意接受干预的样本。然后,利用分配到实验组的顺从者样本的比例,即那些自分配到实验组后就会最终接受干预的样本,来估计出参数(A),即顺从者样本在总样本中的比例。这正是因为随机化分配的结果:实验组是来自于由

142　研究组所构成的小总体的一个随机样本，而这个随机样本的均值就是总体均值的一个无偏估计量。

　　同样的道理适合于参数（B）的估计：利用被分配到实验组中的顺从者的平均反应值（即被分配到实验组并接受干预条件的样本）来估计整个研究总体中所有顺从者对于干预条件的平均反应结果。同时也要注意，那些被分配到实验组中却不愿意接受干预的样本（这些都是从不接受干预者）的平均反应结果也可以用来估计从不接受干预者的平均反应结果，因为被分配到实验组的从不接受干预者是所有从不接受者中的一个随机样本。

　　那么参数（C）又如何呢？对照组的平均反应结果是控制条件下顺从者的平均反应结果（这是未知的，因为我们无法将其与从不接受干预者区分开来）与从不接受干预者的平均反应结果（这在实验组中已经估计过了）之间的混合。由于样本分配的随机性，基于随机误差，实验组样本的混合程度与对照组样本的混合程度应当是相同的。这样就得到了一个代数方程，解此方程就可以得到参数（C）的一个估计结果，即对照组中顺从者的平均反应值。一旦我们得到了（C）和（B），二者相减即可得到参数（D）的估计。

　　标准工具变量分析为这些比较提供了一个清晰的公式。本质上，这个意向干预估计量（即实验组与对照组之间的平均结果之差）可由一个所谓的"净交叉干预率"来除（被分配到实验组并实际接受了干预条件的样本比例减去被分配到对照组并实际接受了干预条件的样本比例）。这个"净交叉干预率"就是对研究组中的顺从者比例的估计。接下来的这一小节"顺从者平均因果效应估计"中陈述了这一计算公式；附录5.1中将对此公式进行严格的推导，并讨论了一些与工具变量分析相关的其他重要细节。

　　直觉上，工具变量分析根据实验干预分配过程中分配到实验组的样本未必接受干预，且分配对照组的样本也可能会交叉越到实验组的这一事实，简单地调整了样本结果之差。正如其他地方所讨论的那样（见第四章和第九章），这种对干预效应估计方式的调整具有一个非常清楚的理由：我们假设，只有实际接受干预条件的概率之间的差异才能解释干预分配结果之间的差异。这种"排他性约束"在某些情况下会起作用，但在另一些情况下其合理性就会大打折扣。

对顺从者平均因果效应的估计

　　本部分内容将探讨对于顺从者平均因果效应的估计。关于该估计量的详细说明也可参见附录 5.1。在此，正如图 5.4 中所讨论的那样，在自然实验研究组中存在三种类型的样本：只愿意接受干预的样本、永不接受干预的样本和顺从者样本。前两者的平均因果效应为零，因这些样本无论被分入实验组或是对照组，其平均反应值都被假设是相同的。然而不同的是，顺从者样本的平均因果效应可能不会为零，而这也是我们想要估计的数量。

　　顺从者平均因果效应的工具变量估计量可以描述如下：

$$\frac{Y^T - Y^C}{X^T - X^C},\qquad(5.1)$$

其中，Y^T 表示实验组样本的平均结果，而 Y^C 表示对照组样本中的平均结果。因此，上式中分子就表示整个研究组的平均因果效应，即意向干预分析参数（详见补充说明 5.1—5.2）。此外，X^T 表示分配到实验组并最终接受干预的这部分样本比例，X^C 表示分配到对照组但最终却接受了干预的这部分样本比例。因此 $X^T - X^C$ 的差值则为研究组中顺从者的比例。对此更为详细的讨论参见附录5.1。

5.3.2　一个案例：服兵役的影响

安格里斯特（Angrist，1990a）的一项研究充分展示了当存在交叉干预问题时，工具变量设计是如何得以有效使用的。在军队服兵役是否会对士兵日后在劳动力市场的收入产生影响？这个问题很难回答，因为许多混杂变量会对服兵役者和未服兵役者之间可观测的工资差异产生影响（参见第一章）。

安格里斯特（1990a）最终使用了工具变量法来研究兵役服务的工资效应（参见第四章）。在具有随机抽签性质的征兵法案中规定，凡是在1970—1972年，年龄在19岁和20岁的青年将根据其出生日期，随机得到1—366个不同的号码签。[1] 在给定阈值后，拿到的号码签如果低于此值，则该青年将被应征进入该征兵法案。[2] 在1970年该阈值为195，在1971年和1972年该数值分别为125和95（随着越南战争的进行，军队对于征兵的需求出现了下降）。

另外，社会保障部对这些20世纪70年代"是否加入征兵法案"的青年进行了1%的抽样调查，登记了这些青年日后加入劳动力市场的相关收入数据，并在登记过程中将样本序号与其生日进行了

144

---

[1]　1970年的征兵法案的征兵对象同时也包括了那些出生于1944—1949年的人，Angrist（1990a）将这个部分的样本剔除在外，具体原因可参见其论文。

[2]　事实上，体检和心理检测使得许多具有法案资格的人最终没有能够真正服役，并且也只有征兵法案中的样本满足随机分配的特性。

——匹配。这就为安格里斯特（1990a）识别每一个样本与调查他们的税收记录提供了方便。例如，在1981年数据中就可以发现，有5657个白人青年符合1971年的征兵法案资格，而有10858个白人青年则不具有此资格[1]（在安格里斯特的数据中，白种人与非白种人的数据被分开处理，因为这一处理标准来源于其他关于美国劳动力市场研究的分类标准，也许不同人种之间具有收入上的差别）。

表5.2重新复制了安格里斯特（1990a）研究中的数据集，该表展示了1981年所调查的不同组别青年的联邦保险与社会保障性收入，数据显示他们的收入都是非零的。[2]正如在第一章中所讨论的，意向干预分析表明，无论是从绝对数量还是从相对数量上来看，都存在着一定的影响。在符合征兵法案资格的青年组中，平均收入能达到15813.93美元（以当今的美元单位换算），而在不符合征兵法案资格的青年组中，这一数字可达到16172.25美元。因此可以看出被分配进1971年征兵法案的人，其平均收入会降低358.32美元，或者说他们的平均收入比那些对照组青年的收入低了2.2个百分点。[3]

---

[1]　这是一个百分之一的抽样，从当年的税收记录来看，那些符合征兵法案资格的白人青年群体总人口约为565700人，而不符合法案资格的白人则有1085800人。符合法案资格的白人之所以只有不符合资格的人口数目的一半，是因为在1971年的法案征选中，出生日期在第125天的人是符合征兵资格的，而在第231天出生的人则不符合资格。

[2]　我沿用了安格里斯特（1990a）关于社会保障收入非零的论断，尽管零收入额是可能存在的，尤其是在符合法案资格的组中存在零收入，因为他们可能面临战争中的死亡率问题。

[3]　我在此所关注的重点并不是干预下的因果效应估计量的变异性。在安格里斯特（1990b）的研究中，在正常水平下意向干预的估计量是显著的，如果将修正后的标准误考虑进去的话。

145

表5.2　1981年的社会保障部调查(出生于1951年的白人;以美元标准)

	每组的不同比例估计	每组的不同样本量估计	平均收入(美元)
实验组(具有征兵法案资格)		5657	15813.93
志愿者(自始至终愿意接受干预样本)	0.1468	831	
具有法案资格并服兵役(顺从者)	0.1363	771	
拒绝服兵役或体检不合格(永不接收干预样本)	0.7169	4055	
对照组(不具有法案资格)		10858	16172.25
志愿者(自始至终愿意接受干预样本)	0.1468	1594	
如果被分入法案则服兵役(顺从者)	0.1363	1480	
如果被分入法案则拒绝服兵役或者体检不合格(永不接受干预样本)	0.7169	7784	

　　然而,意向干预分析并不能真正地估计出服兵役的影响。毕竟,那些具有潜在征兵法案资格的人也许最终并不会进入军队,或是因为体检不合格、心理测试不过关、去上了大学(越战期间通常会被推迟入伍)或其他原因去了加拿大。安格里斯特(1990a,第315页)的研究显示,在1970年,有将近一半的具有征兵资格的人最终因未能通过入营测试而止步,有20%的人因为未能通过体检而被拒之门外。同样,也有许多不具有法案资格的人最终却自愿入伍。安格里斯特(1990a)通过家庭调查数据与士兵登记数据估计了具有征兵法案资格的人与不具有法案资格的人最终入伍的百分比。

在 1971 年, 这一比例分别达到 28.31% 和 14.68%, [①] 前者只比后者高出了 13.63 个百分点。

那么, 征兵资格对于那些被分配到实验组并最终接受干预, 但对于没有参军资格就不会服兵役的青年而言会有什么样的影响呢? 工具变量分析可以回答这一问题。在这里, 顺从者样本是指那些具有征兵资格并服兵役的青年和那些不具有征兵资格并最终也没有服兵役的青年。自始至终只愿意接受干预的样本就是那些不论是否具有征兵资格都愿意参军的人(从通俗的话来讲即志愿者)。而不接受干预的人则是那些无论是否具有征兵资格都不会去参军的人(这些人中包括拒绝接受征兵法案以及体检不合格的人)。

通常来讲, 在对对照组单独观察的过程中我们很难将拒绝接受干预的样本和顺从者样本区分出来, 因为他们都不具有征兵法案资格且都没有服兵役。然而, 我们知道 1971 年有 14.68% 的人不具有法案资格但是自愿去服兵役了, 那么我们就可以估计出在对照组中愿意接受干预的样本数量为 0.1468×10858, 即约为 1594。此外, 由于实验分配过程是随机的, 因此自愿接受干预的样本比例在实验组中也约为 0.1468。因此, 在那些获得法案资格的人群中, 自愿接受干预样本的数量为 $0.1468 \times 5657 \approx 831$。这一点是由随机性保证的: 在实验组和对照组中不同样本类型的混合比例基本是一致的。

出于同样的道理, 在具有征兵法案资格的人中, 有 28.31% 的青年最终服兵役了。因此有 0.2831×5657, 即约为 1602 的人属于

[①]　在 Angrist(1990a) 的研究中, 关于数据处理的一个不同以往的特征就是, 每次针对不同的青年的收入进行估计时, 所选取的样本都是不同的, 即数据来源于不同的个体, 而并不是来源于那些是否具有征兵法案资格的青年最后进入军队的比例。

始终愿意接受干预的样本以及顺从者样本。由前文可知其中始终
愿意接受干预的样本量为831，所以实验组中顺从者样本量则为
1602–831=771，也就是说在5657人中有711个人为顺从者，其比
例约为13.63%。从而，有4055（5657–831–771）个获得法案资格
但永不接收干预的样本，其比例约为71.68%。

　　在表4.2中，这种方法也能用于计算没有获得法案资格组
的情况。例如，在没有获得征兵法案资格的组中，顺从者样本量
为0.1363 × 10858，即约为1480，而永不接收干预者的样本量为
10858–1594–1480=7784。因而事实上，正是由于随机性所导致的
实验组与对照组的样本类型分布一致，从而才能允许我们在不同的
组中识别出不同类型的样本比例（表5.2的第一列）以及样本数量
（表5.2的第二列），在实验样本越多的情况下，其估计也会越准确。

　　在许多研究中，我们通过观察实验组和对照组可以直接得出这
些类型样本的数量。例如，如果我们想知道在没有获得征兵法案资
格的组中那些自愿入伍青年的收入，那么我们可以直接查看对照组
中那些自愿接受干预者的收入即可。同样的，如果我们观察到那些
具备征兵资格却并未入伍者的收入，我们就可以获知实验组与对照
组中从不接受干预者的收入情况。通过相减可得实验组和对照组
中顺从者样本的收入情况，从而就能够直接估计顺从者样本的干预
效应。

147　　我们无法用安格里斯特（1990a）的数据来做出样本类型的准确
估计，因为越战期间参战士兵的数据与后来的收入调查数据并不相
符（即那些无论是否符合法案资格都去参军的青年的比例数据是来
自于不同的两次抽样调查，这一点将在注释42中有进一步讨论）。

然而，根据附录 5.1 的详细讨论，我们可以建立一系列方程进行求解，从而得到传统工具变量的估计结果。

　　这个估计量可以通过一个简单的分数来进行表示。在分子中，我们有意向干预分析所得到的估计量，即实验组和对照组潜在值的差值。与标准自然实验和断点回归设计类似，均值差估计在工具变量法中也扮演着至关重要的作用。在分母中，我们有最终愿意接受干预的实验组样本和愿意接受干预的对照组样本的比例差。注意，分母是研究组中顺从者样本比例的估计量：毕竟，那些分配到实验组并接受干预的样本既有可能是自始至终愿意接受干预样本，也有可能是顺从者样本，那些被分配到对照组的样本但愿意接受干预的则一定是自始至终愿意接受干预的样本。因而这一差值剔除了从不接受干预者的样本比例，从而得出研究组中顺从者样本比例的估计量。

　　因此，对于 1951 年出生的这些白人来讲，通过工具变量法就可得出服兵役对于他们之中顺从者的影响估计量为：

$$\frac{15813.93 - 16172.25}{0.2831 - 0.1468} = -2628.91$$

这一估计量值反映出，对于那些愿意服从征兵法案的青年而言，服兵役会对其日后收入产生巨大的影响。这一因果效应比通过意向干预分析所得到的因果效应还要强烈。当然，这个估计值仅仅是对于出生于 1951 年的白人而言的，也仅仅是对他们 1981 年的收入进行了估计。我们需要做的是对征兵法案制定的不同年份的效应值都要进行估计，因为对于样本本身而言，他们每一年获得征兵法案资格的概率是不同的。回忆一下每一年法案资格划定的阈值，1970 年是 195，1971 年是 125，而 1972 年这个数字是 95。因此，对于不同的年份而言，样本分配与青年个体的生日是紧密相关的（相对于其他因素而言），而这有可能在理论上存在偏差（参见Gerber 和 Green，2012）。对此，当然也还存在许多不同方式能够对其后收入进行测量（例如，使用社会保险或者总收入，以及 1978 年以后的国家转移支付 W-2），其结论也会有些不同。在安格里斯特（Angrist，1990a，1990b）的研究中，他使用了 1981—1984 年的 W-2 数据，结果发现，服兵役对于日后工资的影响估计值约为 2384 美元，其标准差为 778 美元，或者说，这一影响约为 1981—1984 年正常白人所获得的 W-2 平均转移支付额度的百分之十五，这种影响是显著的。

148

　　然而，此处存在着一些重要的问题。也许最为重要的问题就是"排他性约束"，即征兵法案对于青年收入的这种影响机制是否只是通过它对服兵役行为所施加的作用而进行传递的（见第四章）。毕竟，还有许多抽签号码低于阈值的青年，他们因躲过了征兵法案而进入了大学学习，因此征兵法案对于收入的影响也许还存在另外一个机制，即教育的作用与人力资本的投资。[1]另外一个值得关心的问题就是"失访偏倚"问题：对于获得法案资格的青年来说，他们也许面对的是更高的死亡率（由于参加越南战争的原因），这使得他们在战争中的死亡率与未来收入的潜在结果产生相关性。[2]最后，还

---

　　① 这可能会导致征兵法案资格与日后收入之间存在正相关关系，因此越战期间兵役服务可能会造成比这更大的影响。然而，我们很难知道其中的偏误会有多大，如果不做假设的话这同样很难令人信服。

　　② 如果这种死亡率会以或多或少的随机性方式在士兵中分配的话，那么这也将不是一个问题。另一方面，那些因具有专业技能与受过高等教育而获得更高的市场报

有一点与第一点相关，即服兵役会降低人员收入的这种影响机制很难解释。安格里斯特（1990a）将此归咎于劳动力市场经验的缺乏，然而这个理由的可信度，看起来跟战争经验导致心理创伤（不是简单的因为征兵法案所带来的心理影响）从而导致其劳动力市场收入缩水的解释差不多。我将在接下来的章节对该机制的缺陷进行详细讨论。

5.3.3 "无对抗者"假设

在图 5.4 所描绘的内曼潜在结果模型的扩展中，我们总是将只接受干预者、顺从者与永不接受干预者这三种类型的样本设定为理论上的样本类型。在工具变量法的实际应用中，不得不小心对待这三种样本类型，从而保证其因果推断的合理性。例如，在安格里斯特（1990a）的研究中就曾指出"入伍志愿者"的问题，他们属于自始至终只愿意接受干预的样本类型，即不论是否获得征兵法案资格，他们在服兵役结束后总是能够得到相同的收入。这一点事实上是有可能成立的；但是，可以想象一下会不会有这种情形：有的人当得知自己被分入征兵法案中后无论多么愤怒也会自愿去入伍，而有的人却可能因为未被征兵法案选中也依然参军这一点而感到自豪。[①] 因此，研究者应当经常思考这种假设是否合理：对于某些样本类型而言，无论他们是否被分配进入哪一组，其对于干预条件都具有相同的反应。

149

酬的人会更多地出现在办公室而不是军营里，所以潜在收入会与死亡率息息相关。关于这种对因果推断的威胁性因素的更多讨论，可参见 Green 和 Geber（2012）。

　①　如果这种情况成立的话，那么这就不能满足工具变量中的"排他性约束"条件，即征兵法案的遴选编号将会直接对服兵役的干预结果产生或多或少的影响。

因此，对于工具变量设计而言，还需要另外一个假设，即"无对抗者"假设。这是新的第四种样本类型，并有如下定义：

"对抗者"：如果该样本被分入实验组，则他们不会接受干预；如果该样本被分配进入对照组，则他们会寻求干预。换言之，这些样本总是要做出与分配结果相反的决定。

在安格里斯特（1990a）的上述研究中，那些如果没有法案资格而自愿入伍、有法案资格而拒绝入伍的人就属于对抗者。然而正如上文所指出的，在研究中加入"无对抗者"假设才能保证研究的合理性，但是这种假设往往不能成立。在图 5.4 中"无对抗者"假设已经被隐含地包括在模型中了，[①] 而在附录 5.1 中，将会有关于"无对抗者"假设的更多讨论。

5.3.4　作为工具变量设计的模糊断点回归

现在让我们再回到关于模糊断点回归的讨论中来。回忆一下这种方法，协变量的阈值只能在一定概率上影响样本分布，这种影响并不是决定性的。例如，在一项资格考试中，所有分数低于一个给定阈值的样本都受邀参加一个医疗教育项目，但是也许有的人分数低于阈值但是并不愿意去参加该项目。但是，这些分数稍低于阈值的样本仍然比分数高于阈值者更有可能参与项目，从而邀请阈值附近的样本参与项目的分配方式就是可能是近似随机的。因此，对比阈值两侧附近的样本潜在结果所估计的是"邀请参加医疗教育项

---

①　Imbens 和 Angrist（1994）曾提出了一个与此相关的"单调性"限制假设：对于每单位样本而言，工具变量只能单方向作用于受干预的样本。这与"无对抗者"假设具有相似性。

目"的平均因果效应，而不是项目参与本身的因果效应。这是一种意向干预分析法，其在断点回归分析中的有效性，取决于关键阈值对于样本干预分布的影响是决定性的还是仅仅是概率性的。

　　然而，正如在其他研究中一样，工具变量法是可以针对顺从者估计出该项目的平均因果效应的。在该研究中，顺从者是指那些如果被邀请就去参加该项目，而如果没有受邀就不去参加的人。因为"邀请"只会在阈值以下附近样本中以近似随机的方式进行抽取，而不会针对高于阈值分数的人，所以"是否受邀参加该项目"可以被看作是关于项目参与的一个有效的工具变量，只要"收到邀请"本身除了影响项目参与之外不会对收入等因素造成独立性的影响就好。

　　在 5.3.1 部分（对顺从者样本的平均因果效应估计）中，关于工具变量估计量的等式 5.1 也同样适用于此种情形。正如在式 5.1 中那样，意向干预分析估计量（那些低于阈值的样本的潜在结果减去那些高于阈值的样本的潜在结果）将要除以交叉干预率（那些低于分数线但最终参加项目的样本比例减去那些高于分数线并决定参加的样本比例）。

5.3.5　从顺从者平均效应到线性回归

　　式 5.1 也可以与线性回归分析相结合。一般情况下研究者所设的回归方程为如下形式：

$$Y_i = \alpha + \beta X_i + \varepsilon_i \tag{5.2}$$

其中 Y_i 是因变量，ε_i 是随机扰动项。对于虚拟变量 X_i 而言，当样本 i 得到干预时赋值为 1，而样本 i 未得到干预时赋值为 0。其中参数 α 表示截距项，参数 β 描述了样本受到干预的处理效应。在这个

151　式子中，X_i 和 ε_i 不是互相独立的，这也许是因为存在遗漏变量问题，这些遗漏变量在影响样本 i 进入实验干预的同时还会对因变量 Y_i 产生影响。因此，普通最小二乘法（OLS）在对 β 进行估计的过程中会是有偏且不一致的。[①]

解决该问题的办法就是使用工具变量 Z_i 并使其与 X_i 相关，但是独立于 ε_i。此时如果样本的干预分配能够保证随机性的话，则该工具变量法就是成功的。那么式 5.2 中 β 的工具变量最小二乘法（IVLS）估计量就可表示为：

$$\hat{\beta}_{\text{IVLS}} = \frac{\text{Cov}(Z_i, Y_i)}{\text{Cov}(Z_i, X_i)} \tag{5.3}$$

在该式中，协方差成为数据估计的重要组成部分。注意在式 5.3 中所得到的斜率系数，是由 Y_i 对 Z_i 做回归所得到的系数 $\dfrac{\text{Cov}(Z_i, Y_i)}{\text{Var}(Z_i)}$ 与 X_i 对 Z_i 做回归所得到的系数 $\dfrac{\text{Cov}(Z_i, X_i)}{\text{Var}(Z_i)}$ 的比值所得到的。研究者将 Y_i 对 Z_i 的回归也称作"简约型"回归：这是一种由意向干预所得到的参数值。

从数学结果来看，在二元回归模型中，X_i 作为虚拟二元变量，其工具变量的最小二乘估计量（式 5.3）与顺从者样本的因果效应估计量（式 5.1）是相等的，即：

$$\frac{Y^T - Y^C}{X^T - X^C} \tag{5.4}$$

在这里，Y^T 是指实验组样本的平均结果，Y^C 是指对照组样本的平

均结果。对于虚拟变量 X 而言，X^T 是指实验组样本最终接受干预的比例（即对于干预样本 i 而言取 0 值或 1 值），而 X^C 则是指对照组样本最终接受干预的比例。而式 5.3 和 5.4 中两个估计量的等价性由简单的代数运算即可推导出来（Freedman，2006）。

然而，到目前为止我们所探讨的内容当中，模型 5.2 与内曼模型有本质区别。例如，前者假设所观察到的数据是关于干预效应与随机误差项的可加性函数。干预效应参数值 β 对于所有样本而言是一样的。我们所假设的随机误差项的统计性质（将在下一章进行详细讨论），在随机自然实验设计中通常是不成立的，这与内曼模型有很大的差别。如果在式 5.2 中存在多重干预条件、干预变量具有连续性或者加入更多的协变量，那么该模型与内曼模型的差异就会越来越明显。我将在第九章中回到这些问题的讨论。

在本小节中我们可以总结出如下几点。首先，与其他自然实验相似，一个成功的工具变量设计最为关键的核心在于分配过程的随机性与近似随机性。毕竟，只有具备了随机性的样本分配才能保证我们在 5.3.1 节中对研究组中不同样本类型和潜在结果的参数估计［如（A）-（D）］能够实现。如果样本分配不具备随机性，则内曼模型就不能适用，并且在存在"交叉干预性"的自然实验中（图 5.4），实验组"顺从者样本"的因果效应估计也会出现问题。

事实上，在许多自然实验中，样本分配并非是真正随机性的，这将会带来许多困难。正如不是所有的自然实验都能用工具变量法解决一样，也不是所有的工具变量应用最终都能得到可信的自然实验。原因在于包含工具变量特质的样本自身分配就不是近似随机的，这就会降低该方法的可信度。在实际应用中，研究者通常在

152

多元工具变量回归模型中，即线性回归中加入诸多控制变量。然而，控制变量加得越多，工具变量的自身有效性就会减弱，该模型也就很难再具有自然实验属性。毕竟，所添加的许多协变量都可能存在内生性，即它们会和回归模型的扰动项存在统计相关性（这一点将不符合 IVLS 模型的前提假设）。如果样本分配是完全随机的，那么工具变量就是非常有效的，此时则不需要任何控制变量。研究者应该做的是利用工具变量法得到回归结果，而不是添加控制变量（见第八章）。

其次，对内曼模型的简单扩展能够解释具有交叉干预效应的自然实验，然而当我们远离该模型而更多地考虑线性回归模型时，就必须还要添加许多其他假设——而它们是否具有合理性就不敢保证了（见第九章）。自然实验本身在工具变量设计中起到了至关重要的作用。然而，对于研究者来说，他们应该更多地将目光放在实验设计上还是模型构造上，这主要取决于他们在数据分析中所用到的技术。如果选择使用多元回归模型，则模型背后的假设就是至关重要的，即使这些假设有可能会缺乏可信度并且难以被证实。因此，工具变量法可以处于"基于设计论"与"基于模型论"的两种极端观点之间，取决于实际应用。

最后需要注意的是，工具变量法所估计的是实验样本中的一个特定群体，即那些被分配后接受干预的顺从者样本。它们能够顺从分配结果，并且能够使我们得到干预的因果效应。然而，这种"局部平均因果效应"也许在一般意义上而言并不等于研究组整体受干预时（而不是仅是针对特定分配样本的干预）的平均因果效应。我将在本书的后续章节对此问题进行更一般意义上的分析（见第十章）。

由于工具变量法对于数据解释存在着诸多问题和困难，这使得意向干预在自然实验分析方法中最具可靠性。当然，工具变量法也有其自身的地位，因为意向干预分析并不能识别出征兵法案资格对收入的影响机制，并且会导致处理效应的估计趋于保守。但是，与标准自然实验和断点回归设计相类似的是，研究者确实也应该在工具变量分析中给出未调整的均值差估计结果（或者针对连续性变量时用其他的类似方法）。

5.4 结论

内曼潜在结果模型为我们使用定量方法分析自然实验提供了一个很好的起点。它定义了一些有趣的参数，例如平均因果效应，并且使用该模型的一些方法，例如均值差估计和比例差估计等，在进行参数估计时具有简洁性与透明性，而这些优势使得其在对自然实验问题的数据处理方面具有很高的可信度。因而，均值差估计无论是对标准自然实验、断点回归设计或是工具变量法而言，都是一项重要的分析工具。

当然，如果自然实验设计本身存在问题，那么像均值差估计这样的简单方法可能就无法得到可靠的结论。当研究设计本身较弱时，研究者就需要对数据进行调整以消除混杂因素。然而，这种调整也许会很难成功，因为这不仅仅取决于相关混杂变量的识别和测量，还在于解释数据处理过程的模型本身是否可靠——也就是说，对于实验干预的设计和混杂变量会同时对实验结果产生影响，这中间会带来各种各样的困难，我们将在后续章节讨论（例如，第九章）。

154

　　如果混杂变量能够在实验设计中就被消除掉,则研究者所面临的困难就能在很大程度上得到缓解,至少可以说,能够避免混杂因素是实验设计的一个至关重要的优势。需要再次强调的是,在众多研究当中我们去分辨一个实验是否符合自然实验标准,这取决于它本身的立足点是"基于模型"还是"基于实验设计"。一个具有潜力的能够简洁透明地得到因果效应估计的自然实验往往都是基于实验设计本身的,这一点我们在第一部分结尾时强调过,我也将在后续章节重新强调这一主题(例如,第八章到第十章)。

　　对于一个成功的自然实验而言,我们所要坚守的底线就是尽可能地减少有关数据分析的假设。当实验本身很成功时,分析过程就要简洁、透明且令人信服。在本章中所介绍的诸多分析技术就符合这一标准。

　　本章中主要针对参数估计进行了探讨,例如平均因果效应参数以及对于这些参数的估计,却忽略了参数估计中的偶然变异性。例如,我们应该怎样去理解能够产生可观测性数据的简单随机抽样过程? 如何看待因果效应估计中的标准误? 这些问题我们将在下一章进行探讨。

附录 5.1　顺从者平均因果效应的工具变量估计

　　在这个附录中,我将重新讨论 5.3.1 节中有关使用工具变量对于顺从者平均因果效应的估计问题。正如图 5.4 中所介绍的,在自然实验研究组中有三类样本:自始至终只愿意接受干预的样本、永不接受干预的样本和顺从者样本。如果使用 α、γ、β 分别表示这三类样本在研究组中所占的比例，则有 $\alpha + \gamma + \beta = 1$。这三类样本在实验组的潜在值均值可表示为 $\bar{T} = \dfrac{1}{N}\sum\limits_{i=1}^{N} T_i$，其中 N 表示研究组规模，而对照组均值就可表示为 $\bar{C} = \dfrac{1}{N}\sum\limits_{i=1}^{N} C_i$。则意向干预的平均因果效应的参数就可被定义为：$\bar{T} - \bar{C}$。

然而，平均因果效应在三种不同类型的样本之间是不同的。对于自始至终只愿意接受干预的样本和永不接受干预的样本而言，有：$T_i = C_i$，是因为它们在实验组和对照组的潜在值相同。因此，用 A 来表示自始至终接受干预样本在实验组和对照组中的反应值，用 N 来表示永不接受干预样本的反应值，那么就有 $A - A = N - N = 0$：对于这两种样本而言，其平均因果效应为零。

现在，让我们用 T 和 C 分别表示顺从者样本在实验组和对照组的平均反应值。需要注意的是这些参数是不会被报告出来的，它们还与 $\bar{T}$ 和 $\bar{C}$ 不同，后者表示的是三类样本的潜在值均值。我们的目标是估计 $T - C$，即顺从者的平均因果效应。我们使用图 5.4 中的方法将研究组样本以随机性的方式分配，用 Y^T 表示实验组的平均潜在值，则其期望值可表示为：

$$E\left(Y^T\right) = \alpha A + \gamma N + \beta T \qquad (5.\text{A}1.1)$$

其中，E 表示期望值。换句话说，期望值代表着三种样本类型对于主体样本的潜在值权重，这里权重就是指它们在自然实验研究组中所占到的比例。等式 5.A1.1 展示的是一个期望值：如果我们从研究组中尽可能地抽取最大数量的样本,并观测不同样本类型在受干预状况下的潜在值,则抽样总体的平均潜在值 Y^T 就会无限接近期望值 $E(Y^T)$。[①] 的确,在任意特定的样本规模下, Y^T 都不可能等于 $E(Y^T)$ ——因为针对不同样本类型的随机抽样比例不可能恰好分别等于 α、γ、β。

我们可以用 Y^C 来定义对照组的总体潜在结果,则相似地有:

$$E(Y^C) = \alpha A + \gamma N + \beta C \qquad (5.A1.2)$$

156　为了得到 $T - C$ 的值,我们可以相应地调整式 5.A1.1 和式 5.A1.2。分别有:

$$T = \frac{E(Y^T) - \alpha A - \gamma N}{\beta} \qquad (5.A1.3)$$

和

$$C = \frac{E(Y^C) - \alpha A - \gamma N}{\beta} \qquad (5.A1.4)$$

因此,我们将能够得到:

$$T - C = \frac{E(Y^T) - E(Y^C)}{\beta} \qquad (5.A1.5)$$

那么又该如何估计 $T - C$ 呢?我们首先需要的得到 $E(Y^T)$、$E(Y^C)$ 和 β 的无偏估计量。前两个估计量比较容易获得: Y^T 和 Y^C 就是整体规模(如研究组)的无偏估计量均值,因为实验组和对照组中的样本都是以随机抽样的方式从研究组中获得的。注意等式

---

① 即随机变量 Y^T 的抽样分布的期望值是 $E(Y^T)$。

$E\left(Y^{T}\right)-E\left(Y^{C}\right)=\overline{T}-\overline{C}$ 是成立的，这是一个意向干预的参数。因此，$Y^{T}-Y^{C}$ 的估计值就可用此参数表示。

那么顺从者样本所占研究组的比例 β 的估计量又是多少呢？那些最终得到实验干预的样本比例约为 $\alpha+\beta$，因为这其中包含了始终愿意接受干预的样本和顺从者样本，这一混合比例应该是与整个研究组的样本混合比例相同。当然，当样本容量越大时，这一估计值也将越准确。当然，基于同样的道理，那些在对照组中愿意接受交叉干预的样本，其在对照组中的比例也约为 α。

因此这将能够得出 β 的自然估计量，设 X^{T} 表示为实验组中最终接受干预的样本，设 X^{C} 表示被分配进对照组中最终却愿意接受干预的样本，这些都是随机变量，因为对始终愿意接受干预的样本和顺从者样本而言，它们的精确混合比例在随机抽样中是不可能得到的。因此，我们有：

$$E\left(X^{T}\right)=\alpha+\beta$$
$$E\left(X^{C}\right)=\alpha$$

所以可以得出：

$$E\left(X^{T}-C^{T}\right)=\beta \tag{5.A1.6}$$

因此，通过 5.A1.6 可知，$X^{T}-X^{C}$ 就是 β 的无偏估计量。

为了得到顺从者样本的平均因果效应 $T-C$ 的估计量，我们需要用无偏估计量 $E\left(Y^{T}\right)$、$E\left(Y^{C}\right)$ 和 β 对式 5.A1.5 的等式右侧进行替换。因此，式 5.A1.5 中，$T-C$ 的无偏估计量即为：

$$\frac{Y^{T}-Y^{C}}{X^{T}-X^{C}} \tag{5.A1.7}$$

等式 5.A1.7 就是用虚拟变量作为"是否接受干预",同时运用工具变量所得到的平均因果效应的估计值(Freedman,2006)。

尽管 Y^T、Y^C 和 $X^T - X^C$ 分别是 $E(Y^T)$、$E(Y^C)$ 和 β 的无偏估计量(在式 5.A1.5 中),但由式 5.A1.7 所得到的估计量却不是无偏的。这是由于比率估值偏差问题所导致的:因为在式 5.A1.7 中,分子和分母都是随机变量。然而,这一估计量却是一致的,也就是说:

$$p\lim \frac{Y^T - Y^C}{X^T - X^C} = \frac{p\lim(Y^T - Y^C)}{p\lim(X^T - X^C)} = \frac{\overline{T} - \overline{C}}{\beta} = T - C \quad (5.A1.8)$$

在式 5.A1.8 中,根据斯拉茨基(Slutsky)定理可知第一个等式成立;[①] 而第二个等式成立的原因在于 $Y^T - Y^C$ 和 $X^T - X^C$ 分别是 $\overline{T} - \overline{C}$ 和 β 的一致估计量;[②] 而最后一个等式成立的条件则来自用 $\overline{T} - \overline{C}$ 替换了式 5.A1.5 中的 $E(Y^T) - E(Y^C)$。在这里,"$p\lim$"是指概率极限。总之,式 5.A1.7 中的工具变量估计量有可能遭遇"小样本偏误",但如果样本容量足够庞大的话,它将是 $T - C$ 的最优估计量。更多关于工具变量估计量的讨论可参见伊姆本斯和安格里斯特(Imbens 和 Angrist,1994),安格里斯特、伊姆本斯和鲁宾(Angrist、Imbens 和 Rubin,1996),以及专门对上述问题的阐述可参见弗里德曼(2006)。

---

① 斯拉茨基定理是指,对于一个不是关于 N 的函数的连续性函数 g 而言,存在 $p\lim g(x_N) = g(p\lim x_N)$。

② 这两个估计量都是无偏的。此外,当实验组和对照组样本趋于无限大时,$Y^T - Y^C$ 和 $X^T - X^C$ 的变异程度将会趋于无限小。因此两个估计量也都具有一致性。

附录5.2 断点回归中的均值差估计量是 158
有偏的吗（进一步讨论）？

在本附录中，我们将对上文中所出现的相关重点进行探讨，其中包括如何在断点回归中寻求一个合适的估计量以及为什么简单的差值检验估计量是有偏的。首先，根据伊姆本斯和勒米厄（Imbens 和 Lemieux，2008）所给出的定义，设 $\mu_{\mathrm{l}}(x)=\lim_{z\uparrow x}E\big[C_i\,|\,X=z\big]$ 和 $\mu_{\mathrm{T}}(x)=\lim_{z\downarrow x}E\big[T_i\,|\,X=z\big]$ 分别为分布在阈值点 x 左侧和右侧的，受控制与受干预样本的潜在值回归函数的极限值（如图5.2中所叙述的，潜在值回归函数是指在给定驱动变量情况下，样本潜在值的条件均值）。在这里，X 是驱动变量（例如，可以为强制变量）。

伊姆本斯和勒米厄（Imbens 和 Lemieux，2008）对于（严格）断点回归估计量的定义为：

$$\tau_{\mathrm{RD}} = \mu_{\mathrm{T}}(c) - \mu_{\mathrm{l}}(c)$$

在这里，c 是指"断点"，例如，能决定样本分配的驱动变量 X 的值。需要注意的是这里的估计值只是在断点处的估计值。关于此参数的一个一般性估计量定义为：

$$\hat{\tau}_{\mathrm{RD}} = \frac{\sum_{i=1}^{N} Y_i \cdot 1\{c \le X_i \le c+h\}}{\sum_{i=1}^{N} 1\{c \le X_i \le c+h\}} - \frac{\sum_{i=1}^{N} Y_i \cdot 1\{c-h \le X_i < c\}}{\sum_{i=1}^{N} 1\{c-h \le X_i < c\}} = \overline{Y}_{h\mathrm{T}} - \overline{Y}_{h\mathrm{l}}$$

在上式中，1{·} 所代表的条件是，当样本位于"带宽"里时，取值为 1，否则取值为 0。即简单差值检验的潜在值必须分布在断点回归阈值 c 处的左右两侧长度为 h 的带宽里。

而哈恩、托德和范德克莱（Hahn、Todd 和 Van Der Klaauw，2001），波特（Porter，2003），以及伊姆本斯和勒米厄（2007，第 10 页）却认为，这个一般性核估计量在断点处会存在渐进性偏误，具体情况可通过下式反映：

$$plim\left[\hat{\mu}_r(c) - \hat{\mu}_l(c)\right] - \left[\mu_r(c) - \mu_l(c)\right]$$

$$= \frac{h}{2}\left(\lim_{x\downarrow c}\frac{\partial}{\partial x}\mu(x) + \lim_{x\uparrow c}\frac{\partial}{\partial x}\mu(x)\right) + O\left(h^2\right)$$

在上式中，O 是一个高阶算子，$\hat{\mu}_r(c) - \hat{\mu}_l(c) = \hat{\tau}_{RD}$ 表示差值检验的估计量。以上学者对于该估计量产生怀疑的关键问题在于，在带宽 h 里，潜在值的回归函数在位于断点处的导数值不为零，这里面存在线性偏误。正如在正文部分所说，伊姆本斯和勒米厄（2007，第 10 页）所说的，"我们当然希望导数值为零，即使在这些情况下干预不会起作用，如果导数值非零，则说明协变量会与潜在值存在相关性，这将是一个实验设计中可能存在的最坏的结果"。

然而，这种说法混淆了在 X 的大部分取值范围内对回归协变量进行回归时实际结果函数回归的斜率和潜在结果回归函数的在阈值两侧的导数。为什么对于那些符合实验设计条件的样本而言，它们相比于对照组需要对实验干预做出反应？对此，我们需要再次强调的是，如果对于研究组中的样本而言，其位于任意一侧的潜在值（或是在实验组，或是在对照组）的条件期望存在差异，那么自然实验设计就是失败的，因为这种样本特质的非随机性事实上不符合实验干预条件，在这种情况下，对照组样本就不能对实验组样本构造一个有效的反设事实样本组。

反之，如果自然实验是成功的，那么它在阈值两侧所构造的反设事实样本组是非常有效的，那么潜在值在阈值处的条件期望就应该与图 5.3 中所描绘的殊无二致。也就是说，在阈值附近，两个潜在值的回归函数的斜率应该是平坦的。那么此时我们将会注意到，在带宽 h 中不存在线性偏误，而伊姆本斯和勒米厄（2007）等人对差值检验估计量的质疑将不再成立。

在前文中我们着重关注的是估计量 $\hat{\tau}_{RD}$，接下来我们将关注重 160 点放在参数 $\bar{\tau}_{RD}$ 本身上。出于对 $\bar{\tau}_{RD}$ 的定义，也许会让人产生误解，以为我们只将关注目光放在断点处的潜在值回归函数上。尽管我们在对断点回归设计中的技术性分析——尤其是观察阈值处的潜在值函数是否平滑，能够强有力地帮助我们做出因果效应识别，但是在实际运用中，仅仅通过这种依靠因果参数的定义来求结果是不够的，我们无法将其准确应用到一个在阈值处具有近似随机性的成功的自然实验中去。相反，我们需要考虑的是对样本单位在阈值附近的平均因果效应的估计，因此，如果内曼模型成立，我们应该更多地关注于潜在值的期望值 $\mu\left(x \mid x \in [c, c+h]\right)$ 和 $\mu\left(x \mid x \in [c-h, c]\right)$ 的比较，其中，c 是指断点回归阈值，h 指带宽——当选定带宽时，我们就能够得出区间内的随机样本 $x \in [c-h, c+h]$。在内曼模型中，这些期望值能够准确估计断点回归研究组内样本的平均因果效应。

的确，在讨论中我们还遗留了一些重要问题，即如何选择带宽

h，以及我经常提到的，如何能对近似随机性分配假设进行一个大概的估计。如果这些条件都能得到满足的话，那么在断点回归设计中，差值检验就是在所有因果估计量中的最优无偏估计量。

练　习

5.1）在第四章的讨论中可知，伊耶（Iyer, 2010）比较了印度殖民时代那些由英国政府控制和由本土地方控制的地区的公共品供给问题。其中有的地区因为缺乏自然继承人而被英国政府强制管辖，这些都是由在 1848—1856 年，印度中央政府总督达尔豪西伯爵对于地方控制地区所颁布了一项新政策所导致的：

"我宣布，除非有一些特殊的政治因素和理由，否则当自治区缺少自然继承人时，如果统治者领养继承人的要求被政府驳回，那么这些地区的领土将直接受到英国政府管辖。"伊耶认为，如果自然继承人的死亡可以被认为是近似随机的，那么这就为直接殖民制度的工具变量选取创造了条件。

（a）在这个自然实验设计中，近似随机性假设的合理性是如何体现的？你将用什么经验研究方法对这种近似随机性进行有效性检验？

（b）在本案例中，顺从者样本、自始至终愿意接受干预样本和永不接收干预样本以及抗拒者样本分别都是什么？"无抗拒者"假设是否能够成立？如果要使用工具变量法，列举出其他所有需要满足该条件的假设。

5.2）在 20 世纪 60 年代，"大纽约健康保险计划"开展了一项临床试验研究，他们想观察 X 光疗法对乳腺癌发病率的影响。研究者邀请了年龄在 40 到 64 岁之间的 31000 名妇女每年来参加临床检查与钼靶摄影——对乳腺癌的一种 X 光检查。大约有三分之二也就是 20200 名妇女接受了拍 X 光的邀请，而另外三分之一则拒绝参加。在对照组中，有 31000 名妇女接受了健康状况调查（她们中没有人自己做过钼靶摄影，因为在那个年代以此方法检查乳腺癌的技术还非常少见）。因此在研究组中共有 62000 名妇女，而且这种邀请函的发放也是随机的。在表 5.E2 中，展示了弗里德曼（2009，第 4—5 页，第 15 页）所做的研究调查，关于妇女接受该检查五年后因乳腺癌所导致的死亡率问题。同时也列举了在实验组中，那些愿意接受检查与不愿意介绍检查的人因其他原因所导致的死亡率问题（在实验组中，这两个类型的样本是可以区分开的，162 为什么？）。

表 5.E2　因乳腺癌或其他原因所导致的死亡率
（来自"大纽约健康保险计划"的研究）

	样本规模	因乳腺癌造成的死亡	每 1000 名妇女的死亡率	其他原因造成的死亡	每 1000 名妇女的死亡率
实验组样本					
愿意接受 X 光检查的人数	20200	23	1.14	428	21.19
拒绝接受 X 光检查的人数	10800	16	1.48	409	37.87
总体人数	31000	39	1.26	837	27.00

续表

	样本规模	因乳腺癌造成的死亡	每 1000 名妇女的死亡率	其他原因造成的死亡	每 1000 名妇女的死亡率
对照组样本					
有可能接受 X 光检查的人数	——	——			
有可能拒绝 X 光检查的人数	——	——			
总体人数	31000	63	2.03	879	28.35

现在，回答下列问题：

（a）这是一个自然实验吗？

（b）该实验中，关于妇女是否愿意接受 X 光检查的设计看起来是自然的。为什么？它是一个不好的实验设计吗？在上表中有什么证据可以证明？

（c）在该实验中意向干预是怎样体现的？对该意向干预的结果进行准确估计。在该意向干预分析中存在怎样的局限性？

（d）在该实验中，存在单向交叉干预还是双向交叉干预？解释两者之间的差异。

（e）在表的第一列中，对于对照组样本而言，那些愿意接受 X 光检查和不愿意接受 X 光检查的妇女人数是不可观测的（在表中用"——"表示）。为什么这两个变量不可观测？寻找这两个变量的无偏估计量并填写在上表中。你寻找无偏估计量将要遵循的原理是什么（或者说，为什么它们会是无偏的）？

（f）在研究组中，自始至终愿意接受干预样本、永不接受干预样本和顺从者样本的比例分别占多少？

（g）在实验组中，顺从者样本的死亡率是多少（"每1000名妇女中的死亡率"是指死亡人数除以总体样本规模再乘以1000）？

（h）估计出对照组中顺从者样本和永不接受干预样本的死亡率，并完成以下问题：

首先，在对照组中，估计出因乳腺癌而死亡的永不接收干预样本的人数。为什么这个变量是不可观测的？你所做的估计依据是什么？

其次，在对照组中，利用你所掌握的信息，估计出因乳腺癌而死亡的顺从者样本人数，并利用该估计值估计出对照组中，顺从者样本和永不接受干预样本的每1000名妇女的死亡率。

（i）利用（h）中所得到的信息，估计出实验干预对顺从者死亡率的影响。

（j）利用第5.3.1节（"对顺从者样本的平均因果效应的估计"）的公式5.1，使用你所得到的各个变量和工具变量法进行参数估计，比较其与（i）中的结果，并说明为什么它们会相等？ 163

（k）附加题：注意到对照组中的顺从者样本因乳腺癌导致的死亡率要高于永不接受干预样本的死亡率。为什么会出现这种情况？（提示：生孩子可以有效抑制乳腺癌。对于顺从者而言，表格最后两列数据会给顺从者什么样的提示？他们的行为是如何与生育行为相联系起来的？）

5.3）关于实验干预对顺从者的影响问题。试完成弗里德曼（2009，第四章）讨论练习题的第21题，并在弗里德曼（2009）的第

252 页"参考答案"部分查询相关数据。

（a）在对照组中，哪些样本属于"自始至终愿意接受干预"的样本？在实验组中，哪些样本属于"永不接受干预"的样本？

（b）估计出实验干预对顺从者样本的因果效应。展示你的工作并将其与意向干预分析的结果做对比。

（c）如果意向干预分析显示，实验干预的因果效应为零，那么对顺从者样本的实验干预结果可能是非零的吗？为什么？

5.4）下载关于格林（Green，2009）等人研究的相关模拟数据〔数据和模拟编码可以通过耶鲁大学"社会与政策研究中心"的数据集中获得，http://isps.research.yale.edu/，但该项目数据只有 R 语言形式（R 语言小组 2008）。在格林等人的研究中还包括了伊姆本斯和卡利亚纳拉曼（Imbens 和 Kalyanaraman，2009）关于"带宽"选择的相关研究。具体的 Stata 语言的数据（Stata 公司制作发行 2009）可在下列网址下载：www.economics.harvard.edu/faculty/imbens/software_imbens〕。

（a）重复格林等人的每一项研究结果，包括整个交叉干预的过程。

（b）对断点回归阈值处展开由麦克拉里（McCrary，2007）提出的条件密度检验。

（c）比较不同带宽长度下的简单差值检验估计量，根据本章中所建议的"带宽"选择长度，考察在当"带宽"处于哪种程度下时，简单差值检验最为成功？并比较差值检验和多项式回归结果。

5.5）根据附录 5.1 中所言，当公式 5.A1.7 的分子分母都是随机变量时，工具变量估计量将会存在比率估值偏差。为什么分子和分母会是随机变量呢？

第六章　抽样过程与标准误

前一章中已经介绍了内曼因果模型，将其作为研究许多自然实验问题的一个很好的起点。其中，关于平均处理效应等参数的定义也已在该随机模型中做了相关讨论，然而，关于这些参数的估计，例如实验组和对照组的可观测的均值差估计量，往往会依赖于其随机性数据生成过程。内曼模型实际上描述了这样一个过程：研究组的样本被以随机抽样的方式分配到了相关的实验组和对照组。

正因为这种抽样过程具有随机性，故诸如均值差之类的估计量会在其数据生成过程中得到大量不同的实验结果。假设一个自然实验不停地重复进行，并且通过随机抽签的方式将样本随机分配到实验组和对照组中，那么由于随机误差的存在，每次所得到的样本数据都会不同。许多第一次进入实验组的样本第二次就有可能进入对照组，或者先进入对照组的样本随后进入了实验组。因此，在每一次所进行的假设性重复实验中，所观测到的差值检验结果都会存在差异。这种结果的差异性分布被称为均值差估计量的抽样分布。关于这个抽样分布分散度的一个自然的估计就是抽样分布的标准差，即标准误。标准误作为一个估计量，其所表达的意义就是：在任意给定次数的重复抽样过程中，所观察到的均值差与抽样分布估计量的真实均值之间的差异度。

当然，大自然中并不会存在两次完全相同的自然实验（在下文中我们甚至将会讨论将一个给定的自然实验进行假设性随机重复的说法是否具有合理性）。所以我们只能对每一次数据处理所得的给定样本进行分析。如果由数据所得的模型本身是正确的，那么根据统计学理论就可知道，如何利用自然实验中由每一次数据推断所得参数的抽样分布，来估计出它的标准误。这一估计过程在内曼模型中同样具有简洁性与透明性。也就是说，均值差估计方法不仅可以为平均处理效应的估计带来简洁性，同样它的标准误估计也具有与此相同的相关特性。本章将介绍如何在内曼模型中对均值差估计量的标准误进行估计。

本章还会介绍许多其他的有关自然实验的重要主题。许多自然实验设计所具有的共同特征就是它们的样本分配符合整群随机性，即被分配到实验组和对照组的样本不是以个体形式出现的，而是以群体形式进行分配的。因而内曼模型必须适应这种整群随机抽样特征。假设个体层面具备随机性，对于分析具有整群随机性特征的样本而言就会出现误导，正如本章将要讨论的那样。

最后，本章还将对"假设检验"进行探讨。当自然实验非常庞大，研究组拥有大量样本时，传统的 t 检验和 z 检验都是有效的。但当研究组样本容量较小时，其他检验工具可能也有用：例如，费雪精确检验（也被称为"随机性检验"，即随机性推断的使用）就是一项特别有效的方法。该方法能让我们在不需要潜在结果分布的参数假设和相关分布 p 值的计算，就能得到均值差估计量的精确抽样分布。然而，该检验基于不存在个体单位层面上的因果效应的严格原假设，这一假设是否是最为适当的原假设，取决于具体应用情况。

6.1 内曼模型中的标准误

正如我们在前一章所谈到的,样本潜在结果的随机抽样是内曼模型的核心问题(参见图5.1)。在模型中,抽样过程的随机性与近似随机性在两个方面扮演着至关重要的角色。首先,除了随机误差之外,随机性保证了分配到实验组的样本和分配到对照组的样本是同质的,它们仅有的差别就是是否接受实验干预。但是,关于自然实验的这一重要特质也不能被过分夸大,例如,随机性保证了实验组和对照组样本的平均结果的差值是平均处理效应的无偏估计量。但是,自然实验的这种简单而透明的定量分析方法的价值还取决于其对于潜在结果随机抽样过程的真实性。

其次,与本章所讨论的问题更为相关的问题是,由于随机过程或近似随机过程的存在,p- 值和检验统计量只能被赋予传统的统计学解释。正如费雪(Fisher,〔1935〕,1951,第19—21页)所指出的:

"(实验组和对照组样本单位分配过程的)随机性是实验程序有效的根本保证。这事实上是实验过程中明确引入样本分配方式随机性特征的唯一关键点……可以说,只有确保样本分配方式的随机性,才能保证显著性检验的有效性,从而才能判断实验结果的可靠性。"[1]

因此,样本分配方式的随机化过程保证了统计推断的合理

---

[1] 关于此问题的讨论曾出现在著名的"女士品茶"的自然实验中(Fisher,〔1935〕,1951)。

性——若没有这样一个随机化过程，统计检验也就失去了意义。

在讨论关于因果效应是否由随机干扰造成之前，这将又会引发一个更为基本问题：自然实验中的随机性到底是什么意思？在许多自然实验中，除了那些抽签研究和其他具备真实随机性的研究之外，实验的干预分配过程并不会被随机过程所完全决定。正是这个原因，研究者才想确定，某个实验的干预分配过程在多大程度上会具有真实随机性。研究者应该考虑这个问题：随机过程以及各种统计推断程序是如何在数据处理过程中产生的？这就如同近似随机性分配也会存在风险一样，事实上，在实验组和对照组的样本分配过程中，并不存在如同抽签之类的真正随机性的程序。若真实的实验样本分配过程距离真实随机性的性质越远的话，则标准误估计的有效性和统计检验的显著性将会越来越难以得到保证。

在实际操作中还要注意许多其他重要问题。标准误（即在因果效应估计量中我们对于不确定性的估计）是如何计算的？以及假设检验是如何进行的（例如，对"不存在平均处理效应"的原假设进行检验）？自然实验也对这些问题提供了简洁而透明的解决方法，这些方法也很容易进行解释。

回顾一下，在自然实验中，实验组可以被看成是由如图 5.1 所描述的抽签方式所决定的一个随机的（或近似随机的）样本。因此，实验组样本平均结果就是干预条件的平均潜在结果（即票盒中每一张票的干预价值的平均）的一个无偏估计量。类似地，对照组的平均结果是控制条件下平均潜在结果的一个无偏估计量。因此，两个组的均值差就是平均因果效应的一个估计量。这其中的思想就是，在不同的随机化或近似随机化过程下，实验结果也应当有所不同。

　　为了估计抽样变异性在特定数据中产生特定均值差（即所估计的因果效应）过程中的重要性，研究者往往需要使用"标准误"这一估计量进行衡量。回想一下，一个随机样本的均值本身就是一个随机变量：根据随机抽样的偶然性，样本均值在一个特定的样本中取得一个特定的值，而在另一个特定的样本中又会取得另外一个特定的值。样本均值的概率分布的方差也被称为样本均值的抽样方差。抽样方差的大小取决于总体方差（即票盒中票数的方差）以及样本容量。为了从一个样本中估计出抽样方差，我们可以利用统计学原理来分析：

　　"在一次独立的随机抽样过程中，抽样方差由样本方差除以样本容量来估计。"

　　根据内曼模型，实验组的样本结果值就等于图 5.1 中票盒中干预条件所对应的票数的随机样本的均值。[1] 因此，该均值的抽样方差等于干预组样本的经验方差除以受干预组的样本容量。同样地，对照组均值的抽样方差等于对照组样本的经验方差除以对照组的样本容量。[2]

　　因此，我们已经有了实验组和对照组均值的抽样方差估计。但是，实验组和对照组的均值差的抽样方差又该如何估计呢？在此，我们仍然依照统计学原理来分析两个独立样本组的均值差估计

---

　　① 在简单随机抽样过程中也许不成立，假设我们采取重复性抽样，所以每一次抽样所得概率都会与前一次抽样相关。但尽管如此，为什么文中和附录 6.1 中所给出的相关计算方法还依然有效？我们将在下文中讨论这个问题。

　　② 在计算实验组和研究组经验方差的过程中，样本的离差平方和应当除以组内样本量减一。在分母中减一是因为，离差平方和是通过抽样的样本所得到的，而不是通过总体样本所得到的。由于这中间存在自由度的关系，所有抽样观测值的方差可以被当作总体潜在结果方差的无偏估计量。

问题：

"均值差的方差就等于抽样方差之和。"

接下来，我们想探讨的问题是平均处理效应的标准误该如何计算？首先，研究者需要估计出实验组和对照组的抽样方差，即基于如下公式：用实验组和对照组样本方差除以其样本容量（实验组和对照组的样本方差即为样本的离差平方和与样本容量减一的比值，参见补充说明6.1）。其次，如果实验组和对照组是相互独立的话，将两个抽样方差相加，因为抽样分布的总体离散程度就是两个组内抽样的离散程度的加总。最后，由于标准误是方差的平方根，因此对于两个组的差值即平均处理效应的估计量而言，有：

"标准误等于方差和的平方根。"

总之，为了估计标准误，研究者需要注意如下两点：(i)假设在有放回的随机抽样情况下，分别计算实验组和对照组的标准误；(ii)假设在这两个样本相互独立的情况下，将两个标准误进行组合（Freedman、Pisani和Purves，2007，第510页）。补充说明6.1对这种估计过程进行了严格推导。

170

补充说明6.1　内曼模型中的标准误

对于整个研究组样本而言，实验组的样本潜在值方差可用

$$\sigma^2 = \frac{1}{N}\sum_{i=1}^{N}\left(T_i - \bar{T}\right)^2$$ 进行表示，而对照组的样本潜在值方差可用

$$\delta^2 = \frac{1}{N}\sum_{i=1}^{N}\left(C_i - \bar{C}\right)^2$$ 进行表示。其中，研究组样本中一个样本容量为 n 的子集被随机分配给了实验组，通常情况下我们可用 $i=1, \cdots, n$ 来对个体样本进行表示；而将 $m(=N-n)$ 个样本分配到对照组。同时，用 Y^T 表示实

验组潜在值，用 Y^c 表示对照组潜在值，它们分别是 $\bar{T}$ 和 $\bar{C}$ 的估计量。

那么如何估计这些估计量的方差呢？其中随机变量 Y^T 的抽样方差可用 $\dfrac{\hat{\sigma}^2}{n}$ 表示，其中 $\hat{\sigma}^2$ 作为实验组中样本的方差，有 $\hat{\sigma}^2 = \dfrac{1}{n-1}\sum_{i=1}^{n}(T_i - Y^T)^2$，而 T_i 则表示实验组的可观测到的样本潜在值。同理，随机变量 Y^c 可用 $\dfrac{\hat{\delta}^2}{m}$ 表示，其中 $\hat{\delta}^2$ 作为对照组中的样本方差，有 $\hat{\delta}^2 = \dfrac{1}{m-1}\sum_{i=n+1}^{N}(C_i - Y^c)^2$（在这些公式所代表的抽样过程中，每次所抽样本都存在差异，尽管自然实验的研究组样本是给定的，具体基于不同样本抽样的原因，我们将在附录 6.1 中探讨）。在上式中，我们分别用 $\hat{\sigma}^2$ 和 $\hat{\delta}^2$ 除以 $n-1$ 和 $m-1$ 而不是除以 n 和 m，这是因为该式所代表的是抽样行为，而不能够反映研究组中受干预和受控制样本的真实平均潜在结果。因此，对于实验组和对照组中可观测到的结果 T_i 和 C_i 而言，其分别只存在 $n-1$ 和 $m-1$ 的自由度。基于这些统计方法修正，就可得到 σ^2 和 δ^2 的无偏估计量 $\hat{\sigma}^2$ 和 $\hat{\delta}^2$。

在每个组中，标准误不过就是其样本方差的平方根。因为均值差估计的方差值十分接近抽样方差之和（参见附录 6.1），所以关于均值差估计量的标准误的一个较为保守的估计量就可表示为：

$$\widehat{SE} = \sqrt{\dfrac{\hat{\sigma}^2}{n} + \dfrac{\hat{\delta}^2}{m}}$$

也就是说，均值差估计量就是方差和的平方根。均值差的标准误估计已经被包含在了标准统计软件分析包里，例如，基于 t 检验命令，其中两个组的方差可以不一样（在扩展内容 6.2 中有一个相关案例）。

有些读者也许已经发现，根据内曼模型，我们并没有进行独立 171 的随机抽样。事实上，实验组和对照组的抽样过程是存在相关关系的：如果那些具有较大潜在值的样本全部进入了实验组而没有被得以控制，则实验组和对照组的潜在结果就受到了干预分配本身的影响。[①]然而通常来说，基于独立抽样的假设所推导出的方差的计算方法依然是有效的（Freedman、Pisani 和 Purves，2007，第 508—511 页）。

至于有效性成立的理由，简单地说，就是因为我们在图 5.1 中的票盒抽签过程是无放回随机抽样。也就是说，在每次抽样之后票盒中的样本不会被放回。[②]尽管抽样的第一个特征（实验组与对照组的非独立性）会增大标准误，但是第二个特征却让其相应降低了。[③]因此造成的结果，正如附录 6.1 中所示，会最终导致标准误增量相互平衡（Freedman、Pisani 和 Purves，2007，A32-A34，n. 11）。抽样的独立性假设会使得标准误的估计过程中趋于保守，但是对于因果推断的有效性却提供强有力的保障。因此，当我们估计标准误时，就假设实验组和对照组样本是相互独立的。

最后一个所关注的主题就是假设检验。为了估计一个平均处理效应的大小，我们需要回答以下问题：实验组和对照组的潜在结

①　通常情况下，在所有样本中，实验组潜在结果应该与对照组的潜在结果存在正相关关系。例如，在一个动员投票实验中，对于样本 i 而言，他即使在没有被动员的情况下也会产生投票行为，而在动员的情况下，这一行为具有非常可靠的稳定性不会发生改变；而对于样本 j 而言，如果没有被动员则他不会选择去投票，如果被动员了，则他很有可能产生投票行为。如果许多具有显著潜在结果的样本被分配到实验组，而少量被分配到对照组，则 Y^T 和 Y^C 有可能存在负相关。这种存在于实验组和对照组样本的相关性在小样本实验中更加明显。

②　这意味着抽样之间不是相互独立的且不符合同分布——第一次抽样决定了第二次抽样的概率分布，从而以此类推。

③　也就是说当进行重复性抽样时，如果我们不考虑组内相关系数，所估计的标准误会大于真实的标准误。这是因为我们进行的是重复性实验，所以盒中的样本在我们每一次抽样过程中变异程度很小。另一方面，如果我们不考虑相关性，则潜在的结果差值的标准误会低于真实标准误。

果差值是否会发生随机性的增加？对于大小合适的实验而言，由于中心极限定理，当实验组和对照组样本量逐渐增大时，样本均值的抽样分布将会逐渐趋于正态分布且拟合程度越来越好，尽管潜在结果的分布是非正态的。[①]由于这种拟合性质会越来越高，对实验组和对照组样本赋予正态性假设则往往就是成立的，尽管它们的样本容量也许只有 25 或 50。[②] 172

研究者经常使用 t 检验来代替 z 检验，因为是 t 分布在样本容量逐渐增大时会收敛于正态分布，两者在中等规模的自然实验中基本上没有太大差别。然而，在小样本自然实验中，潜在结果正态分布的假设（正如 t 检验所要求的）就很有问题了。在这种情况下，费雪精确检验（Fisher，〔1935〕，1951，将在下文讨论）可能就有用了。然而，在大样本自然实验中，费雪精确检验将会与那些收敛于正态分布的检验方法所得到的结果是一致的。[③]

总而言之，在强自然实验中，近似随机性的假设将会是非常合理的，因而分析者就拥有简单而透明的数据分析工具。在一个中等规模的自然实验中，以及在最为简单的情形下（即只有一个实验组和对照组的情形下），都涉及四个主要的步骤来进行假设检验：

（1）计算实验组和对照组的样本结果（或比例）均值。

（2）计算两个组的均值差，估计平均因果效应。

（3）计算均值差估计量的标准误，即两个组抽样方差之和的平

---

① 关于重复性抽样的中心极限定理的应用，请参见 Hajek（1960）或者 Hoglund（1978）。

② 关于抽样分布拟合的说明，还可参见 Freedman、Pisani 和 Purves（2007）。

③ 也就是说，由于中心极限定理的作用，这种抽样分布最终还是会接近正态分布。

方根。

（4）使用 z 检验或 t 检验进行假设检验。最好详细说明实验组和对照组的方差差异，特别是当两个组样本容量不相等时。

在小样本实验中，第四步"假设检验"需要使用费雪精确检验，而不是 z 检验和 t 检验。具体细节将在下文中讨论。

由以上步骤所得到的假设检验与标准多元回归模型的假设检验相比具有简洁性。上述均值差检验不同于用以刻画实验干预过程的二元回归模型（拥有一个截距和一个描述干预条件的虚拟变量）：例如，如果内曼模型成立，回归分析所产生的标准误就不再适用了。[①] 当回归模型中添加了诸多协变量时，多元回归分析的问题甚至变得更加严重。[②]

总之，内曼模型验证了一个通过估计实验组和对照组样本潜在结果均值差来估计平均因果效应的简单程序。在一个定义良好、合理可信的统计模型中，该均值差的方差可以通过样本均值的方差之和来进行估计。最后，当进行假设检验的时候，既可以利用一些著名的统计原理，譬如中心极限定理，也可以使用针对小样本自然实

[①]　请看练习6.6或者参见第九章。例如，基于内曼模型所得到的估计量能够自动调整实验组和对照组中抽样方差不均衡的现象。这种不均衡可能来自于实验组和对照组样本容量的差异或是潜在结果的方差存在较大差异（例如，如果实验干预效应具有异质性，实验组的潜在结果就可能具有较大的方差）。在二变量回归过程中，这种关于实验组和对照组间异方差性的调整能够反映在内曼模型的估计量中（参见 Alia Samii 和 Aronow，2012）。而对于回归模型而言，如果它不能很好地反映整个真实数据的处理过程，则上述问题将会造成困扰，因为还有其他的许多偏误来源没有被充分考虑进去。

[②]　正如我将在下文探讨的，实验干预效应的估计量会包含有可以被接受的偏差，尤其是在小样本实验中。在调整后，估计的方差有可能会大于或小于真实方差，但标准误估计方法仍然不能应用于回归分析中（Freedman，2008a，2008b；D. Green，2009）。

验的精确 p- 值。因此,内曼模型为自然实验提供了简洁、透明且高度可信的定量分析方法。

6.1.1　断点回归与工具变量设计中的标准误

现在我们的讨论又回到断点回归设计。正如上一章所讨论的,一旦研究者定义了阈值两侧附近的带宽,其样本分配过程遵照近似随机性假设,那么就可以使用内曼模型进行分析。同时,那些研究组样本将会分布在阈值两侧的带宽内,并通过实验组和对照组结果之间的差值来估计出平均处理效应。平均处理效应估计的方差保守估计为实验组样本均值的抽样方差加上对照组样本均值抽样方差的估计值,同时,对该结果开方就可得到平均处理效应的标准误。最后,可以通过将均值差除以标准误,依据标准正态分布或 t 分布进行假设检验。当阈值两侧附近的样本量较少时,可以通过费雪精确检验作为替代方法。

然而,还有部分研究者对于均值差估计量的方差和该假设检验方法表示忧虑。例如,正如西斯尔思韦特和坎贝尔(Thistlethwaite 和 Campbell, 1960, 第 314 页)针对均值差估计量的 t 检验所做的叙述:"尽管它也许具有显著性,但是并没有用,因为它将无法对函数在其他始料未及之处出现了具有相同显著性的'断点'做出解释"。然而,这种论断也许忽略了随机变异性的作用。如果在断点回归阈值处的样本分配是随机或近似随机的,那么我们仍然可以期待有百分之五的可能性出现显著的"断点",即阈值两侧结果的均值具有显著的差异。当考虑方差问题时,在其他疑似"断点"处(即那些"始料未及之处")所具有的 t 检验显著程度将与在该阈值处的

174

假设检验无关。[①] 我们在研究中所遵循的原则就是，当研究组样本分布在阈值两侧附近时，我们就可以使用内曼模型来解决问题，即可通过简单的统计公式来计算出平均处理效应估计量的方差。如果内曼模型不可用，我们则需要反思可能该自然实验设计本身就存在问题。

　　对于工具变量法以及模糊断点回归设计（即干预阈值对于样本分配不会起到决定性作用）而言，事情将变得更为复杂。[②] 正如在上一章中所说的，如果只存在两个组（例如实验组和对照组），且工具变量是一个二值变量，那么估计量将会是一个比例（参见 5.3.1 部分，"对顺从者的平均处理效应"估计），其中分子是意向干预分析的估计量（即均值差估计），而分母则是净交叉干预率（即实验组中样本接受干预的比例减去对照组中样本接受干预的比例）。因此，该比值的估计量中存在两个随机变量：分子的随机变量取决于样本分配的随机性，而分母中的随机变量则取决于在实验组和对照组中，始终只接受干预的样本、顺从者样本和永不接受干预样本的分配比例。因此，该比值不仅会在小样本中存在对顺从者处理效应的估计偏差（附录 5.1）——它会是一致但有偏的，同时也会对该估计量的方差估计带来困难。因此，在许多标准统计分析包中将使用 delta 方法，这是一种以线性逼近（通过泰勒级数展开）的手段来估

---

　　① 即"安慰剂检验"——这一概念将在第八章中探讨。它是指在非关键阈值的其他阈值处所进行的因果效应估计，而这些因果效应在有的断点回归设计中也常常扮演重要角色。

　　② 对于模糊断点回归和工具变量法而言，差值检验的简单方差估计是具有相关性的：差值检验所估计得到的是意向干预参数，而意向干预分析却在工具变量法和模糊断点回归中扮演重要角色。

计非线性估计量的方法，比如对两个方差的比值的估计。另外，自举法（Bootstraping）以及其他一些方法也同样有效，但对这些方法的探讨超出本章的范围。[①] 在实践中，研究者通常会报告关于工具变量回归结果的标准误，[②] 其中实验干预分配过程被作为工具变量。

6.2 对整群随机性的处理

在最为简单的内曼模型中，个体票签被以随机抽签的方式分配到不同实验组和对照组中（图 5.1）。对于每张票签而言，根据它所代表的样本分配结果，我们可以观察到它在受干预或受控制之下的潜在结果。在许多自然实验中，例如阿根廷的土地产权研究或是约翰·斯诺的霍乱传播研究，它们的实验设计能够准确地描绘与解释数据生成过程。[③]

然而，在其他一些自然实验中，受干预样本是以整群为单位进行分配的，因此内曼模型可能会不成立。例如，对于边界问题的研究。我们来考虑波斯纳（Posner, 2004）对于赞比亚和马拉维种族问题的探讨（参见第二章）。波斯纳考察了两个国家边界处的样本个体的种族态度问题，其目的是为了估计出居住在边界两侧（即接受

---

① Angrist 和 Pischke（2008）以及 Freedman（2009）同时对相关技术分析做了介绍，建议读者进行进一步阅读和了解。

② 在 Stata 11 中该命令为 ivregress outcome (treatment_receipt=treatment_assignment)，其中 outcome 为响应变量，treatment_receipt 是内生性的独立变量，treatment_assignment 是工具变量（StataCorp, 2009）。

③ 然而，对于标准内曼模型而言还是存在许多潜在威胁——例如平稳性单元干预值假设（SUTVA）可能不成立。这一内容将会在第七章和第九章中进行探讨。

不同的政治制度和环境）的个体其居住环境对于自身政治偏好的影响，比如，他们是否愿意给不同种族的政治候选人进行投票。[①] 注意，居住在边界同侧的所有样本都面临相同的投票规则和其他制度，因此在自然实验中，对于这个整群性样本而言他们都接受了相同的实验干预。这种整群抽样的方式常常出现在许多关于"管辖边界"问题的研究中——例如米格尔（Miguel, 2004）对于肯尼亚和坦桑尼亚的研究，他探讨的是两个国家的建设策略对于边界两侧不同群众的影响；卡德和克鲁格（Card 和 Krueger, 1994）的研究，他们研究的是美国新泽西州和宾夕法尼亚州所实施的不同最低工资法对于边界两侧快餐店的就业情况影响。在另外一些自然实验中，整群抽样也许是调查者的一种样本收集策略，例如，实验采取对同一水平的村庄、城市、省或其他合并样本的分配与干预，并对同一群体的结果进行估计（也许这样做是出于成本考虑）。[②] 总之，整群随机性或是近似的整群随机性在自然实验中经常出现，毕竟这种随机性是研究者自己所无法控制实施的。[③]

　　问题在于，对于不同的实验组和对照组而言，基于样本个体的随机性分配方式与基于群体的样本分配方式存在着较大偏差。正

---

　　① Posner（2004）的该研究中，假设中考虑了相关族群的规模和族群内部的选举竞争模式所可能带来的影响。

　　② 在 Dunning（2016b）的基于印度种姓制下的选举配额的自然实验研究中，每个选取委员会都需接受一样的选举制度。即为低种姓人群保留一定的"委员会主席"这一职位的配额。因为所调查的村庄分散在印度卡纳塔克邦的六个偏远地区，所以研究者通过采取调查访谈的方式，从每个村庄中只选出 10 个村民并将其分配到实验组或是对照组，这一方式能使得调查费用大幅减少（还可参见 Dunning 和 Nilekani, 2013）。

　　③ 参见卡德和李（Card 和 Lee, 2007）对于断点回归设计的讨论。

如康菲尔德（Cornfield，1978，第101—102页）在一篇有关流行病学的文献中所说的那样，"研究者使用基于整群性随机分配的方法去套用在基于个体的样本分配模式上，这是一种自我欺骗的行为，并不值得鼓励"。在整群随机性研究中，样本的随机分配方式与个体样本的分配方式存在着很大差异，不同于在实验组或对照组中的个体抽样，整个样本群将被指定到底是受到干预或是受到控制。但是最终我们所感兴趣的，还是基于样本个体层面上的研究。

在整群近似随机性研究中，一个比图5.1更为完善的模型将得以应用，如图6.1所示，该模型包含了许多票选组，分别针对于每一个样本群。与先前相似，票签将会以随机抽签的方式从研究组中抽出，然而这一次抽签将基于相同的性质进行抽样，并以群体的方式分配到实验组或对照组。例如，在图6.1中，自然实验研究组一共包含了 K 个不同的群体，其中 A 个群体将以随机抽样的方式分配到实验组，而 $B(=K-A)$ 个群体将被分配进对照组。在实验组和对照组中，样本潜在结果将以群体形式被观测到。

关于整群随机性还有一个问题值得我们关注，即每个群体内的样本潜在结果（每张票）的组内差异性一定要小于组间差异性。例如，居住在同一个社区、州省、国家的个体样本，它们不论是受到控制，或是接受干预分配，都会具有相似的潜在结果。这也许是因为居住在相同环境里的个体会对潜在结果产生相同的影响。[①] 例如，当个体居住在同一村庄并长期接触到的是村级官员，那么这就有可能会影响他们的政治态度或对地方政治的参与程度，他们对于当地

---

① 这种影响因素的概念还不同于混杂变量，因为这些群体内的特征因素并不能在实验组和对照组中被分配均衡，因为不同的群体是按照随机性方式来进行分配的。

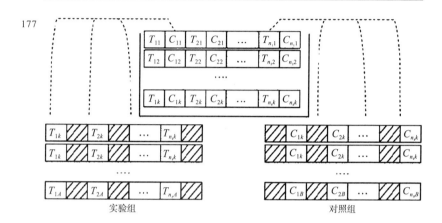

图 6.1　内曼模型中的集群随机性

　　这张图描绘了票选盒的集群随机性分配。在这里，研究组中一共有 K 个群体的样本选票，每一张可用 n_k 来进行表示。其中 A 个群体将以随机抽样的方式被分配进实验组，而 $B(= K - A)$ 个群体将进入对照组。如果一个群体 k 被随机推进了实验组，则我们可观测到的样本潜在结果可用 T_{ik} 进行表示，其中 i 表示群体内的样本容量。如果一个群体被随机抽进了对照组，则我们可观测到的每一个样本的潜在值可用 C_{ik} 进行表示。如果每一个群体内的样本潜在结果非常相似，则基于群体抽样所得到的干预效应估计量的方差将会大于基于个体抽样所得的结果。因此在自然实验中，如果数据是基于个体随机性所得的话，那么它就不能被用于群体随机性的分析中。

新的政治制度的接纳能力也许也是相似的。总之，有许多理由都会使得群体样本的内部潜在结果具有同质性；但是在一些实质性研究中，同质性假设也许不能成立。

　　如果潜在结果的群体内差异小于群体间差异时，那么从实验组的单个组或单个群体中抽取 10 张选票所获得的关于潜在结果差异性的信息一定会小于从整个研究组中直接简单随机抽取的 10 张样本所获得的信息。为了能更清楚地说明这个问题，我们假设研究组中只有两个群体，并且实验组和对照组中的潜在结果没有组内差异。如果一个群被分配到实验组，另一个群被分配到对照组，那么就好像我们真的刚好抽到两张票，每张票被赋予一个单一的值（尽管每个值已被复制到很多地方）。此时，潜在结果的差异性只存在于两个群体之间，而不存在于群体内部；事实上，这种干预分配过程与潜在结果之间的关系才是完美的。

另外，如果群体内的潜在结果具有同质性，那么，不同于个体样本的随机分配，群体样本在分配过程中将会增加干预效应估计量的变异程度。为了更清楚地说明这个问题，假设 K 群体中有这样一个群体，它不论是受干预或受控制，所有样本都具有很大且易于观测的潜在值，如果将这个群体分配到实验组，则实质上会提高整个实验组的潜在值水平；如果将其分配到对照组，则同样会增加对照组的整体潜在值。因为该群体最终以随机性的方式进入实验组或是对照组，不同的自然实验结果中，差值估计量的抽样方差也将会有很大程度的不同。特别是，这种差异性要大于基于个体样本分配所得到的差异，因为那些具有很大潜在值的个体样本，在给定的自然实验中，有的会随机进入实验组，有的则会被分配进对照组。在对该自然实验的假设性重复过程中，这将会使得均值差估计结果更为稳定。

总之，一个群体内的样本潜在结果是具有相关性的。这种相关性使得群体间的潜在值差异程度要大于群体内的差异性，它导致了有效的抽样样本规模减小，同时又增加了干预效应估计量的变异性。如果研究者没有充分考虑到这种抽样变异性的存在，例如，在抽样过程中没有使用图 6.1 的基于整群随机性的抽样方法，而是选择了图 5.1 的方法，这将会使得标准误的估计量存在偏差。特别地，他们将低估实验组和对照组中样本的真实变异程度,而这将有可能导致其对于因果推断结论的过度自信。[1]

6.2.1　群体均值分析:基于实验设计的方法

在自然实验中,当干预样本是以群体为单位进行分配的话,研究者又该采取怎样的数据分析方法? 一种最简单的可行办法就是基于组(群)间样本随机性分配的潜在结果对比,[2] 即实验组中的群体均值与对照组中的群体均值作比较。并且这种均值差估计量的方差计算在基于群体分配与基于个体分配的研究中也是一致的,只不过在整群分析中是以群体作为样本的基本单位(附录6.2)。因此,方差给定为实验组和对照组的群体样本方差之和。注意到,即使我们现在仍采取的是基于个体样本潜在值的分析范式,但是在整群分析中只需对这些潜在结果进行相加即可。这种处理整群随机抽样结果的方法是基于实验设计的,因为这个基于内曼模型的分析遵循了随机化的设计。

采取这种分析方式也许会令部分研究者感到困惑,认为这样的方差估计过于保守。毕竟,他们担心的是,在群体层面对数据进行合并并且计算方差的过程中,是否会丢失了个体层面的可观测性信

---

[1]　当在整群分析中采用了错误的方法则有可能导致结果拒绝原假设,尽管有可能其中并不存在因果效应。这在统计学语言中经常被称作"第一类错误"。

[2]　在早期关于集群随机性分析的文献中,Lindquist(1940)在对 Fisher(〔1935〕,1951)研究的讨论中曾经推荐过此方法,也可以参见唐纳和克拉(Donner 和 Klar, 1994)的相关研究。同样,Hansen 和 Bowers(2009,第 879 页)在他们开展的一项政治学研究中,通过随机性分配使得一些住户家庭收到关于选举的政治拉票信息(Gerber 和 Green, 2000; Imai, 2005),并对此所进行的因果效应分析的研究对象就是不同的住户家庭,而不是针对个体进行的行为分析。

息？答案是：并不会。注意到，从每一个群体中得到的观测值要比从某个特定群体中抽取的单个观测值更具稳定性（具有较小的变异性）。如果从群体中单独抽取观测值，则它的方差会非常大。然而，通过先计算群体均值，再计算群体方差的方法，我们可以对个体层面观测值的信息进行聚类分析。此外，这种群体潜在结果越具有同质性，即群体之间的同质性越大，则群体均值的方差就会越小；当群体间的异质性程度越高时，在整群分析过程中也就必须慎重考虑这种异质性。

事实上，群体均值分析的方法经常被证明是有效的，它会与其他考虑群内相关性的分析方法得到一致或相似的结果，譬如，通过调整群内相关系数来确定个体层面的数据。同时，当群体内的观测值都相等时，这种分析方法会越精确。群体均值分析同样具有简洁性和透明性，并且它的分析范式与图 6.1 所提供的抽样模型能够高度贴合。因此，这是一种基于设计的数据分析方法，其分析过程与数据生成过程紧密相关。群体均值分析往往是最好的分析方法。

所以说，基于个体层面随机性的分析程序往往能简单易行地适应于整群分析。但需要注意的是，这个分析过程往往要求每个群体内的样本容量是相等的或近似相等的，否则的话，还需要对该方法进行更加全面的讨论：

（1）得到每一个群体的结果均值。

（2）计算实验组和对照组中所有群体均值的均值。为此，一个简单的办法就是得到所有群体的均值后相加再除以群体的数量。

（3）计算实验组群体均值和对照组群体均值之间的差值，即受干预群体的均值减去受控制群体的均值。这一差值所估计的就是平均处理效应。

（4）计算差值估计量的标准误。这就是群体均值的均值估计的抽样方差的平方根。

（5）利用 t 检验进行假设检验。[①]

与以前一样，当进行有放回的重复抽样时，相对于真实的标准误而言，所估计的标准误可能会被夸大，而另一方面若假设实验组与对照组的群体均值相互独立的话，所估计的标准误相对于真实的标准误而言又会被缩小，结果二者差不多会相互抵消。因此，当计算实验组群体均值的均值与对照组群体均值的均值之间的差所对应的标准误时，就可以假设他们是相互独立的。在补充说明 6.2 中，给出了相关分析的 Stata 代码（StataCorp, 2009）。前四行代码是步骤（1）的实施说明,第五行代码是执行了步骤（2）到（5）。同时,附录 6.2 对于这种分析方法的基础将有进一步的详细说明。

补充说明 6.2   整群分析的代码

181

假设干预过程中采取的是如图 6.1 所示的整群样本分配。那么如果当原始数据是以个体层面形式给定的话，你该如何对其进行聚类分析呢？这部分将给出一个简单的 Stata（StataCorp, 2009）代码说明。

首先，将群体单位定义为"group"，将你所要得到的潜在值变量定义为"income"，同时你需要对实验组和对照组的潜在值进行对比，所以对

[①]   正如下文将要讨论的，t 检验能够实施的原因是，在中心极限定理作用下，群体分布将趋近于正态分布，并且至少在每个群体中的样本容量大小是合适的，因此从不同的群体中进行抽样所得到的结果是无偏的。另外，在假设检验中也会有一些其他方法，如费雪精确检验或自举法（Angrist 和 Pischke, 2008）。

此过程用一个二值变量进行表示，并命名为"treatment"。随后输入：

　　sort group

即将数据按照不同组别进行分类。下一步，你想要得到每一组的平均潜在值结果，则在下方输入命令并命名变量为 ave_income，因此有：

　　by group: egen ave_income=mean(income)

注意到这个变量（"ave_income"）在每个群体内的观察值都是相等的，现在我们想考察除了第一个观察值以外的其他所有观察值，则输入命令：

　　by group: generate obs_num=_n

　　drop if obs_num~=1

在第一行中是 Stata 命令"_n"是用以识别第一个观察值的，而第二行命令则是考察除了第一个观察值之外的其余所有观察值。现在我们将利用群体潜在值均值，进行 t 检验

　　ttest ave_income, by (treatment) unequal

在这里，假设 treatment=1 代指一个样本单位被分配进是实验组，而 treatment=0 则指样本单位被分配进对照组。而"unequal"指令则专指允许实验组和对照组的潜在值估计量的方差不相等。

群体的总体潜在值均值差异将直接等于群体间的潜在值均值差异的加和，前提是每个群体都具有相同的样本容量。而对标准误的估计也将会反映这个聚类分析的过程。

整群分析具有许多优势。首先，当基于个体层面的随机性样本分配（参见 6.1 节）进行分析时，一定要注意对实验组和对照组样本分别估计中所存到的异方差问题（每一次抽样样本方差都不相等）。[①]其次，即使实验组和对照组的群体个数很少，不同群体潜在

① 与之相对的还有一种方法是参数回归方法，即在干预和分配过程中群体可以被看作一个整体从而对其进行回归（这样保证了在群体这一层面上不会存在差异性）。有许多研究者建议在进行群体间的参数回归过程中使用加权最小二乘法，其中群体规模就是权重分配标准（Angrist 和 Pischke，2009，第八章）。

182 值均值的差值，其抽样分布将收敛于正态分布。这是因为针对于不同群体的潜在值本身就存在正态分布假设，则其任何线性组合（例如它们的均值）也将符合正态分布。[①] 因此，整群分析能够满足 t 检验这一假设检验的关键性假设（参见附录6.2）。

最后也是最重要的一点就是，这一方法必须基于样本满足随机性分配的前提，并且在数据处理中必须设置十分合理（或近乎保守的）的相关假设。我们所要注意到的是，除非每个群体的样本单位的潜在值都完全一致，否则当不同样本分配到每一个群体中后，整群分析将会降低总体处理效应估计量的方差。如果在不同群体间的样本潜在值具有同质性，也就是说，当群体内的潜在结果的相关性都非常小时，总体潜在结果均值的方差就会非常小。在这种情况下，相较于基于个体层面的样本分析而言，整群分析在统计意义上将更有可信性。附录6.2说明了这种群体间的潜在结果差异性是如何影响总体样本的抽样方差估计量的。

将这种整群分析方法与其他对群体样本的类似分析方法作对比是非常必要的。有来自不同学科的许多方法论学者都推荐一种基于组内相关系数估计的标准相关性计算方法。[②] 这些研究者，例如，生物统计学家唐纳和克拉（Donner 和 Klar，2000）、经济学家安格里斯特和皮施克（Angrist 和 Pischke，2008）认为，在基于个体随机性层面的分析中，从传统回归模型中所得到的标准误应该再乘以

---

① 如果实验组和对照组的群体个数是固定的话，其潜在均值就是一个线性组合。否则的话均值将可能是一个比例估计量（是两个随机变量的比例）。如何确定群体个数是否是固定的，这主要取决于实验设计的细节。

② 也被称为群体内相关系数。

一个校正系数，该系数的值为：$\sqrt{1+\rho(n-1)}$，其中 ρ 表示"组内相 183 关系数"，n 表示"每个群体内的样本容量"。[①] 换句话说，如果不是基于整群分析而是基于个体层面讨论的话，则这种数据分析方法是可用的，它包含了潜在结果简单差值检验、上式所给出的方差估计，以及多元回归模型的估计系数。在假设检验执行之前，通过传统回归模型所得到的标准误乘以一个校正系数，就可得真实的调整后的标准误。在抽样研究中，这个校正系数又被称为"设计效应"（Kish，1965，第五章），因为它是对调查设计中的整群分析的方差估计量与简单随机抽样下的方差估计量做了对比。注意到，对于一个给定的研究组而言，在对调整后标准误的计算公式中，校正系数中包含了基于个体随机性与整群随机性的方差估计对比；而该公式中还包含了群体个数的信息，是因为该信息在个体和集群方差计算中都有所反映，且该数值为常数。同时，计算过程中还要求群体内的样本容量相等，且分配到同一群体的样本所接受的干预选择也必须是一致的。当群体内的样本容量不相等时，即使这与原假设的差异并不大，但却会对计算调整后的标准误这一问题，提出了更为复杂的挑战（Kish，1965，第五章；Angrist 和 Pischke，2008，第八章）。[②]

---

① 经济学家将这种方法称为莫尔顿相关系数（例如，Angrist 和 Pischke，2008，第八章），尽管这一方法在莫尔顿（Moulton，1986）的文章发表之前就已经在生物统计学、流行病学心理学和其他领域得到了广泛应用，例如可参见 Donner、Birkett 和 Buck（1981）或者 Cornfield（1978）等人的研究。当整群抽样过程中面临整群随机性问题时，这一方法将会是一个标准的修正方法（参见 Kish，1965，第五章）。

② 在许多自然实验中，实验本身的群体样本容量就是存在先天性的不相等。例如在断点回归设计中，市民作为被分配的样本单位往往在不同群体中人数是不相等的（尽管实验组和对照组中关于样本单位的期望均值有可能是相等的）。如果群体内的容

　　相比于这种方法，整群分析更具优势，但是关于这两种方法的对比有两点需要做出说明。其一，相关系数的计算过程有可能取决于特定的有关方差计算的参数模型，这一点是无法保证的。在标准误计算过程中，该方法中并没有包含对实验组和对照组潜在结果方差的参数性假设，这将与内曼模型的解释内涵相去甚远。并且，组内校正系数 ρ 存在多种计算方法，这往往取决于不同的有关方差估计的参数模型，所以在计算相关性之前设定特定的模型是非常必要的。

　　其二，除了以上原因之外，这两种方法所得到的估计量基本相等，尤其是当个体层面分析能够直接地得出差值检验和相关方差估计量的时候。也就是说，使用组内校正系数计算得到的校正结果与使用整群分析和个体分析所得的方差估计量的比值几乎相等。事实上，在基什（Kish，1965，第162页）的抽样调查研究中就曾用"设计效应"来指代这一数值，并认为它们的值是大体相等的（这两种概念仍然有很大出入，但当该莫尔顿参数因子被用于计算标准误时，它们都是从回归模型中被估计得到的，就具有一致性）。[①]进一步讨论请参见附录6.2。

量不相等，估计结果将会面临小样本偏误问题，这将会在下文中进行讨论。在方差计算中群体内的样本量不一致这一特质必须要加以考虑，尽管有时研究者在使用群体样本均值概念或假设群体内样本容量相等时，他们会忽略这一因素。在你所将要进行的其他研究中，可以考虑在每个群体中抽样选取相同的样本单位（例如，Dunning，2010b）。

　　[①]　然而，Angrist 和 Pischke（2008）提出了几种与聚类分析密切相关的方法，例如基于群体均值的回归方法，他们采用该方法也得到了非常相近的标准误——尽管这些方法与基于样本个体随机性假设所计算得到的标准误方法有很大的不同。他们还建议使用线性化降低偏误的方法来减小通过聚类分析所得到的标准误。

因此，看起来群体（或组）均值分析在对数据处理过程中相比而言更具有简洁性与透明性。该方法并不需要计算组内相关系数，而是依赖于可信的关于数据生产过程的假设。相比之下，类似于莫尔顿（Moulton，1986）在具有二元或多元变量统计模型中所使用的校正因子法，在自然实验中并不具有有效的反映实验设计与数据解释的能力。在具有简洁性的整群分析中，也许分析本身会遭遇各种对统计推断有效性产生威胁的因素干扰，但是在整体研究组中，如果不同群体的潜在结果具有同质性，那么整群分析并不会降低统计意义上的可信度（即"设计效应"等于1）。因此整群分析可以被认为是一种基于设计本身的分析方法，因为它并不要求我们需要具有特定的方差模型或是组内相关性，这将与内曼模型的解释初衷背道而驰。

如果当群体内的样本容量不相等时，问题将会变得更为复杂。此时整群分析将会具有比例估值偏差。因为实验组和对照组的样本都是随机变量（见附录6.2）。这种偏差随着群体数量的增加也将会越来越大（这一点与工具变量法中所存在的小样本偏差非常类似，关于后者曾在附录5.1中有过讨论）。如果群体数量的规模适度，并且群体内的样本容量不存在较大的差异性，则整群分析仍然是一项非常有效的方法。在计算实验组和对照组的潜在结果过程中，可以对不同的群体赋予不同的权重进行分析。另外，还有一种可替代的分析方法是求群体的潜在值总和而不是求其均值（Horvitz和Thompson，1952；Middleton和Aronow，2011），尽管这种方法会得到相比均值估计量而言更大的估计量方差。

总之，在自然实验中，使用整群分析以及其他辅助分析方法时，需要报告潜在结果的均值结果。正如安格里斯特和皮施克(Angrist 和 Pischke,2008,第 167 页)所言,"你至少需要展示你的结论与因果推断结果相一致,作为一种推断方法,组间均值分析具有其自身的估计保守性和透明性"。

我们仍需注意的是,在许多自然实验中当群体数量较小时,整群分析中的集群随机性假设可能面临潜在的问题,例如波斯纳(Posner,2004)对于赞比亚和马拉维的研究。当一个(或者一部分)群体被分配到实验组或是对照组的时候,例如在自然实验中,将其分配到管辖边界的一侧好作为差值检验对象,则该群体中有时候可能包含有无法甄别的两种潜在值的差异来源:其一是干预效应下的潜在结果差异;其二是两个组除去干预效应以外本身就存在的自然差异。另外,当只有两个群体时,整群分析所得到的差值检验估计量的标准误是不准确的(无法计算的)。[①] 在这种情况下,只有当个体层面样本的潜在结果不存在组内同质性的时候,方差分析才会是可行的,当然这种情况基本不可能存在。例如,在波斯纳(Posner, 2004)的研究中,数据分析过程中必须采取非整群分析的方式,如果采取整群分析,则经验研究结果(即赞比亚和马拉维不同种族的人对于其他种族的认知偏见存在显著差异性)将会非常不可靠。这类研究将会面临这样的困境:在给定的实验设计中,我们无法增加群体的个数(毕竟,赞比亚和马拉维分别只有一个)。

---

① 这是因为,为了计算不同抽样均值的标准误,根据经验就需要得到标准差与群体格式减一的比值,而此时分母将会为零,因此,当实验组或对照组的群体个数为一时,采用这种计算标准误的方法是不可行的。

如果群体内样本的潜在结果差异性比群体间差异性小时，则基于个体层面的随机性样本干预和分配假设将是不成立的。另外，在其他实验设计中，如果是出于实验的精确性考虑，也许应该尽可能增加样本的整群性分析，从而减少每个群体中的样本的个体效应。当群体干预能够被研究者控制时，例如，假设将不同的村庄分配给不同的实验组和对照组并对其进行抽样，同时每个村庄里具有 10 个城市居民，那么，当需要扩大抽样范围时，作为研究对象的村庄数量可以考虑被适当增加，而每个村庄里的市民的个人效应却将会降低。[①] 在研究过程中，相对于增加群体内的样本容量，增加群体数量才能够增加研究结果在统计意义上的有效性。

6.3 随机性推断：费雪精确检验

在 6.1 节对假设检验的讨论中可以注意到，根据中心极限定理，在规模较大的自然实验中，实验组和对照组样本均值（作为随机变量）会趋近于正态分布。研究者在对真实实验或是自然实验进行分析时往往会遵循该原理：例如，要么基于正态分布假设计算 z 值，要么假设潜在结果分布趋近于正态分布从而使用 t 检验。这一方法往往只适合于样本规模比较大的自然实验中（因为当样本量逐渐增大时，t 分布趋近于正态分布的速度会越来越快），但是在小样本分

---

① 例如在 Dunning(2010b)以及 Dunning 和 Nilekani(2013)的研究中，有许多村庄分布在关键阈值处，因此大约有 200 个村庄样本可被作为研究组样本，从而可将其分配到实验组或对照组。

析中该方法可能并不适合。通常来说,一种可供选择的方法就是在基于严格的原假设计算 p 值,使用费雪精确检验(Fisher,〔1935〕,1951)来进行假设检验;该分析过程有时也被称为"随机性推断"(费雪精确检验通常是在当结果变量为二值变量时使用,但是在更为一般的情形下也可以被用来进行样本分配的随机性检验,就如在本节中所探讨的内容)。

　　本节的目标就是对这种检验方法进行描述和分析。为了完成这一过程,首先对原假设进行严格定义是非常重要的。正如下文所提到的,这一假设并非在任何情况下都是适当的,但有时它会具有明显的作用。在严格的原假设下,样本个体层面的效应差异是不存在的:即对于每一个样本而言,当其受干预或者受控制时所得到的潜在结果都是相同的。因而在图 5.1 中,对于每张票签上的两个潜在结果而言,在原假设下它们的取值都是相同的。所以,对于每一个样本而言,我们根据所能观察到的潜在结果(有可能来自于受干预状况,也有可能来自受控制状况)就能够推测出那些未观测的潜在结果。假设检验的目的在于,当严格原假设为真时,我们如何使用样本数据来评估所观测到的潜在结果分布的可能性。

　　考虑这样一个例子,假设一个自然实验中有四个样本,其中两个被分配进实验组,另外两个被分配进对照组。表 6.1 列举了一种可能的随机分配状况,其中样本 1 和样本 4 被分配进了实验组,而样本 2 和样本 3 被分配进了对照组,并且在表中每一个样本的潜在值也被罗列了出来(基于严格原假设,实验组和对照组的样本潜在结果都相同)。表中的加粗数据表示在随机性分配下,我们所能观测到的潜在值,在实验组中,平均潜在值为 $(3-2)/2 = 1/2$,而对照组的潜在值

均值为 (1 + 5) / 2 = 6 / 2，同时可得平均处理效应为 – 5 / 2。

表 6.1　基于严格原假设的潜在结果

样本	干预结果	控制结果
1	**3**	3
2	1	**1**
3	5	**5**
4	**–2**	–2

注意：加粗字体表示在实验中我们所观测到的潜在结果。在该案例中，样本 1 和样本 4 被分配进入实验组，而样本 2 和样本 3 被分配进对照组，基于严格原假设可知实验组和对照组的潜在结果是相同的，因此加粗字体所得的潜在结果就是相邻数据的简单复制。在这里平均处理效应为 (3 – 2) / 2 – (1 + 5) / 2 = –5 / 2。

现在的问题就是，如果原假设"样本个体层面不存在因果效应差异"成立，那么实验组和对照组潜在结果的平均处理效应会因为随机偶然性而被高估吗？为了回答该问题，我们首先计算在实验组和对照组中所能观测到的潜在结果，而对于四个样本而言，在不同的实验组和对照组这种随机性分配结果将会有六种可能性。[1] 之所以能够计算不同的结果还是因为原假设下两个组的潜在结果相同。表 6.2 展示了六种随机性分配结果下的样本潜在结果并同时对平均处理效应也进行了估计，即通过实验组的潜在结果均值减去对照组的潜在结果均值而得来的。

188

---

[1]　在这里，基于随机分配所可能出现的结果一共有 $\binom{4}{2}$ 种，即将四个样本随机选取两个放入实验组的方案共有 $\frac{4!}{2!2!} = 6$ 种可能。

表 6.2　基于随机性与严格原假设下的样本潜在值结果

样本	干预或控制	结果	干预或控制	结果
	自然实验 1		自然实验 2	
1	T	3	T	3
2	T	1	C	1
3	C	5	T	5
4	C	–2	C	–2
估计效应	(3+1)/2–(5–2)/2=**1/2**		(3+5)/2–(1–2)/2=**9/2**	
	自然实验 3		自然实验 4	
1	T	3	C	3
2	C	1	T	1
3	C	5	T	5
4	T	–2	C	–2
估计效应	(3–1)/2–(1+5)/2=**–5/2**		(1+5)/2–(3–2)/2=**5/2**	
	自然实验 5		自然实验 6	
1	C	3	C	3
2	T	1	C	1
3	C	5	T	5
4	T	–2	T	–2
估计效应	(1–2)/2–(3+5)/2=**–9/2**		(5–2)/2–(3+1)/2=**–1/2**	

注意：上表中展示了在原假设"样本个体层面不存在效应差异"成立的条件下，六种样本随机性分配中的所有可能的潜在结果，其中每一种情况下的平均处理效应都用加粗字体表示。

根据表 6.2 所示，基于样本随机分配下所估计得到的六种平均处理效应分别为：1/2，9/2，–5/2，5/2，–9/2 和 –1/2。在随机性假设下，这些潜在结果的绝对值两两相等。我们现在可以回答这个问题，基于严格原假设，当面临随机出现的偶然情况下，我们能够得到比 -5/2 的绝对值还大的平均处理效应吗（因为我们所考察的是"绝对值"，所以该程序相当于一个双侧检验）？答案是显而易见的，

在六种自然实验结果中，第 2、3、4、5 四个结果的平均处理效应
的绝对值都大于等于 –5/2，它们分别是 9/2，5/2，–5/2 和 –9/2。而
在另外两个自然实验——实验 1 和实验 6 中，它们的估计值分别为
1/2 和 –1/2，它们的绝对值都小于观测值 –5/2。因此，如果原假设
成立的话，实验中出现的平均处理效应大于等于我们所观测到的结
果的概率为 4/6，所以 p 值则约为 0.66。该检验结果难以推翻严格
原假设：在随机误差效应下，处理效应大于等于 –5/2 的情况很容易
出现。

189

如果对于处理效应的方向也存在强烈的原假设，那么也可以进
行单侧检验。因此，我们不在使用效应的绝对值进行比较，假设检
验应设为：当严格性原假设为真时，有多大的概率使得平均处理效
应能够小于等于 –5/2？[①]正如表 6.2 中所示，一共有两个自然实验
（实验 3 和 5）的潜在结果小于等于 –5/2，所以 p 值为 2/6 或 0.33。
在这里尽管 p 值很小，但是仍然不足以拒绝原假设。[②]

以上假设检验的逻辑同样适用于更加庞大和复杂的自然实验，但
是计算过程将会更加复杂，需要借助计算机软件进行辅助计算。[③]标

---

① 相比使用绝对值来分析具有双尾分布特征的统计量分布问题，有的研究者更
喜欢采用另一种方式来分析 p 值，即计算得到可观测性统计量分布的最大抽样概率和
最小概率。当与因果效应计算相关的统计量分布关于零点不具有对称性时，这也许是
一个更好的分析方法。

② 在假设检验中，关于数据检验的标准显著性程度可分为以下几个层级：对于 p
值而言，在 $p < 0.05$ 的层面上拒绝原假设时，我们称因果效应的估计量具有统计显著性；
当基于 $p < 0.01$ 的层级上拒绝原假设，我们称估计量具有高度显著性。这种显著性划分
方法是传统的统计学划分方法，但有时也不必遵从这一划分原则。

③ 在以上基于四个样本的自然实验中，因为研究组规模非常小，所以非常容易得
到 p 值的精确结果。但在通常情况下，当研究组规模为 N 时，并有 n 个样本单位被分配

准的 Stata（StataCorp, 2009）和 R（R Development Core Team, 2008）软件就能够实施费雪精确检验。[1]但是随着样本容量的增大，p 值估计也将越来越不精确——而这与费希尔精确检验的中"精确"二字一点也不相符。[2]

190　　费雪精确检验在什么时候可以被应用？它在小样本自然实验中最具有效性：当样本容量规模较大时，使用精确检验和正态分布下的假设检验，所得到的结果基本是一致的。[3]在本书前三章中的许多自然实验，其实验组和对照组中的样本容量基本都超过了 50 甚至 100。在这些情形中，使用精确检验所得到的结果与 z 检验和

进实验组而 $m(= N - n)$ 个样本单位被分配进对照组时，此时一共会有 $\binom{N}{n}$ 种样本分配方式。当 N 和 n 越大时，由于阶数越大，因此会产生大量的问题，对于单个被分配的样本向量而言，其样本值的检验统计量是难以被准确估计出来的，即使是采用计算机也无能为力。因此，标准的统计检验通常都计算的是随机分配的样本向量的一个近似 p 值，而不是估计出每一个向量所可能具有的统计值。

①　例如，在 Stata（StataCorp, 2009）语言中，基于"exact"选择下的"tabulate twoway"命令能够得到一个 2*2 的 Fisher 检验联列表。在 R（R Development Core Team, 2008）语言中，通过"> fisher. Test(matrix)"命令也可以得到相同结果，其中，"matrix"是你想要给出的联列表形式（不是必须的 2*2 格式）。

②　例如，使用统计包检验一个具有 N 维向量的抽样程序，在该向量组中有 n 个值为 1，而有 $N - n$ 个值为 0。因为抽取一个包含有 n 个 1 值的向量方式有 $\binom{N}{n}$ 种，所以每一次抽样的概率为 $1 \Big/ \binom{N}{n}$。使用统计包进行相关统计量（例如对平均处理效应的估计）进行计算并将这一程序重复 $T - 1$ 次，就可以得到大于这些可观测的 T 统计量绝对值的 p 值概率。这一 p 值的估计精度取决于研究者对 T 值的定义，同时通过对 $p(1-p)/T$ 的平方根计算可以得到 p 值点估计的标准误。但是这种方法可能造成标准误低估，因为研究者为了使置信区间能小到可以拒绝原假设的程度，可能提高了 T 值。

③　对于所进行相应的因果推断而言，根据统计检验的相关定理，如果样本规模是合适的，则正态曲线几乎接近于超几何分布。对于相关的证明与讨论，请参见 Hansen 和 Bowers（2009，第 876 页）。

t 检验所得到的结果基本没有差别。[1]另外，正如上文中所讨论的，当在具有庞大样本容量的自然实验中使用精确检验时，由于通常会使用近似计算和模拟技术，从而将会产生许多额外的问题。这就意味着，对于许多自然实验而言，精确检验可能并不是必要的检验方法。（当然，即使在大样本自然实验中，精确检验的结果还是可以同其他检验统计结果一样被报告出来。）

然而，在许多自然实验中，样本容量可能都是非常小的，尤其是在具有整群随机分配下的自然实验中，群体单位数量通常是非常少的。断点回归设计就提供了另外一个例子，即在断点阈值附近分布的随机性样本也将是少量的。在这种情况下，近似正态分布假设将不再可靠，而此时精确检验就很方便。因此，对于研究者而言，有必要留心费雪精确检验的适用范围。

然而，在使用精确检验之前，研究者需要先确立严格的原假设是否设置合理。如果干预处理效应具有异质性，例如，有些个体层面的因果效应为正，有的因果效应则为负，在这种情况下，也许更为恰当的做法应当是设置更弱形式的原假设，即假设实验组和对照组样本的平均潜在结果相同（也就是说，平均处理效应为零）。

6.4　结论

191

与先前章节对平均处理效应的估计类似，这些标准误估计量的

---

[1]　例如，在 Amos Tversky（McNeil, 1982）等所进行的相关实验中，假设医生可以通过两种方式来观测到手术或放射性治疗对于抗癌是否具有有效性，在 167 名医生中，有 80 名医生被分配到其中一种能够观测这种有效性的渠道，而 87 名医生被分配到另一个组中。基于严格原假设所得到的 p 值与正常尾概率值几乎相等（Freedman、Pisani 和 Purves, 2007, A34-A35, n. 14）。

估计过程也能够通过相当简单的公式直接求得。当然要做到这一点，还需在估计过程中设置好能够充分解释数据处理过程的统计模型。在许多自然实验中，标准内曼模型为研究者进行实验设计提供了一个良好的研究起点。随后，处理效应估计量的方差可以通过实验组和对照组抽样方差相加来得到，并将其开方即可得到标准误。这种方法可能较为保守，但如果我们想谨慎确保因果推断结果成立的话，这也并非一件坏事。计算方法的简洁性与透明性限制了研究者在计算过程中可能出现的偏误，并有助于研究者对实验设计的可信性与处理效应的实质大小进行分析。

在其他自然实验中，可能要对内曼模型进行一些扩展。其中一个特别重要的主题就是许多实验中采取整群随机性样本分配方式。在这种情况下，能够对数据处理过程进行完美解释的统计模型选择就是图6.1所给出的模型，而不是图5.1。当样本分配方式是按照组（群）方式进行的，如果仍然基于图5.1模型中个体随机性假设的话，则可能导致对处理效应估计量方差的低估，从而导致对其因果推断结论的过度自信。一个简单的解决办法就是，数据分析需要采取整群分析的范式，例如通过求得实验组和对照组的群体样本均值的差值，从而估计其平均处理效应。而处理效应估计量的方差则等于实验组和对照组群体抽样方差之和。换句话说，方差的简单计算公式很容易就适用于群体均值分析的方差估计，其中 N 为给定的群体样本数量而非个体样本数量。当然，当只有一个或少数几个群体被同时分配到实验组和对照组时，此公式的使用也会产生一些相应的因果推断问题。

总之，自然实验中的定量分析方法具有简洁性、透明性，并且其对实验背后的数据生成过程进行了很有说服力的描述。至少在原则上,与传统的观测性研究方法相比而言,这些定量分析方法体现了自然实验研究的重要优势。当然,这种分析的简洁性也使其在研究背景和研究设计有效性两个方面留下了更大的讨论空间。这两个问题将是下一章中所讨论的定性分析方法的核心议题。

附录 6.1　内曼模型标准误的保守估计

与弗里德曼、皮萨尼和珀维斯(Freedman、Pisani 和 Purves, 2007, A32-A34, n. 11)所做的假设相同,我也将给出一个弱原假设,即 $\bar{T} = \bar{C}$,也就是说受干预样本的潜在值与受控制样本的潜在值相等。这与一个严格原假设 T_i　C_i 具有很大程度上的不同,后者说明对于所有样本 i 而言,样本层面的不同实验组和对照组的处理效应之间是相等的。与补充说明 6.1 相同,设 σ^2 和 δ^2 分别为实验组和对照组样本潜在值的方差,则二者的协方差为:

$$\text{Cov}(T, C) = \frac{1}{N} \sum_{i=1}^{N} \left(T_i - \bar{T} \right) \left(C_i - \bar{C} \right) \quad (6.A1.1)$$

其中,σ^2、δ^2 和 $\text{Cov}(T, C)$ 都是整个研究组的参数。

与以前所做设定相同,设 Y^T 为实验组的抽样均值,Y^C 为对照组的抽样均值,二者都是可观测性的随机变量,同时差值 $Y^T - Y^C$ 则为平均处理效应 $\bar{T} - \bar{C}$ 的估计量。所需要注意的是,不同于 $\bar{T}$、$\bar{C}$、σ^2、δ^2 以及平均处理效应 $\bar{T} - \bar{C}$,这些从样本抽样中所得到的估计量,协变量 $\text{Cov}(T, C)$ 并不是一个抽样方差的估计量,因为我们在任意一个样本中同时观测到 T_i 与 C_i。

那么 $Y^T - Y^C$ 的方差是多少呢？它的值等于 Y^T 和 Y^C 的方差加和减去两倍的二者协变量值。我们之所以要引入协变量概念是因为这些变量间不是互相独立的，对于 Y^T 和 Y^C 的方差而言，我们需要这样一个相关系数是因为，我们需要在一个小样本自然实验中进行重复抽样以得到潜在值。因此我们有：

$$\mathrm{Var}\left(Y^T\right) = \frac{N-n}{N-1}\frac{\sigma^2}{n} \qquad (6.\mathrm{A}1.2)$$

193　其中，$\dfrac{N-n}{N-1}$ 是有限样本抽样的相关系数（Freedman、Pisani 和 Purves，2007，第 368 页；Kish，1965，第 62—63 页）。同样有：

$$\mathrm{Var}\left(Y^C\right) = \frac{N-m}{N-1}\frac{\delta^2}{m} \qquad (6.\mathrm{A}1.3)$$

而协变量将反映实验组样本和对照组样本的非独立性，通过组合计算，可得协变量值：

$$\mathrm{Cov}\left(Y^T, Y^C\right) = -\frac{1}{N-1}\mathrm{Cov}\left(T, C\right) \qquad (6.\mathrm{A}1.4)$$

最后，我们会有：

$$\begin{aligned}
\mathrm{Var}\left(Y^T - Y^C\right) &= \frac{N-n}{N-1}\frac{\sigma^2}{n} + \frac{N-m}{N-1}\frac{\delta^2}{m} + \frac{2}{N-1}\mathrm{Cov}\left(T, C\right) \\
&= \frac{N}{N-1}\left(\frac{\sigma^2}{n} + \frac{\delta^2}{m}\right) + \frac{1}{N-1}\left[2\mathrm{Cov}\left(T, C\right) - \sigma^2 - \delta^2\right] \qquad (6.\mathrm{A}1.5) \\
&\leq \frac{N}{N-1}\left(\frac{\sigma^2}{n} + \frac{\delta^2}{m}\right)
\end{aligned}$$

最后一步中的不等式来自于 $2\sigma\delta - \sigma^2 - \delta^2 \leq 0$，因为有 $\left(\sigma - \delta\right)^2 \geq 0$，同时还有 $\mathrm{Cov}\left(T, C\right) \leq \sigma\delta$，其中，$\sigma$ 和 δ 分别为实验组和对照组潜在值的标

准差,第二个不等式能成立的原因在于,设 $\rho = \dfrac{\text{Cov}(T,C)}{\sigma\delta}$,该值表示的

是 T 和 C 之间的相关系数,所以必然小于 1。因此,$\text{Cov}(T,C)=\sigma\delta$

成立的唯一条件是 $\rho=1$,否则 $\text{Cov}(T,C)>\sigma\delta$ 恒成立。而当 $\rho=1$ 时,

$\text{Var}(Y^T-Y^C)$ 将达到最大值。

式 6.A1.5 的第二行等式说明了在重复性抽样中,即使随机变量之间具有相关性,抽样真实值与抽样均值之间所产生的偏误仍有可能相互抵消(Freedman、Pisani 和 Purves,2007,A33-A335,nn. 11 和 14)。注意前半部分:

$$\frac{N}{N-1}\left(\frac{\sigma^2}{n}+\frac{\delta^2}{m}\right) \tag{6.A1.6}$$

当样本容量 N 较大时,这部分的值近乎相等于两个相互独立的实验(对照)组差值的方差。而第二部分:

$$\frac{2\text{Cov}(T,C)}{N-1} \tag{6.A1.7}$$

则反映了实验组和对照组之间的相关性,由于该值为正,则会在计 194
算过程中使得方差估计值升高(只要组内潜在结果的协方差为正,但一般情况下这一点可以保证)。最后一部分:

$$\frac{-\sigma^2-\delta^2}{N-1} \tag{6.A1.8}$$

为负,反映了重复性抽样的校正系数值,它能够降低方差。如果 ρ
趋近于 1,这一合理性假设成立,则实验组和对照组样本之间具有很强的相关性。这种重复性实验下的抽样与相关性偏误就会相互抵消。正因为如此,则有:

$$\text{Var}\left(Y^T - Y^C\right) \approx \frac{N}{N-1}\left(\frac{\sigma^2}{n} + \frac{\delta^2}{m}\right) \quad\quad (6.\text{A}1.9)$$

该估计量非常可靠且接近于真实方差水平。此外，甚至当样本容量适中并不大时，可以认为 $\frac{N}{N-1}$ 趋近于1，因此，我们也可以使用如下估计量：

$$\widehat{\text{Var}}\left(Y^T - Y^C\right) = \frac{\hat{\sigma}^2}{n} + \frac{\hat{\delta}^2}{m} \quad\quad (6.\text{A}1.10)$$

其中，$\hat{\sigma}$ 和 $\hat{\delta}$ 是 σ^2 和 δ^2 的简易估计量，这部分在补充说明6.1中已有相关讨论。注意式6.A1.10可以近似代表两个独立抽样样本组的差值方差的标准估计量。即如果实验组和对照组样本是相互独立的，则总体方差值等于两个组方差水平之和。

在弱原假设下，差值方差的估计量在估计过程中趋于保守，这是因为估计值会小于 $\frac{N}{N-1}\left(\frac{\sigma^2}{n} + \frac{\delta^2}{m}\right)$，在严格原假设下，等式6.A1.9中的这两个值是相等的，这是因为在严格原假设下，有 $T_i = C_i$，所以 T_i 和 C_i 之间的相关系数为1，所以 $\sigma = \delta$ 成立，因此则有 $\text{Cov}(T, C) = \sigma\delta = \sigma^2$，另外，还可得到 $2\sigma\delta - \sigma^2 - \delta^2 = 0$，因为 $(\sigma - \delta)^2 = 0$。

还有另外一些情况也能够使得式6.A1.9严格成立，例如，当两个组之间分配的样本结果值的差值都相等。也就是说，如果对于每一个样本 i 都有 $T_i = C_i + \alpha$ 成立（其中 α 是一个常数），则 T_i 和 C_i 之间的相关系数也为1。反之，当 C_i 减 T_i 为一个常数时这种情况也成立。的确，在线性回归函数中，当实验干预被设置为二值变量且

没有控制变量时，这种特殊情况就会出现。注意到式 6.A1.10 在回 195
归分析中并不是常用的标准误求解方法，因此这也就是回归标准误
不常被使用的原因。

附录 6.2　群体均值分析

在许多自然实验中，样本单位都是被按照群体特征向实验组和
对照组中进行分配的，这一点正如图 6.1 中所描述的。在前文中，
我曾介绍过，整群分析具有简洁性与透明性，因为在每个组中的不
同样本值是被合并起来按照整个群体进行看待的，所以差值检验的
估计量就等于实验组群体均值减去对照组群体均值所得到的，而估
计量的方差则等于实验组群体均值的抽样方差减去对照组群体均
值的抽样方差。因此，与基于个体样本分配的分析原理相比，除了
样本分配的方式不同之外，方差求法则不存在差异。本章附录的目
标就在于通过技术性语言能够对这一过程进行相关探讨与介绍。

本附录还有另一个目标，那就是对比整群分析与其他分析方法
的优劣性，例如在自然实验中如果样本具有集群随机性特征时，许
多学者偏好使用"组内相关系数法"来分析那些基于个体样本或群
体样本分配的研究［有经济学家如安格里斯特和皮施克（Angrist 和
Pischke，2008）也将其称为莫尔顿校正系数］。在附录中将会看到，
如果群体具有相同的样本容量，则整群分析与组内相关系数法所得
到的结果是一致的，但是我更推荐整群分析，因为它更具有简洁性
和透明性，有时将会可能引入许多不必要的参数假设。

基于群体均值的均值所得到的平均处理效应

假设自然实验研究组中有 K 个群体, 其中第 K 个群体的样本容量记为 n_k, 则在群体中, 样本单位 i 可分别被表示为: $i=1$, ⋯, n_k。现假设每个群体都具有相同的样本容量, 即 $n_k = n$, 因此在研究组中的整体样本容量为 $\sum_{k=1}^{K} n = Kn = N$。

正如在本书其他地方所做的设定, 现假设 T_i 为实验组中样本单位 i 的潜在值, 而 T_{ik} 表示实验组中第 K 个群体的第 i 个样本单位的潜在值。$\overline{T}_k$ 表示实验组中第 K 个群体的潜在值均值, 因此有:

$$\overline{T}_k = \frac{1}{n}\sum_{i=1}^{n} T_{ik} \qquad (6.A2.1)$$

而整体实验组的潜在结果均值则为:

$$\overline{T} = \frac{1}{K}\sum_{k=1}^{K} T_k \qquad (6.A2.2)$$

同理, 设 C_i 为对照组中样本单位 i 的潜在值, C_{ik} 表示对照组中第 K 个群体的第 i 个样本单位的潜在值, 则对照组中第 K 个群体的潜在值均值可得: $\overline{C}_k = \frac{1}{n}\sum_{i=1}^{n} C_{ik}$。而对于整个对照组的潜在值均值而言, 则有:

$$\overline{C} = \frac{1}{K}\sum_{k=1}^{K} \overline{C}_k \qquad (6.A2.3)$$

已知平均处理效应为 $\overline{T} - \overline{C}$, 在此我们还需要对群体潜在值均值的处理效应进行说明。注意到, 我们早先在补充说明 5.1 中就定义了

196

平均处理效应，并有 $\bar{T}=\frac{1}{N}\sum_{i=1}^{N}T_i$ ，因此在这里我们可得：

$$\bar{T}=\frac{1}{K}\sum_{k=1}^{K}\bar{T}_k=\frac{1}{K}\sum_{k=1}^{K}\left[\frac{1}{n}\sum_{i=1}^{n}T_{ik}\right]=\frac{1}{Kn}\sum_{k=1}^{K}\sum_{i=1}^{n}T_{ik}=\frac{1}{N}\sum_{i=1}^{N}T_i \quad (6.A2.4)$$

其中，$\bar{T}$ 可被定义为实验组中，每个群体的样本潜在结果总和的均值（从第一个等号右侧的表达式可得），或者整个研究组中受干预样本的潜在值均值（从最后一个等式的右侧表达式可得）。同理也可以对 $\bar{C}$ 进行定义。因此，平均处理效应 $\bar{T}-\bar{C}$ 既可以从整个研究组角度进行定义，也可以从每个特定的群体间均值出发进行定义。

如果群体的样本容量不相等，则参数 $\bar{T}$、$\bar{C}$ 以及平均处理效应 197 $\bar{T}-\bar{C}$ 需要被进行加权处理，权重大小取决于该群体的规模，例如：

$$\bar{T}=\frac{\sum_{k=1}^{K}n_k\bar{T}_k}{\sum_{k=1}^{K}n_k} \quad (6.A2.5)$$

平均处理效应的估计

在此 $\bar{T}$ 和 $\bar{C}$ 都是有关潜在结果的参数，因此在同一个样本中两个参数永远不可能同时被观测到，因为样本只能被分配在实验组或者对照组任意一个。那么有什么样的简洁方法能够确保我们对这些参数进行估计呢？

假设在自然实验设计中 K 个群体中有 A 个群体被以随机的方式分配进实验组，而 $B(=K-A)$ 个群体被分配进对照组（在这里我假设 A 是一个从研究组随机性抽取的实验组子集）。为了使分析不失一般性，分别命名实验组群体的子集为 $k=1$，…，A，而对照组 B（$= K - A$）中的群体则被命名为 $k=A+1$，…，K，同时，我们假设 A 和 B 的大小是固定的而不是随机变化的，同时，假设实验组的每一个群体中的每一个样本的潜在值都是可被观测的（同理，对照组中的每一个群体的每一个样本也都是可观测的）。换句话说，每一个群体中的样本都会是一一对应的，在此过程中不会存在随机偏误。

实验组中 A 群体的潜在值可被表示为：

$$\tilde{Y}^T = \frac{1}{A}\sum_{k \in A} \overline{T}_k \qquad (6.A2.6)$$

该式表明，当从 K 组中随机抽取的 A 群体进入实验组中时，它们的平均潜在值均值都是可观测的。在此，我用 $\tilde{Y}^T$ 来进行命名就是为了与之前所命名的简易的实验组潜在值相区别开。注意，$\tilde{Y}^T$ 是一个随机变量，它取决于被分配进实验组的群体 k 的个数，其中 $k=1$，…，K。另外，由于分配进实验组的群体是从整体研究组中随机抽样得到的，因此有：

$$E\left(\tilde{Y}^T\right)=\overline{T} \qquad (6.A2.7)$$

同理，对照组中的群体 B 的平均潜在值可表示为：

$$\tilde{Y}^C = \frac{1}{B}\sum_{k \in B} \overline{C}_k \qquad (6.A2.8)$$

同理也可知下式成立：

$$E\left(\tilde{Y}^C\right)=\overline{C} \qquad (6.A2.9)$$

因此，实验组中的群体的潜在结果均值减去对照组中的群体潜在结果均值即可得到平均处理效应的无偏估计量，即：

$$E\left(\tilde{Y}^T - \tilde{Y}^C\right) = \bar{T} - \bar{C} \tag{6.A2.10}$$

方差估计量

那么估计量 $\tilde{Y}^T - \tilde{Y}^C$ 的方差又是多少呢？如果这两个随机变量是相互独立的，则计算方法则相对简便：

$$\mathrm{Var}\left(\tilde{Y}^T - \tilde{Y}^C\right) = \mathrm{Var}\left(\tilde{Y}^T\right) + \mathrm{Var}\left(\tilde{Y}^C\right) \tag{6.A2.11}$$

然而，如果在自然实验中，$\bar{T}_k$ 和 $\bar{C}_k$ 是从非重复性的抽样过程中得到的，那么我们就需要对每一个组的方差进行分别计算，例如实验组的群体方差为：

$$\mathrm{Var}\left(\bar{Y}^T\right) = \mathrm{Var}\left(\frac{1}{A}\sum_{k \in A}\bar{T}_k\right) = \frac{1}{A^2}\sum_{k \in A}\mathrm{Var}\left(\bar{T}_k\right) = \frac{\mathrm{Var}\left(\bar{T}_k\right)}{A} \tag{6.A2.12}$$

在上式中，后两个等号成立说明：因为群体 A 是从研究组 K 中通过简单随机抽样得到的，并且实验组中 k 个群体的潜在结果均值 $\bar{T}_k$ 都是相互独立且同分布的，因此我们可以根据变量独立性性质，从方差中提取常数项，从而使得倒数第二个等号成立。另外，根据实验组群体的同分布性质，可知 $\sum_{i \in A}\mathrm{Var}\left(\bar{T}_k\right) = A\mathrm{Var}\left(\bar{T}_k\right)$ 成立，即最后一个等号成立。我们可以使用相同的推导方法得到 $\mathrm{Var}\left(\tilde{Y}^C\right)$。

199

因为 $\bar{T}$ 是群体 K 的均值（参见式 6.A2.4），则群体的方差可简单表示为：

$$\mathrm{Var}\left(\bar{T}_k\right) = \frac{\sum_{i=1}^{K}\left(\bar{T}_k - \bar{T}\right)^2}{K} \tag{6.A2.13}$$

即单个群体的均值与总体群体均值的差值平方和,再除以群体数量所得到的结果。注意到这是一个基于群体样本分析层面的参数(该值也可以用方差的常用表达符号 σ^2 进行表示)。

以上这种计算方法就反映出了整群分析的优势所在。$\overline{T}_k$ 作为每一个群体中样本的总和均值非常具有稳定性。事实上,如果群体之间具有完全异质性,则受干预群体内的样本差异要大于群体间的样本差异,则 $\overline{T}_k$ 值会变得非常小。假设如果所有群体符合同分布,则单个群体均值与所有群体的均值的差值将为零。因此这里面所蕴含的一个逻辑在于:相比于群体间的样本同质性而言,群体内的样本达到多大程度的同质性,与使用整群分析进行因果推断所产生的偏误程度大小息息相关。如果群体内样本同质性程度很高(或者说群体间的样本同质性很小),则使用整群分析产生所产生的偏误就会很低,相反,如果在一个群体中每个样本潜在值具有很大程度的差异性,则样本的均值方差就会很大(如式 6.A2.13)。在下文中,我将对整群分析与基于个体样本层面的分析方法以及组内相关系数法作对比,届时也将重新回过头来再探讨此问题。

式 6.A1.12 与 6.A1.13 还对自然估计量 $\tilde{Y}^T$ 进行了估计,并且命 $\tilde{Y}_k^T$ 为实验组第 K 个群体的样本潜在值均值。因此,有:

$$\tilde{Y}_k^T = \frac{\sum\limits_{i \in k, A} T_{ik}}{n} \tag{6.A2.14}$$

从而,式 6.A2.12 的自然估计量就是:

$$\widehat{\text{Var}}\left(\tilde{Y}^T\right) = \frac{\widehat{\text{Var}}\left(\overline{T}_k\right)}{A} \tag{6.A2.15}$$

其中 $\widehat{\text{Var}}\left(\overline{T}_k\right)$ 的值为:

$$\widehat{\mathrm{Var}}\left(\overline{T}_k\right) = \frac{\sum\limits_{k \in A}\left(\tilde{Y}_k^T - \tilde{Y}^T\right)^2}{A-1} \tag{6.A2.16}$$

式 6.A2.16 非常接近于实验组群体的理论方差值（标准差就是由理论方差值开方而得到的），并且当其再除以实验组中的群体个数 A 时就能得到自然估计量 $\widehat{\mathrm{Var}}\left(\tilde{Y}^T\right)$。然而在式 6.A2.16 的分母中，我们所使用的值是 $A-1$，因为在计算该方差的过程中我们只有 $A-1$ 个自由度（自由度有助于提高 $\widehat{\mathrm{Var}}\left(\overline{T}_k\right)$ 的无偏性，并有利于对总体群体均值方差（式 6.A2.13）进行估计）。同理，对于对照组群体的均值方差估计为：

$$\widehat{\mathrm{Var}}\left(\tilde{Y}^C\right) = \frac{\widehat{\mathrm{Var}}\left(\overline{C}_k\right)}{B} \tag{6.A2.17}$$

其中对于 $\widehat{\mathrm{Var}}\left(\overline{C}_k\right)$ 而言，有：

$$\widehat{\mathrm{Var}}\left(\overline{C}_k\right) = \frac{\sum\limits_{k \in B}\left(\tilde{Y}_k^C - \tilde{Y}^C\right)^2}{B-1} \tag{6.A2.18}$$

在这里，　　 指的是对照组中第 K 个群体的潜在值水平，而 B 则指对照组中群体的抽样个数。

因此，在集群随机性假设下，对于自然实验的平均处理效应的方差估计，有：

$$\widehat{\mathrm{Var}}\left(\tilde{Y}^T - \tilde{Y}^C\right) = \widehat{\mathrm{Var}}\left(\tilde{Y}^T\right) + \widehat{\mathrm{Var}}\left(\tilde{Y}^C\right) \tag{6.A2.19}$$

可以看出，方差估计量非常简单：就是实验组群体的潜在结果方差与对照组群体的潜在结果方差之和。标准误则由上式开方而得。

注意我们在本节开始时说，如果我们不能确定在研究组中能够依据简单随机抽样获得 K 个群体，即如果群体之间不是相互独立的

（一个群体如果被分配进了实验组，它就不能被分配进对照组）或者
201　抽样过程不是遵照重复性抽样，以及群体样本不遵照同分布假定，
则在方差估计过程中就会出现偏差。相反，如果我们能遵照附录6.1
所做出的论断，假设样本由简单随机抽样而得并以此作为数据分析
的依据，则可得到在弱原假设下，平均处理效应方差的保守估计量
（当基于非整群分析时，如果原假设是严格的，则可以得到该估计量
的精确值）。

　　如果每一个群体中只含有一个样本，而不是由多个样本所得到
的潜在值，那么又该如何呢？事实上，当与群体规模相关的每个群
体中的样本容量很小时，上式给出的方差估计方法依然有效。否则
的话，则就需在估计中加入一个小样本校正系数。

　　如果不同群体间内的样本容量不相等，则情况就会变得复杂，
例如式6.A2.5中的分母就类似于随机变量，它的大小将取决于干
预分配的过程本身。除非不同群体内的样本容量差别很大，否则整
群分析一般情况下都能得到准确的估计量，尤其是在群体数量很大
的情况下。另外，建议使用群体规模的均值作为上式所提到的 n 的
度量标准。更多关于群体样本容量差异的讨论，请参见基什（Kish，
1965，第六章）。

练　习

　　在以下习题中，n 代表分配到实验组的群体个数，而 m 代表分
配到对照组的样本个数。

　　6.1）在以下的描述中，哪些属于参数？哪些属于估计量？如果

是估计量的话,它们是如何被估计得到的?

(a)平均处理效应;

(b)分配到实验组的样本潜在值;

(c)如果每一个样本都分配到对照组,则对照组的样本潜在值;

(d)实验组样本潜在值的方差;

(e)对照组样本的潜在值经验方差并除以群体个数 m。

6.2)在下表 6.E2 中,请将第一列的名词概念与第二列的相关描述进行匹配

(a)意向干预参数	(1)实验组中,潜在值方差除以 n 的平方根
(b)实验组中样本潜在值的标准误	(2)实验组中样本的平均因果效应
(c)实验组中样本潜在值标准误的估计量	(3)实验组中,样本潜在值的标准差与 n 的平方根的比值
(d)实验组中可观测潜在值均值减去对照组中可观测到的潜在值均值	(4)关于样本分配与干预的一个估计量

6.3)设一个票选盒有六张选票,分别为:{1, 2, 3, 4, 5, 6}。从中随机抽取一张选票之后,将选票放回,再进行第二次重复性抽样。

(a)第二张选票抽到 3 号的概率是多少?

(b)已知第一张抽到的选票为 2 时,第二张选票抽到 3 的概率是多少?

(c)无条件概率和条件概率所得到的值是一样的吗?

(d)第二次抽样与第一次抽样是相互独立的吗?

(e)第一次抽到的选票为 2,第二次抽到的选票为 3 的概率是多少?

202

（f）第一次或第二次抽样中，抽到 3 的概率是多少？

请对你所给出的答案进行解释，如果对这部分内容不熟悉的话，请阅读弗里德曼、皮萨尼和珀维斯（2007）的第十三章和第十四章。

6.4）假设在只包含两种选票的 $\{0,1\}$ 票选盒中随机不重复抽取两次选票。

（a）建立一个反映抽样过程的票选盒模型，在该模型中，你从单个的盒中完成了一次随机抽样。（提示：在盒中的每一张选票都应该有两个值。）

（b）在两张抽取选票中，至少有一张是 1 的概率是多少？

（c）假设在原始票选盒中以不重复抽样的方式随机抽取选票 50 次，则抽取总样本的期望值是多少？

（d）抽取的总体样本的标准误是多少？

（e）利用正态分布假设，计算抽取的样本总量低于 60 的概率。

（f）为什么这里可以使用正态分布假设？

请对你所给出的答案进行解释，如果对这部分内容不熟悉的话，请阅读弗里德曼、皮萨尼和珀维斯（2007）的第十六章和第十七章内容。

6.5）在一次关于全体选民的公共意见调查中，随机抽取一部分选民并调查他们是支持候选人 A 还是候选人 B。这里，在调查中会涉及一个新名词"误差界限"（假设当 50% 的人支持 A，而 50% 的人支持 B 时，"误差界限"在上下两个标准误单位以内）。据此回答下列问题：

（a）假设有 50% 的人支持 A 候选人，而 50% 的人支持 B，建立一个模型来描述从"票选盒"中进行抽样的过程。

（b）对于那些支持 A 的选民调查而言，其样本比例的期望值能达到多少？

（c）当抽样规模达到 100 时，这一比例的误差界限能达到什么水平？如果这一抽样规模是 200,400 或 800 呢？

（d）当抽样规模由 100 增加到 200 时，误差界限减少的幅度是多少？如果抽样规模从 400 增加到 800，下降幅度又是多少？并对答案进行解释。

（e）上下两个标准误单位所决定的置信区间又是多少？给出该置信区间的解释（即阐释出该统计量的含义）。

请对你所给出的答案进行解释，如果对这部分内容不熟悉的话，请阅读弗里德曼、皮萨尼和珀维斯（2007）的第二十章和第二十一章内容。

6.6）假设在一个自然实验中，研究组中共有 10 个样本，其中 7 个被随机分配到实验组而 3 个被分配到对照组。请观察表 6.E6 所给出的这些样本的反应值。

表 6.E6 　一个小型自然实验中的样本观测值

分配到实验组样本	分配到对照组样本
3	—
2	—
5	—
6	—
3	—
4	—
5	—
—	2
—	4
—	3

在这里，"—"是指这些在实验组或对照组的反应值不可被观测（由于随机分配的作用）。

（a）运用本章所给出的内曼模型，建立一个票选模型来描述该实验，并说明票选盒中都包括了什么？

（b）对于你所建立的模型（a），给出其意向干预的参数。

（c）利用上表中所给出的数据，对意向干预参数进行估计。

（d）利用两个独立抽样方差的差值，求出（c）中意向干预参数的标准误。（为了估计出票选盒中的样本方差，应该再除以抽样样本的个数再减一。）

（e）现假设有一个研究者建立了一个 OLS（标准最小二乘法）回归模型：$Y_i = \alpha + \beta A_i + \varepsilon_i$，其中，$A_i$ 是一个 0-1 变量，当取"1"时代表样本 i 被分配进实验组（注意，在这里为了避免与内曼模型中实验组潜在值的表示出现混乱，我用 A_i 来代替 T_i 来进行表示）。请根据 OLS 估计的前提假设，说明该模型与你在（a）中所建立的票选模型有何不同？

（f）在 OLS 模型中，$E\left(Y_i \mid A_i = 1\right)$ 的值为多少？ $E\left(Y_i \mid A_i = 0\right)$ 的值又为多少？

（g）对于解释变量用矩阵 X 进行表示，则矩阵 X 中每一行分别为多少？ 矩阵 X 的规模是多少？ 如果被解释变量用矩阵 Y 来表示，则 Y 的规模又是多少？

（h）计算 $X'X$，$\left(X'X\right)^{-1}$，$X'Y$ 和 $\left(X'X\right)^{-1} X'Y$ 的值分别为多少。并利用 $\left(X'X\right)^{-1} X'Y$ 估计出 α 和 β。

（i）根据你所得到的 $\hat{\alpha}$ 和 $\hat{\beta}$ 估计量，计算 $\left(\hat{Y}\middle|A_i=1\right)-\left(\hat{Y}\middle|A_i=0\right)$ 205
并比较该值与你在（c）中所得到的答案有何不同？请用简短的语言进行描述。

（j）计算每一个样本单位的 OLS 残差值，并计算残差平方和。
（提示：每一单位样本 i 的 OLS 残差为 $e_i=Y_i-\hat{\alpha}-\hat{\beta}A_i$）

（k）现在利用 OLS 的标准公式计算估计量 $\hat{\beta}$ 和 $\hat{\alpha}$ 的标准误。
（提示：标准公式为 $\mathrm{Var}\left(\hat{\beta}\middle|X\right)=\sigma^2\left(X'X\right)^{-1}$，而标准误则为求得的该方差的平方根。在这里，$\sigma^2$ 是残差的抽样方差估计量，在计算 σ^2 的过程中，分母为给定的自由度。）

（l）请估计你在（i）中所得 $\left(\hat{Y}\middle|A_i=1\right)-\left(\hat{Y}\middle|A_i=0\right)$ 差值的标准误，这与你在（d）中所估计的标准误有何不同？

（m）你认为通常关于 OLS 的假设在这里还能适用吗？为什么？哪一条假设最具合理性？哪一条假设缺乏合理性？请给出合理解释。

注意，回答（e）—（m）的问题需要你适用线性回归的相关知识（Freedman，2009），每一个题的计算过程都是很简单的，但是针对相关矩阵的计算中最好用手算（不要使用统计软件计算）。

6.7）如果因果推断与统计性的假设检验存在相关关系的话，它们的这种关系又是什么呢？票选盒模型对于二者而言都能进行解释吗？不同的需求模型间有什么样的差异？

6.8）在一个自然实验中，研究者在非洲某国家边界两侧各选取了 10 个村庄，其中实验组和对照组相互一一对应，即每一个实

验组村庄都有一个和它到边界线距离相等的对照组村庄。该边界
线是殖民时代所任意划分的，因此研究者可以认为边界两侧的村
庄居民是按照近似随机方式分布的。在每一个村庄中，研究者以
随机方式抽样选取了 20 个村民进行调查，因此被调查人数一共有
$20 \times 20 = 400$ 人。

206

（a）该自然实验中的样本符合集群随机性吗？

（b）这里面一共包含有多少个群体？

（c）对于研究者而言应该采取什么样的分析策略？以及他应该
怎么样对这些样本进行分析？你认为这里面所存在的问题或局限
性都有哪些？

6.9）假设一个小型自然实验包含有四个样本，其中样本 A 和样
本 D 被随机分配到实验组；而样本 B 和样本 C 被随机分配到对照
组。其中每一个样本的观测值分别为：样本 A：6；样本 B：2；样
本 C：-1；样本 D：-3。请对该实验的平均处理效应进行解释并作
出估计。其后，基于严格性原假设，利用费雪精确检验（又作"随机
性推断"）估计你所得效应比所估计的平均处理效应大的概率。

6.10）在本题中，你所用到的数据来自米格尔、萨提亚纳斯和瑟
金提（Miguel、Satyanath 和 Sergenti，2004）的研究"经济冲击与内
战冲突：一个工具变量方法的应用"。这些数据来源于 http://elsa.
berkeley.edu/~emiguel/data.shtml。你需要下载"Main Dataset"和
"Results Do-file"两个文件，以及其他你所感兴趣的文件。

（a）利用"Results Do-file"文件，重复米格尔、萨提亚纳斯和
瑟金提（2004）的研究中的表 1—4 相关结果。

（b）在该数据中，你认为降雨量增长与预处理协变量是相互独

立的吗？为了回答这个问题，你需要考虑哪些变量是预处理中的协变量，其次，检验这些变量和降雨量增长之间的独立性。你可用对单个变量之间——进行检验，或者也可以利用其他方法。（"其他方法"都有哪些？哪个方法是最优的？）

（c）建立一个有关内战爆发次数与降雨量增长的简单回归模型（注意，这是一个线性概率回归模型）。

（d）建立一个关于内战爆发次数对经济增长影响的工具变量回归模型，其中工具变量为降雨量的增长，并不添加任何协变量。

（e）降雨量在 t 时刻的增长率与 t+1 时刻的增长率是相互独立的吗？给出你的答案并做出解释。

（f）现在输入"NCEP_g"对于"gdp_g_1"做回归，即考察降雨量增长对于 GDP 增长的滞后影响。你是否能够得出一个令人惊讶的结果？为什么？

（g）在米格尔、萨提亚纳斯和瑟金提的研究中，是否存在违背"排他性约束"的因素？根据你的经验，有什么办法能够估计出这些潜在因素吗？

6.11）请利用标准的统计软件包对以下数据进行清理。

（a）生成一个关于标准正态随机变量 y 的 1000 个观测值。

（b）生成关于 x_1 到 x_{50} 的 50 个标准正态随机变量的 1000 个观测值。

（c）用 y 对常数项和 x_1 到 x_{50} 的 50 个变量做回归。报告你的结果。

（d）在回归结果中报告那些系数在 10% 的置信水平上显著的变量。并对此做出相关解释。

（e）将置信水平调至 25%，重复步骤（a）—（d），并将结果与 10% 置信水平上的结果作对比。报告你的结论，说明二者之间所存在的差异，并对此进行解释。

在本练习题中，以下 Stata 操作命令或许有用：

赋值 i=1/50{gen x'i'=invnorm(uniform())}

在新版的 Stata 软件中，你需要将 invnorm(uniform()) 更换为 rnormal()。

第七章　定性分析的核心作用

定性方法在自然实验中也扮演着至关重要的角色。事实上，我认为定性分析有助于对研究背景的了解以及对实验过程相关信息的详细描述，这对于自然实验设计的说服力而言十分关键。本章的目的就是要系统地发展这一思想，通过提供一个定性分析在自然实验研究中的一般性框架，为自然实验中的定性证据考察提供一个统一的分析手段，同时也会介绍几个最新社会科学研究案例来对定性分析进行更好的阐述。这将有助于我们在未来的自然实验研究中更好地使用定性分析方法。

本章的主题不只是对分析方法的探讨，这是本书第二部分内容的重点，而且还会与自然实验的发掘与评估有关（这分别是第一部分和第三部分所关注的重点）。然而，在许多成功的自然实验中，定量分析与定性分析总是紧密结合的，这意味着本章关于定性分析的讨论最好与前两章中关于定量分析的讨论结合起来。

许多学者已经强调过对于成功的自然实验而言定性分析方法对于相关研究背景知识深入理解的重要性。正如安格里斯特和克鲁格（Angrist 和 Krueger，2001，第 83 页）在他们对于工具变量法的讨论中所说的那样：

"我们的观点是，工具变量法应用中的进展主要取决于那些为了度量重要的经济关系而发现或创造出来的可信的自然实验——统计学家戴维·弗里德曼(David Freedman,1991)将其称之为'皮鞋'研究(shoe-leather research)。在此过程中,主要的挑战不是来自于对新定理或新估计技术的要求。相反地,研究进展更可能源于详细的相关系统性知识以及特定情境下起作用的相关因素的细心调查与量化。当然,这也不是什么新鲜事,它们一直是优秀的经验研究的核心保障。"

本章试图为这一观点建立一个更为系统的分析框架。例如,什么样的"详细的系统性知识"对于自然实验而言才是最有用的呢? 如何才能通过最好的方式得到这些知识? 关于因果效应估计过程中相关信息的"细心调查"对于发掘和验证自然实验到底能有怎样的帮助? 以及这种信息对于达成一个强自然实验设计而言到底能够做出哪些重要的贡献?

为了回答这些问题,我将讨论在政治学领域内的一些使用了定性分析方法的最新研究案例。特别的,我将在科利尔、布雷迪和西赖特(Collier、Brady 和 Seawright,2010)的工作基础上,讨论"因果过程观测"(causual-process observations)体系对于因果推断分析的重要贡献,从而表明定性分析在自然实验研究中检验理论、解释实验结果,以及解释因果机制方面所具有的重要作用。随后我将建立一个分类体系来阐明因果过程观测在自然实验中所能提供的因果推断作用。利用马奥尼(Mahoney,2010)的分析框架,我将因果过程观测分为以下几个类型:

干预分配型因果过程观测。简单来说,这些观察信息主要反映了在自然实验中,样本被分配进实验组和对照组的过程;它们对于支持或否定分配过程的近似随机性提供了有效帮助。

自变量因果过程观测。这些信息反映了自变量（干预变量）的价值；它们不仅在自然实验中发挥作用，而且在那些与自然实验相结合的探索性或实证性研究中也扮演着重要角色。它们有时会被用于分析实验干预条件的哪些方面对于所估计的因果效应起了作用。

机制型因果过程观测。这些因果过程观测所提供的信息，不只有助于我们了解一个理论所提出的某个干预因素是否存在，同时也有助于我们了解与产生所观测效应的因果过程的类型。

附属结果型因果过程观测。这些数据信息反映了实证研究理论所得到的辅助性结果，也就是说，如果真的存在因果效应，那么除了期望得到那些我们感兴趣的主要变量以外，附带的补充性的结果也同样重要。当自然实验所得到的结果不可思议时，它们往往能对这种结果提供合理的解释。

模型验证型因果过程观测。这些观察主要用于帮助我们理解因果机制的产生过程，即用于支持或否定因果模型的核心假设，譬如内曼潜在结果模型或标准多元回归模型。[①]

210

其中，"自变量因果过程观测"、"机制型因果过程观测"和"附属结果型因果过程观测"主要来源于马奥尼（2010）的思想，我只是将这些概念进行了进一步扩展并使其适用于自然实验研究。其中

---

① 干预分配型因果过程观测可以被看作是模型确立观察值的一个子类型：近似随机性抽样是内曼模型中的一个核心部分，而模型验证型因果过程观测能够反映模型本身很大程度的信息，这其中自然就包括了自然实验的近似随机性要求，当然，将干预分配型因果过程观测分离出来单独讨论会更为方便。

第一个和最后一个因果过程观测，即"干预分配型因果过程观测"和"模型验证型因果过程观测"的想法则是原创性的。后面几种类型的因果过程观测在许多混合分析研究中十分重要，但它们在自然实验中尤为重要。在对这些类型的因果过程观测进行了简单的一般性讨论之后，我将分别针对每一种类型在自然实验中的不同应用进行详细阐述。在本章结论部分，我将讨论在进一步研究中所要面对的一个非常重要的问题：如何区分自然试验中那些更有效的或者更无效的因果过程观测结果。

7.1 自然实验中的因果过程观测

在开始之前，搞清楚几个有关定性分析或多元分析的相关概念是非常必要的，它们在近来的文献研究中发展势头迅猛。这些概念的核心思想就来源于"因果过程观测"，科利尔、布雷迪和西赖特（2010，第184页）将"因果过程观测"描述为"那些能够反映研究背景、推断过程或因果机制的相关信息的数据"。他们将"因果过程观测"与另一个概念"数据集观测"进行对比，后者在金、基奥恩和维巴（King、Keohane 和 Verba，1994）以及其他人的研究中被讨论过。一个数据集观测结果是指在一个单一案例中对于自变量与因变量取值的整理与收集。[1] 例如，在自然实验中，一个数据集观测结果对于每一单位样本而言可能包含有：被解释变量的值，样本

---

[1] 例如，在一个数据集观测列表中，"行"所代表的回归分析中的常规变量名，而"列"则代表的是数据值。

单位所要被赋予的干预条件，以及关于干预条件是否被接受的信息或者一系列预处理协变量的值。

相对于数据集观测而言，因果过程观测所具有的典型区别在 211
于，它能包含一个单位或多个单位样本的更具深度的相关信息，或者说，它包含了数据集观测结果所不能反映的更为广阔的信息。因此，因果过程观测与那些常规数据集所收录的数据有很大不同。正如科利尔、布雷迪和西赖特（2010，第 185 页）所说的，"因果过程观测可能就如同一个'烟枪'，它对于因果机制与因果效应评估显示出至关重要的洞察力，同时也是因果推断分析方法中所不可或缺的补充或替代性力量"。[①] 与"烟枪"相比，因果过程观测也许更像是侦探案件中的"线索"。[②]

总之，因果过程观测所具有的信息和洞察力能够反映变量间的运行方式、推断过程与因果机制，这些都是常规数据集中所不可能具有的。在许多研究中，因果过程观测能通过样本的自变量和因变量取值来系统性地获取。的确，因果过程观测有时能够反映其他数据集的生成过程，这一点科利尔、布雷迪和西赖特（2010，第 185 页）也做过特别强调。然而在另外一些研究中，因果过程观测所反映出的逻辑运行机制与常规数据集观察结果会具有根本性差异，因为关于因果推断过程与因果机制的关键信息全都被包含在了其他数据

[①]　Van Evera（1997）之后 Bennett（2010）讨论了因果过程观测所能反映的许多类型的假设检验，包括："hoop"检验、"straw-in-the-wind"检验、"smoking-gun"检验和"doubly decisive"检验。并根据它们是否能够通过这些检验并反映真实的因果效应，将其进行了归类分析。

[②]　在他的在线补充教程中，戴维·科利尔使用了"夏洛克·福尔摩斯系列"的"银火焰"一章作为例子，来分析因果推断过程中所可能使用到的不同类型的因果过程观测。

集中，它是每一单位样本所具有的自变量和因变量信息的反映。

许多关于因果推断的定性研究能够反映因果过程观测结果的生成过程。例如，在定性分析和案例研究领域内，"过程追踪"技术就一直备受瞩目（George和Bennett，2005；Van Evera，1997），它就是一种能够反映生成因果过程观测结果的方法。正如马奥尼（Mahoney，2010，第124页）所说的，"过程追踪主要是通过发掘因果过程观测来为因果效应推断服务"。弗里德曼（Freedman，2010a）也探讨过因果过程观测在医学和流行病学研究中所扮演的重要角色。

然而，在自然实验中，因果过程观测为因果效应推断起到了什么样的作用呢？在此，我认为，因果过程观测可以通过几种不同的
212　类型来进行定位，其中每一个类型都与自然实验和其他研究设计息息相关。

7.1.1　近似随机性的验证：干预分配型因果过程观测

正如上面章节所讲到的，自然实验设计过程中所面临的一个核心问题就是样本分配过程是否是随机的或近似随机的。毕竟这才是该方法是否成立的关键。

因为在自然实验中会运用到许多统计模型，例如内曼模型，它们都给定了随机性分配的假设，所以确立数据的近似随机性成为确立整个模型有效性的一部分。然而，在这里我想再次强调的是，由于近似随机性假设对于自然实验设计而言具有核心的重要地位，因而在本小节中我只讨论近似随机性的有效性验证，而模型的整体有效性验证则分开到7.1.5节进行讨论。

有许多技术方法能够验证这种近似随机性假设。在下一章中，我就将讨论几个针对此问题有效的定性分析技术。例如，在一个有效的自然实验中，一个重要的方法就是使实验组和对照组样本通过统计平衡性检验：也就是说，数据必须体现干预过程中的样本分配方式与协变量之间的独立性（若干预分配过程真的是近似随机的则必然会如此）。正如我将在第八章中所讨论的，针对特定的自然实验，另外还将会有其他的定性分析技术，譬如断点回归设计。使用断点会回归的研究者应该表明样本没有"堆积"在关键回归断点阈值的某一侧，而是必须确保阈值两侧附近的样本分配过程是随机的或近似随机的。

在本节中，我的目标有所不同。在这里，我将讨论如何使用那些关于定性分析的相关信息，尤其是因果过程观测，来验证样本干预分配过程是否满足于近似随机性。特别地，我将表明，这些关于实验组和对照组的分配结果的信息数据，是如何为验证近似随机性假设提供不同的力量，从而为因果推断贡献核心力量。

我将这类信息称为"干预分配型因果过程观测"。首先，我会讨论因果过程观测类的数据信息，因为它们在自然实验的发现、分析和评估中都扮演着独一无二的重要角色。研究者在任何自然实验设计中都必须能够明确指出此类关于干预分配过程的信息。相 213 反，如果没有此类支持性信息，读者对于其所设计的自然实验应当有所怀疑。

作为第一个例子，让我们再次考虑阿根廷土地产权转让的研究。再次回忆一下，该研究宣称对于布宜诺斯艾利斯的贫困占地者而言，土地产权的分配是近似随机的，因为有些土地所有者将占地者对其土地的强占行为告上了法庭，而另一些土地所有者则没有这么做，从而创造了一个实验组和一个对照组，其中实验组的贫困占地者能够在很短的时间内得到土地产权，而对照组的人却由于法律上的挑战而无法得到土地产权。加列尼和沙格罗德斯基（Galiani 和 Schargrodsky，2004，2010）则认为，那些对占地行为提出挑战的土地所有者，其行为本身与被占土地的特征无关，也与谁占了土地无关，这一结论是由定量分析工具所证实的。[①]

　　然而，占地行为发生过程中的定性证据对于验证这个自然实验也起了核心作用。回忆一下，占地者在 1983 年阿根廷建立民主制之前侵占土地的，并且他们是由天主教的活动分子所组织的。根据加列尼和沙格罗德斯基的研究，有理由认为，不论是天主教组织或是占地者个人，他们明显都相信这些废弃土地的产权是属于国家而非私人业主的。而后，被侵占的土地被分割成大小相同的规模，再分配给占地者。因此，无论如何，在 1981 年时，这些天主教组织者和占地者都不可能预测到 1984 年到底哪些土地的产权会得到合法转让，而哪些土地则不会。

　　注意到，这些具有定性特质的信息并不是通过针对每一个分析单位（占地者）的系统变量值的形式出现的。这被科利尔、布雷迪和西赖特（2010）称之为"数据集观测"。相反，这些因果过程观测是以不同的情景信息的形式出现的，从而有助于验证实验干预分配过程的近似随机性。要考虑到，天主教组织者（以及贫困占地者本身）

---

　　①　不仅仅实验组和对照组人们所分配到土地的质量是相同的，就连政府给实验组和对照组所得土地的所有者补偿也是相等的。

都明显不知道这些土地是属于私人业主的，同时他们也无法预测到这些土地有天会被征收。此类信息有助于排除各种解释，譬如天主教组织者将土地分配给贫困占地者，并且预料他们有朝一日能够获得产权。因此，这些因果过程观测的特征与数据集类观察样本（譬如每一个占地者所对应的预处理协变量值）的特征具有显而易见的差异。 214

以访谈和其他定性的实地调查为基础，加列尼和沙格罗德斯基令人信服地指出，那些对土地征用提出法律诉讼的土地所有者的决策能被异质性因素所解释。在此，整个事件过程中与占地行为的发生、土地征用的法律诉讼以及土地产权的分配相关的定性信息都表明，那些最终拥有土地产权的占地者与那些没有得到产权的占地者之间的系统差异，是无法解释这两组样本之间的事后差异的。相反地，这种事后差异最有可能就是由土地产权造成的。

实验干预分配过程中的定性信息也在其他标准自然实验中扮演了重要角色。考虑斯诺关于霍乱研究的这一经典案例（见第一章）。在此，定性信息不仅反映在水质来源的搬迁工作上，而且尤其反映在水资源市场的不同性质上，这两点共同证实了该研究中的近似随机性。例如，早在霍乱爆发前的 1853—1854 年，兰贝斯公司就决定将其进水管道搬迁到泰晤士河上游地区，但这一信息仍不足以清晰地建立起水质来源与霍乱疫情之间的因果机制。[1] 事实上，这里面存在一些微妙的混杂因素没有被考虑。1852 年大都市

---

[1]　表面上看兰贝斯公司领导人决定搬迁他们的供水管道是在 1847 年，但仅在斯汀威尔斯（Seething Wells）地区的设施搬迁工作直到 1852 年才得以完成。可以参见加州大学洛杉矶分校流行病学系（n. d. -a）。

水资源管理法开始实施，这一法案旨在"为都市提供放心可靠的纯净水"，并且规定了自1855年8月31日以后，凡是为住户提供水资源的供水公司其供水若来自泰晤士河下游，则都是不合法的。然而，除了1852年兰贝斯公司的供水管道搬迁完成以外，萨瑟克-沃克斯豪尔公司直到1855年才完成了这项工作。[①] 事实上，这里就会存在供水选择方面的混杂变量——例如，对于那些注重身体健康的住户而言，当他们观察到兰贝斯公司搬迁了供水管道时，他们就会转而使用该公司的供水。

因而在这里，关于水资源市场性质的定性信息就变得格外重要。斯诺强调，他所分析的样本对象有许多是属于伦敦地区的租户，当然，对于房屋业主而言他们不可能在事先很长时间就预测到兰贝斯公司搬迁供水管道这一行为。事实上，供水是通过城市地下的重型连锁固定管道进入所有的并排房屋的，这也意味着供水住户的市场流动性是有限的，因为当供水管道首次铺排后，业主就已经与一家供水公司签订了协议。正如斯诺在研究的简介部分对这一情况所进行的说明：

"由于供水市场上的激烈竞争，在房屋业主做出决定的那一刻起，不同的房屋就由不同的供水公司来供水。"（Snow，〔1855〕，1965，第74—75页）

由于水资源市场的这一定性信息特质，住户在对供水选择上很

---

① 1850年，微生物学家Arthur Hassall通过对萨瑟克-沃克斯豪尔公司的供水网络调查宣布，"它们的水质是我检验过的水质中最恶心的"。为了执行法律规定，1855年，萨瑟克-沃克斯豪尔公司在汉普顿地区建立了新的供水网络。可以参见加州大学洛杉矶分校流行病学系（n. d. -b）。

大程度地排除了自我选择性——尤其是排除了混杂因素对于霍乱死亡率影响的混在因素干扰。正如斯诺在第一章导论中所谈到的，兰贝斯移动供水管道的这一举动使得超过三十万不同年龄和社会地位的居民"不受自己选择和控制地被分成了不同的两组"（Snow，〔1855〕，1965，第75页）。在此，因果过程观测对于样本的近似随机性分配发挥了至关重要的作用，但又同时挑战了斯诺研究的可信性。[①] 在其他许多标准自然实验中，定性信息也会发挥着验证样本分配近似随机性的任务（更多例子请参见第八章）。

　　定性信息在断点回归设计有效性的验证中也扮演着重要角色。回顾一下，这种实验设计方式，即通过相关规定（通常是法律法规）根据样本相对于某一协变量的阈值的距离将样本随机分配分到实验组和对照组。例如，在西斯尔思韦特和坎贝尔（Thistlethwaite 和 Campbell，1960）的研究中，学生在通过一项资格考试后，就能够获得荣誉证书并得到公开表彰，而没有通过考试的学生将不具有这一荣誉。在安格里斯特和拉维（Angrist 和 Lavy，1999）的研究中，当学校的班级规模接近40或40的倍数（例如80、120等）时，学校为了维持一定的班级规模则会将新注册入学的学生重新分配到别的班级去从而导致平均班级规模的迅速缩小。在利茨格和莫里森（Litschig 和 Morrison，2009）关于巴西的研究，以及马纳科尔达、米格尔和维戈里托（Manacorda、Miguel 和 Vigorito，2011）关于乌

---

　　① 例如，如果在兰贝斯公司搬迁管道之后，住户们重新换了一家新的供水公司，或者是供水公司的领导人考虑到水质可能导致霍乱传播并引起死亡，这些因素都有可能和影响样本住户的混杂变量息息相关。因此它们会干扰实验的近似随机性。这些因素可能来自于数据集观测或者是来源于因果机制型观测。

216 拉圭的研究中，那些贫困指数得分低于阈值的城市就能获得联邦财政的转移支付，而得分高于阈值的城市则不能。

事实上，以上的这些实验设计原则上都可以被人为故意操纵，这既可能是特定样本单位的行为，也可能是指定与实施法律法规的官员们的行为。例如，在西斯尔思韦特和坎贝尔的研究中，可以让学生先得出成绩，然后再进行相关的分数线设置；在安格里斯特和拉维的研究中，当得知增加自己的孩子可能会造成学校削减班级规模时，积极的父母有可能另去寻找一个能刚好容纳下自己孩子的学校。或者另一方面，学校管理者有可能会拒绝那些可能导致班级规模超标的学生入学，因为他们不想降低班级规模，那意味着他们会增加班级数量从而导致对教师的需求增加。在贫困性补助和联邦财政转移支付的案例中，政治家也有可能对那些不符合资助资格的样本进行转移支付，或者他们也有可能诉诸政治力量来改变这种阈值设置的门槛条件。这些各式各样关于样本或官员的行为会显著破坏样本分配的近似随机性，从而会导致潜在结果估计偏误，进而导致因果推断的无效性。在下一章中，我们十分有必要通过使用一些定性工具来评估这些威胁因素。

然而，即使存在缺陷，定性分析对于断点回归设计而言仍然不可或缺的，且依然是对这一方法的补充和完善。例如，对重要官员的访谈调查和对样本对象的研究过程，可以让我们明白研究中的政策效应是否真的存在且有效。通常情况下，对于相关研究内容知识的了解与获取能够帮助研究者理解在什么情况下样本的分配规则可能出现偏误，同时也能够帮助其确定该政策的阈值设置是否合理。李和勒米厄（Lee 和 Lemieux，2010，第16页）曾针对断点回归设计提出了相似的观点，他们认为："对于真实世界的详细探查与研究能够帮助你确定实验干预和分配的合理性，同时能够确定样本是否实现了精确控制（当它们的值位于驱动变量两侧时）。否则，如果采取的是非实验手段来进行实验评估，则受干预变量很难做到被以近似随机性的方式进行分配。"

让我们来看一个有关断点回归设计的相关案例，这个案例来自于邓宁等（Dunning，2010b；Dunning 和 Nilekani，2013）对于印度卡纳塔克邦的研究（见第三章）。在该地区，基于（分区）政府的 217 一项复杂选举规则，村委会主席职位必须在不同的委员会中轮流推选，而推选的委员会顺序，则按照它们其中为低等种姓成员保留的席位数量多少依次降序排列（按照规定，每个委员会都必须为低等种姓的成员保留一定比例的席位）。因此在轮流推选的名单中，每一次排在名单前列的委员会将会得到主席席位，而在下一次选举中再继续按照名单顺序依次向下进行。因此，当席位数量有限而存在过多的委员会时，就会在名单中设置阈值，高于阈值的委员会才能获得主席席位，但是这种名单顺序却是由每个委员会分配给低等种姓成员的席位数量所随机决定的。

验证该选举制度是否严格实施只需查看过去保留的有关各分区官员选拔的配额分配的历史记录即可（参见 Dunning 和 Nilekani，2013）。但是，定性分析在其中也同样扮演着非常重要的角色。尽管针对选举的实地调查能够对样本分配过程进行观察与评估，但与选举委员会或者其他主事官员的调研访谈也可以有助于理解选举过程的实施。举例来说，卡纳塔克邦规定地方主事官员需要主持会议，与分地区委员会成员与村委会主席一起决定配额的分配过程并对如何实施分配进行说明；实地调查可以做到的是确定这样的会议到底召开了没有。但是我们还会存在另外的隐忧，即地方官员是否会缺席选举，或者他们是否会为了配额问题而对委员会其他官员产生游说行为，而针对这一点，定性的访谈调查就能发挥其有效性。系统的选举轮转制度会对抑制游说产生激励：如果一个村庄委员会在这一次得到配额，那么下一次它将不会再得到配额。然而，与官员和政治家的定性访谈以及实地调查能够帮助研究者评估出官员是否真的理解这种制度的激励机制。①

　　干预分配型观测同样也在其他断点回归设计中起到显著作用，这一类观测可能来源于访谈调查、参与者实地考察或者其他的一系列分析过程。例如，在梅雷迪斯和马尔霍特拉（Meredith 和 Malhotra，2011）的研究中，他们使用断点回归设计来分析电子邮件选举制的因果效应，在美国加州，当某地区选民人口少于 250 人时，政府允许其通过电子邮件方式进行官员选举（见第三章）。针对在实验干预和分配过程中出现的相关问题（例如，为什么有的地区选民人口超过 250 人仍然可以使用邮件进行选举），该研究的作者就是利用对官员调查访谈的方式来寻求相关解释。有许多显而易见的问题之所以会出现，通常是由于前期许多不可观测性因素的影响（例如自从电子投票系统建立以后，选民投票率会有所提高），因此干预分配型观测往往能够加深研究者对于实验干预分配过程的

---

① 正如我在本书中所经常强调的，实验中的实地调查能对于违背自然实验基本假设的潜在可能性因素——例如第五章中所讨论的平稳性样本值假定及其所造成的影响，进行评估。比如说对于选举中轮转制的预测行为本身就会对配额分配方式产生影响（参见 Dunning 和 Nilekani，2010）。

理解。

最后我想说的是，干预分配型观测在工具变量法中依然是有效的。在此，问题将不再围绕样本分配过程是否满足于近似随机性，而是更多地关注于工具变量本身。在回归过程中，问题在于能否确定工具变量独立于回归方程中的误差项［注意，定性分析也能够针对工具变量回归模型的其他关键假定进行甄别，例如排他性约束问题，即工具变量只会通过对受干预变量产生作用进而影响因变量。关于该问题我们将在"模型有效性验证"的有关章节（7.1.5 节）进行讨论］。当然这并不是说我们必须要在研究中有意识地去使用干预分配型因果过程观测。事实上，在工具变量法中，定性分析往往很难在定量研究过程中展开，但是从技术角度来讲，这一点也并不是一成不变的。的确，定性研究方法的应用能够促使许多工具变量分析变得更加具有可信度。

总之，定性分析的关键作用在于，它能够反映实验干预分配过程中的诸多信息，这对于一个成功的自然实验而言是必不可少的。这些信息不同于一般数据集观测样本的方式出现，即它不是反映特定的自变量或因变量的值。相反地，它包含的信息主要反映了样本是如何被分配到实验组和对照组的这一过程。这些干预分配型因果过程观测能够评估样本分配过程近似随机性中发挥其独一无二的优势，并且事实上，它们对于确认自然实验的使用是不可或缺的。

我们也可以从另外一个角度来看这个问题。在自然实验设计中，针对于实验干预和分配过程的阐释至关重要，同时针对这种样本分配过程为何具有近似随机性，研究者也需要给出一个令人信服的说明。需要注意的是，这种说明必须与另一种情况相区分，即研

究者简单地说该设计中不存在任何潜在的混杂变量的干扰，因而样
本分配具有近似随机性（或者一种更糟糕的情况是，研究者"声称"
自己控制了所有所能想到的混杂变量，所以基于对这些协变量的控
制，样本分配过程具有近似随机性）。在一个有效的自然实验中，
我们有必要针对样本在实验组和对照组的分配过程做出清晰描述，
这种定性分析对于确立样本分配过程的近似随机性至关重要。对
于一个令人信服的自然实验而言，定性分析方法——尤其是干预分
配型观测的运用——是非常有必要的。

7.1.2　干预效应的验证：自变量因果过程观测

在自然试验中，因果过程观测也会以其他方式扮演着重要角
色。根据马奥尼（2010，第125页），作为一种因果过程观测，自变
量因果过程观测"提供了一个自变量的相关信息（或是一个自变量
在某个取值范围内的相关信息）"。

马奥尼（第125页）认为，当你要检验一个理论时，其因果关系
的简单存在性通常具有本质意义，并且通常是有争议的："在许多
科学领域研究中，关键问题在于这个因果关系是否按照理论所提出
的特定方式或在特定时间下发生。"他给出了一个关于陨石撞击地
球导致恐龙灭绝的例子（King、Keohane 和 Verba，1994）；该研究
指出，在地球特定地层中存在的铱元素能够说明，在历史时期中确
实发生过陨石撞击地球的事件。另外，坦嫩瓦尔德（Tannenwald，
1999）曾讨论过"核禁令"的问题，他认为强制性的"核禁令"是美
国自"二战"以来不使用核武器的一个原因。他是通过与政策制定
者的访谈来得到"核禁令确实存在"这个信息的。在这两个案例中，

自变量观测样本在验证这些因果关系的存在性过程中扮演着非常
重要的角色——铱元素作为恐龙灭绝的证据以及核禁令是不使用核
武器的原因——这些因果关系都是按照理论所提出的特定方式和特
定时间而发生的。[①]

在自然实验中，因果过程观测也能够用于确定因果关系的存在
性及其本质特征。让我们回过头来考虑阿根廷土地产权转让的案
例，那些获得土地产权的占地者事实上是否拥有土地？并且，他们
是否了解他们所拥有的土地产权及其价值？显然，对于这些论点的
验证都是非常重要的。同样，自变量观测在斯诺关于霍乱的研究中
（见第一章）也发挥着重要作用，例如，在斯诺的早期研究中他就发
现，霍乱疫情主要是通过人与人之间进行传播的，因为他发现受污 220
染的废水在传播中发挥了重要的作用。[②]

我们再来考虑斯诺对于布罗德大街水泵的相关研究，在这里自
变量观测也发挥着重要作用。尽管这并不是一个自然实验，但它却
为斯诺通过对比水源来分析霍乱死亡率问题提供了基础。在伦敦
疫情暴发的 1853—1854 年间，斯诺绘制了一张图表来显示由于霍
乱而死亡的病人家庭地址。这些地址集中分布于索狐区的布罗德
大街水泵附近。斯诺则认为，霍乱疫情的爆发就是由于这台水泵提
供了受污染的水质。然而，这里面还存在着许多难以解释的现象：
例如，有许多人居住在水泵生活区附近并没有因霍乱而死亡，而有
的人居住地很远却因感染该疾病而死亡。

---

①　参见贝克与布雷迪、科利尔和西赖特之间在《政治分析》中的最新争论。

②　参见 Snow（〔1855〕，1965）中对于 Horsleydown 地区霍乱感染案例的相关讨
论。

斯诺走访了许多当地住户来了解关于该问题的相关情况(Snow,
〔1855〕,1965,第39—45页)。这一问题最终得以解决是因为,在
靠近布罗德街区水泵的地方有一个啤酒厂,当地住户告诉他有许
多当地人都会倾向于喝啤酒,而并不喝水泵的水(Snow,〔1855〕,
1965,第42页)。另外,他还了解到,在另一个靠近布罗德的街区
也有一台水泵,但周围住户不知出于什么原因,就是喜欢使用布罗
德街区的水泵打水。① 因此,在探讨"水资源是否受到感染"这一关
键问题的过程中,定性研究,例如通过访谈或其他形式,就可以解
决在此过程中所可能出现的异常问题。在这个例子中,自变量观测
就发挥了重要作用,它反映了来自布罗德街区水泵的供水可能就是
导致霍乱传播的原因。②

221　　　另外,数据集观测也可以用来探求因果关系的存在性。例如,
在斯诺的自然实验中,通过对大量受霍乱影响住户的实地调查〔被
弗里德曼(1991)和其他一些研究者称之为"皮鞋"型流行病学〕,
对于他发现研究组中的不同住户会存在供水渠道的差异有重要作
用。通过定性分析可以推断出,供水水质与霍乱所造成的死亡率高
度相关,这一点我们在第一章和第五章中已经使用交叉表研究的方

---

①　斯诺写道:"在更接近其他街区水泵的十个死亡的人当中,有五个人的家属告
诉我,相比较离他们最近的水泵而言,他们更愿意使用布罗德街区的水泵,在另外三个
案例中,死者死亡的原因是他们的孩子在布罗德街区附近上学,其中两个孩子被获知喝
了那里的水,第三个孩子的父母认为他的孩子也喝了。另外两个死亡人数仅仅是代表
在霍乱蔓延之前所引起的正常死亡人数。"(Snow,〔1855〕,1965,第39—40页)另外
有一个寡妇,她在很长一段时间内都没有居住在布罗德街区附近,仅仅因饮用了来自布
罗德街区水泵的水,两天后就因感染霍乱而死亡。

②　关于对布罗德街区水泵的相关研究并不是一个自然实验,虽然住户在水泵周围
的分布情况及使用该水泵的打水行为能够满足近似随机性,关于这一点并不存在异议。

法给出了证明。CSO与数据集观测方法相结合的使用方式符合多重方法研究的要旨：不同的技术工具都可以为因果推断贡献力量，在适当条件下它们都应当在因果推断中进行充分运用。

最后我想介绍的是波斯纳（Posner, 2004）的研究，其对于赞比亚和马拉维种族的不同政治文化观念差异的研究为我们认识自变量观测提供了另外一个视角。回忆一下波斯纳的相关工作，由于赞比亚和马拉维都存在有多个政治组织，因此对于国家边界地区的不同种族而言，他们对于不同组织有着截然不同的政治态度（Posner, 2005）。根据波斯纳的研究显示，这些种族群体间的差异促使选举竞争状况发生了动态变化，从而使得切瓦人和通布卡人这两个政治团体在人口稠密的赞比亚达成了政治联盟，而在人口稀疏的马拉维则没有表现出这种意向。为了使这一研究更加可信，波斯纳必须面对一个关键问题——这也是随机对照实验中常见的关键问题——如何精确地设置干预条件（见第十章）？或者具体来说，是什么因素使得赞比亚和马拉维边界地区的民众拥有截然不同的政治倾向？波斯纳通过历史和现实证据排除了诸如选举规则差异、政治人员活动等其他因素。他发现，切瓦人和通布卡人在赞比亚之所以能够结为政治联盟是因为他们被民众统一视为"东方组织"，而相反地，他们在人口稀疏的马拉维，尽管每个组织拥有更为庞大的群众基础，但是他们却在群众眼里并不是具有相同政治理念的政治团队（Posner, 2005）。这一案例在第十章也将作为典型案例再次出现，它说明了自然实验本身并不能回答"什么才是正确的干预条件"这一关键问答。然而，波斯纳关于相关干预变量可信性的调查研究，提供了一个非常有价值的关于识别关键因果变量而进行"皮鞋"型研究案例，其为国界两侧种族关系间的对比做出了合理解释，因而阐明了自变量因果过程观测的有效应用。

222　7.1.3　解释因果效应：机制型因果过程观测

马奥尼（2010，第128页）和其他学者强调，因果过程观测能够有效地阐明因果效应的具体联结机制。正如他所说的，"因果过程观测的第二种类型——机制型因果过程观测——能够提供关于一个理论所提出的干预性事件是否存在的相关信息。它主要不是通过简单地增加样本容量 N 来提高因果效应的有效性的。相反地，它们之所以能够提高因果推断的有效性是因为其提高了个体观测样本对于研究者关于实验结果的先验期望进行肯定或否定的能力。"例如，利用斯科克波（Skocple，1979）的研究，马奥尼提到了一个关于社会变革中"先锋运动"研究的例子。尽管斯科克波所检验过的所有社会变革都具有先锋运动的属性（其中有几次事件并未发生），斯科克波发现往往是在城市或农村的底层人民引领了社会变革之后，该先锋运动才会发生——这似乎与它所具有的名字并不相称。因此可以说，先锋运动并不是"社会结构性状况"与"底层人民发动变革"这两者之间的关键性干预因素。

然而，这个关于机制型因果过程观测如何产生作用的解释，并不能帮我们很好地区分各种中介变量机制，即各样本单位的特定取值属性——例如，先锋运动在社会变革中或早或晚的介入活动。因此，在某些情形下，有关中介变量的数据可以被作为数据集观测轻而易举地收集起来。这当然不是什么坏事，但是却不利于澄清各个因果过程观测的不同作用。此外，通过中介变量对因果机制进行考量可能会导致经验分析十分困难，正如最近那些关于因果中介分析所阐明的那样（Bullock 和 Ha，2010；Green、Ha 和 Bullock，2010；Imai 等，2011）。即使是在一个真实实验中，集中于中介变量的分析也可能会出现误导：因为在实验中，干预变量和中介变量对不同类型的样本可能会产生异质性的影响，从而使得基于非控制中介变量（甚至是受到实验性控制的中介变量）的因果推断可能会受到样本类型与其异质性效应之间交互作用的意外破坏。

注意，中介变量机制的这一特征，并不是在所有干预实验中都能反映出来。例如，瓦尔德纳（Waldner）就提出了一种相反的观点。在他的讨论中，其机制并不是中介变量，而是某种不变性过程的名称而已，例如"点火"过程——这种机制就是指通过燃烧汽油从而导致了汽车发动。如果我们认同这种有关因果推断机制的观点，则在自然实验的定性研究过程中，就会有大量方法产生"机制型因果过程观测"，这一点在其他的研究设计中也是一样。

例如，在一项警察对犯罪行为的影响研究中——在阿根廷遭遇了一次恐怖袭击之后，警察近似随机地分布在各个犹太街区的周围——可能会试图判断对罪犯产生"威慑"的机制就是更多的警力配置会减少犯罪（Di Tella 和 Schargrodsky，2004）。同样，那些被随机抽选、需要从小为"圣主抵抗军"服兵役的年轻人，他们的政治参与行为（尤其是投票行为）也会因此而受到影响，这种影响机制在心理学上的概念被称为"自主授权"心理（Blattman，2008）。另外在邓宁（Dunning，2010b）的研究还发现，在印度不同种姓群体在获得选举配额的过程中，并没有产生为了更多利益而进行竞争的局面，而是提高了更大种姓类型下各种姓群体之间的团结性。事实上，这些"威慑"机制、"自我授权"和"团结性"等抽象概念都有不少实际的经验参照物，它们可以通过因果过程观测和数据集观测的形式表现出来；大量的证据资源，从传统观测性研究到真实的实验研究，在此都是十分有用的。然而，因果过程观测对于发掘和验证因果机制而言都发挥着特别重要的作用，其中它们通常都被理解为联结中介变量与因果效应的抽象原理。

我们需要特别强调的是，在自然实验中，有一系列的定性研究方法能够有效地产生因果过程观测，例如有关"自然实验方法论"的相关概念。它是指通过对实验组和对照组有关样本的深度调查，并对其认知、行为策略等方面的分析，从而得出产生因果机制的原因。在此，我们的关注点在本质上仍然是解释性的，其干预变量（及其存在性）的社会意义是我们所感兴趣的关键问题。各种类型的实地调查对于收集和验证机制型因果过程观测将非常有用。事实上，在自然实验中通常存在的收集原始数据的行为——而非像观察性研究中那样使用现成数据——要求研究者进行某些形式的实地调查，这将使得他充分意识到那些对于解释因果效应而言十分重要的背景知识与实验信息。

当干预效应的异质性可以解释相应的因果效应时，因果过程观测也同样十分有用。在此过程中，有许多定性分析工具可以使用。例如在伊达尔戈（Hidalgo, 2010）对于巴西电子投票技术使用的研究中，有许多受访者就表示新机器在使用过程中，可能会造成选举欺诈行为，而这一现象更多地集中在东北地区（见第三章）。[1] 这一

---

[1]   Hidalgo（2011 年 7 月）的私人信函。

情况的反应直接导致研究者随后对于该地区的选举情况与其他地区情况作了对比，同时也加深了研究者在新技术使用过程中，对于选举欺诈问题及其所造成的处理效应的理解和判断。

7.1.4　解释因果效应：附属结果型因果过程观测

附属结果型因果过程观测提供了"那些应当伴随主要实验结果而出现的特定附属性实验结果的信息，当然这些结果必须是按照理论预测的方式所发生的……这些实验结果应当是在相关理论机制按照给定条件发生作用时分别发生的"（Mahoney，2010，第 129页）。因而，这些实验结果也关系到理论的检验；刑事侦探寻找线索的比喻在此特别有用（Collier、Brady 和 Seawright，2010）。

附属结果型因果过程观测并不是在自然实验方法中所特有的，也能应用于其他类型的研究当中。这种类型的因果过程观测牵涉到理论如何产生假说来解释所观测到的因果效应。然而，附属结果型因果过程观测能够用于验证自然实验设计中的因果效应是否存在，例如，在邓宁和尼勒卡尼（Dunning 和 Nilekani，2013）的早期研究中曾提过，在印度，基于种姓制的村委会配额选举方法对于边缘群体的物质利益分配并不会起到显著作用。初始研究表明，党派政治竞争可以削弱这种基于种姓制下配额选举所带来的分配效应，同时数据分析也证实了党派之间所存在的附属收益和重要联系（这就是一种数据集观测的附属结果，而不是因果过程观测）。随后的实地调查发现，党派在地方选举中常常扮演融资者的重要角色，这一发现与最初的自然实验研究理论是一致的，因此，附属性实验结果的信息有助于对自然实验研究提供相关的背景知识挖掘与解释。

7.1.5　提高可信度：模型验证型因果过程观测

在第五章和第六章中，我主要基于定量方法分析了自然实验中，具有因果推断性质的统计模型。虽然研究者在实际研究过程中会采用各种富有代表性的数据解释模型（当然，也包括多元回归模型），但是相比于其他方法而言，内曼潜在结果模型却常常能够提供一个更为有效的研究分析。该模型因为具有反事实推断和因果机制阐释等优点，从而更适合用于自然实验研究；它不像回归模型那样具有诸多限制，因为它允许在样本单位层面的反应值存在异质性。并且它能够对因果效应参数做出明晰准确的定义，例如平均处理效应与对抗者的受干预效应。此外，内曼模型作为一个统计模型所具有的优势还在于，它的样本单位分配过程都是符合随机性的，这通常是一个自然实验所须具备的必要条件，尽管也许有时对这一随机性要求并不是那么的强烈。[①]

但是，也正如我在第五章中所阐释的，内曼模型同样也具有许多局限性。其中一个最为关键的假设就是样本之间不能具有"交互干扰作用"（D. Cox, 1958），这一点又被称为"平稳性单元干预值假设（SUTVA）"（Rubin, 1978）：某一样本的潜在结果不会受到其他样本干预或分配方式的干扰。[②] 这些假定在实际研究中是否可靠，仍然只是部分可验证的，但是它们往往能够经得起一定程度的经验

---

① 这与经典回归模型形成对比，在经典回归模型中，假定误差项在真实随机过程中必须满足独立且同分布的，这一假定甚至在真实实验中也要求成立。

② 事实上，样本值平稳性假设也在规范的回归模型中被要求满足，即样本单位 i 的潜在结果只取决于样本的干预和分配过程以及它的协变量值，它并不会受到样本 j 的干预分配和协变量的影响。

研究和推敲。

在这里，我主要想强调的是一些定性方法，包括因果过程观测对于评估模型中这些假设的可信性的作用。例如，通过实地工作所获得的情境知识能够帮助研究者发现违反基本实验假设的情况，包括"样本干预值平稳性假设"。当然这一点也可以在真实实验中得到验证，例如莫尔顿（Mauldon 等，2000：17）等曾描述了一个福利实验，其中对照组的受试者意识到，实验干预条件就是"受到良好教育的人会获得奖励"，那么在这种情况下他们的行为可能就会发生改变。同样，在其他的案例中，对实验组和对照组样本的调查或其他定性分析可能会发现导致样本干预值不符合平稳性假设的潜在因素。在许多自然实验中，背景知识和多种定性分析方法的使用在对模型评估过程中发挥着至关重要的作用。

例如，在阿根廷土地产权研究中，假设那些没有获得土地产权的人受到了获得产权者的行为所产生的影响。那么在实验组中的占地者的观测信息就可能会对对照组的占地者行为造成干扰，从而导致他们行为发生了某些改变。换句话说，假设那些获得土地产权的人拥有的孩子数量较少——这一点是加列尼和沙格罗德斯基（Galiani 和 Schargrodsky，2004）的研究所发现的（见第五章）——这种情况就可能对对照组样本的生育行为产生影响。这种实验组和对照组的弱交互干扰作用可能会导致我们对"土地产权是否会影响生育行为"这一问题的估计出现偏差，即不能准确地探查那些获得产权的人与没有获得产权的人之间的真正差异。之所以会出现这种问题就在于它与数据解释背后的模型设定不符，在基本的内曼模型中，某一样本的潜在结果仅仅受该样本的干预和分配作用的影响，该样本和其他样本的潜在结果之间不存在相互干扰的情况。我将在第九章更加详细地探讨这一问题。

在模型验证型因果过程观测中，所存在的定性信息能够在验证模型假设（例如无交互干扰性假设）的有效性方面发挥出至关重要的作用。不同类型的定性分析方法在因果过程观测中都有重要表现。例如，在与擅自占用土地的贫困者进行系统性调查或者非正式接触的过程中，由这些方式所得到的信息都能够帮助研究人员对那些位于对照组中的样本对其他样本的干预分配状况的了解程度做出评估，以及对他们未来获得土地产权的可能性做出大致的了解。这些方法能够帮助研究者了解到，当样本位于不同的实验组或对照组，是否会对他们的生育行为或其他可能具有的行为产生影响。这些信息能够使研究者明白其中可能存在的因果推断机制。即使"无交互干扰性假设"仅仅作为一个假设而言只能被部分地证实，但是通过定性信息的获取来维护这一假设的过程却是至关重要的。研究者需要这些定性信息，因为它们能够帮助研究人员确定因果推断模型的有效性。

上述邓宁和尼勒卡尼（Dunning 和 Nilekani，2013）关于印度种姓制下的选举配额研究就体现了模型验证型因果过程观测的作用。在此，一个关键问题就是那些得到配额的村庄委员会在轮转制选举下，其选举结果到底具有多大的可预测性？如果对照组中的委员会样本能够确定性地知道它们将在下一轮或者下下轮将进入实验组，那么这种信息势必会对种姓制下的选举产生配额分配方式或其他政治方面的影响。但是，对委员会成员以及主席的定性调查显示，研究组中不存在这种"确定性"，只有在个别情况下，那些在好

227

几轮选举中都没有得到低种姓配额的委员会才会自信地认为在下一轮选举中他们将会得到配额。尽管如此，研究者认为这种对轮转制的预测行为还是会影响配额的分配方式（Dunning 和 Nilekani，2010）。在这种情况下，通过实验组和对照组之间的均衡结果对比，并不能够准确估计轮转制选举对于村庄委员会的影响。① 因此我想再次强调的是，实地调查对于更好地理解轮转制下配额分配的动态激励机制如何影响个体的期望和行为是至关重要的。

最后，模型验证型因果过程观测对于工具变量分析——无论是简化的二元变量分析（见第五章）还是多元变量分析，是十分有用的。在米格尔、萨提亚纳斯和瑟金提（Miguel、Satyanath 和 Sergenti，2004）关于非洲地区经济增长对内战爆发可能性的影响研究中（见第四章），自变量和因变量"互为因果"成为研究中的所遇到的主要问题——内战爆发可能导致经济增长放缓，同时可能还存在着诸多难以测量的缺省变量，会同时影响经济增长和内战的爆发。米格尔、萨提亚纳斯和瑟金提（Miguel、Satyanath 和 Sergenti，2004）于是利用年度降雨量在不同国家间随机"分配"的差异性来反映它们的经济增长状况，因此，降雨量的年度变化就可以在分析内战爆发和经济增长之间关系的多元回归模型中作为一个工具变量。

在此，一个关键假设就是，年度降雨量只有通过对经济增长造成影响，从而才会影响内战本身（Sovey 和 Green，2009）。定性

---

① 也就是说，对委员会样本全部被分配到实验组所得到的结果值，减去其全部被分配到对照组的结果值进行估计，所得到的估计结果不是该实验的平均处理效应。

研究就有利于增强这一假设的可信性——例如，验证"当士兵遭遇洪水时可能会停止战斗"这一假设是否成立，若成立的话则有可能破坏工具变量分析中的"排他性约束"。[①] 在该研究中的另一228 个假设就是"经济增长对于内战爆发可能性存在单一种类的影响"（Dunning，2008c）。然而事实上，农业增长和工业增长对于内战的影响可能会十分不同（Dunning，2008c）。这一点具有重要的政策含义，因为根据模型（以及实证数据），那些促进农业和工业增长的政策因素同样会降低内战爆发的可能性。那么在此，模型验证型因果过程观测就可能有用了。例如，农业和工业部门的经济增长模式是如何影响叛军招募形式的呢？这一点尽管可以通过定量分析来探查，但是关于叛军招募形式的背景知识对此也会有所启发。这种情形下所产生的相关建模问题我们将会在第九章中进行详细讨论；在此我想再次说明的关键一点就是，相关研究背景的深入调查与分析，可以提高或者降低模型核心假设的可信度——例如，降雨量是否只通过影响经济增长从而影响内战爆发，或是一个受到降雨影响的部门的经济增长，与一个未受到降雨影响的部门的经济增长，对于内战爆发是否具有相同的影响。

7.2　结论

定性分析在自然实验中扮演着至关重要的角色。本章致力于

---

①　在这里数据集观察也是有效的，对洪水和干旱期间反政府武装活动进行系统性地估计，再将结果与其他正常天气的军队活动作对比。

通过对不同类型的因果过程观测进行精确的定义和梳理，从而将其纳入一个系统性的分析框架中去。这些关于研究背景、实验过程与因果机制的定性信息，不仅有助于产生自然实验。也就是说，有助于研究者意识到有效使用此类实验设计的机会，而且还允许研究者去验证样本分配过程近似随机性假设以及其定量分析中所使用的因果与统计模型的有效性。

　　在本章中，我采用了前几章中的案例来分析在具体自然实验中，定性分析方法是如何在实验发掘、验证与分析中发挥着自身独一无二的作用的。这种分析策略也许有其自身的局限性，因为我们对于案例的选择过程中也可能会存在着"自我选择性偏差"，我们只分析了那些定性信息能对实验本身发挥巨大功效的成功案例，而忽略了那些可能存在较少因果过程观测的自然实验研究。[①] 因此在未来的研究中，我们所需要做的是确立一个更为一般性的定性研究分析框架，来探讨和预测在自然实验的因果推断分析中到底哪些类型的因果过程观测可以发挥最大的作用。

　　一个可能有用的原则（若可行的话）就是研究者对于样本干预分配过程必须是"无知"的。例如，在关于阿根廷土地产权问题的研究中，研究者可以在事先不确定调查对象是否获得了土地产权的基础上进行访谈调查。尽管这个关于访谈对象的重要信息显然会被研究者（通过实验设计过程中的迹象，或是通过自变量观察值）最终了解，但是研究者在事先不知道访谈对象是否具有产权的前提

---

　　①　例如，有人对 Freedman（2010a）研究就持有异议，他在研究中主要强调了因果机制型观测在许多生物医药领域和流行病学领域得以成功应用，却忽略了那些不理想的实施情况。

下获取有关个体生育行为的态度或自我效能方面的信息也可能是有用的。在调查过程中，通过对于因果过程观测的获取，使其能够被用来比较不同干预情况下，土地产权获取对实验结果值的不同影响机制（例如对个体生育行为或自我效用实现的影响），并能估计出这种影响机制的可信性。事实上，这种方法最为重要的一点在于，为了充分发挥出因果过程观测的功效，它们不能仅仅只是在那些方便使用的情况下才使用；相反地，它们无论何时何地都应当尽可能地被使用，这样才能在成功的因果推断分析中发挥其最大的功能。

　　然而，关于因果过程观测方法的使用，不应当脱离本章的一个核心问题：若没有使用多种定性分析方法的话，自然实验通常来说就不会那么成功、那么具有说服力。正如弗里德曼（1991）、安格里斯特和克鲁格（2001）等研究者所强调的，"皮鞋型"研究在自然实验分析中是非常关键的。通过"皮鞋型"研究所获取的信息通常是有关实验过程和因果机制的相关信息；而这些信息通常不是关于数据集中所系统测量的个体样本信息。这些信息通常对于自然实验230 的发掘、分析和评估发挥着至关重要的作用。那些没有建立在此类实质性信息上的自然实验，终归不可能是一个令人信服的自然实验。

　　尽管本书的这一部分更多地在强调实验分析，但是在第一部分中我们已经看到，关于实验背景和过程的相关知识，对于发掘自然实验而言也十分重要——也就是说，这些知识非常有助于在一个特定的实际研究中识别和抓住此类研究设计的机会。接下来，本书的第三部分将关注于对自然实验的评估，定性研究同样也将继续发挥着巨大作用。定性分析方法在对近似随机性假设的评估方面发挥着重要作用(见第八章)，正如我们在本章中对干预分配型因果过程观测的讨论一样；同时，定性研究在统计与因果模型的可信性分析中也扮演着重要角色(见第九章)，正如我们在本章中对模型验证型因果过程观测的讨论一样。最后，关于研究背景、实验过程和因果机制的相关知识检验相应实验干预条件的实际和理论相关性也是很重要的(见第十章)。总之，关于定性分析在建立基于多元方法的强研究设计中所扮演的重要角色，我将会在第十一章中进行进一步的讨论。

练　习

7.1) 布雷迪和麦克纳尔蒂(Brady 和 McNulty，2011)将美国加州选举中所存在的投票点合并政策看作是一项自然实验，分析了投票成本的变化是如何影响投票率的(见第二章)。在该研究中，实验设计的近似随机性是如何保证的？有没有哪些干预和分配观察值可以被用来支持这一随机性？除了第二章中所提及的一些观察值信息之外，你还可以想到其他的观察值信息吗？有哪些观察值信息不利于该研究近似随机性的确立？

7.2) 堀内和斋藤(Horiuchi 和 Saito，2009)曾研究了日本的选举投票率对于预算转移支付的影响。他们认为投票率中包含了过去的预算转移支付信息，而这可能会对现在的转移支付行为产生影响，还有就是遗漏变量可能会同时对投票率和转移支付产生影响。因此，他们认为用现期转移支付对投票率做回归可能会导致估计偏误，于是选用了投票当天的降雨量作为工具变量，并将其用在该回归函数中(在这里,研究者选取了部分选民作为样本对象)。

231　　　(a)请对该实验设计发表你的看法。它有什么优势或者局限性?为什么研究者需要使用工具变量法?

　　　(b)堀内和斋藤(Horiuchi 和 Saito,2009)假定"均匀局部效应"假设在该研究中成立,即与工具变量相关的内生性变量和那些与工具变量不相关的变量,它们对于因变量具有相同的因果效应(Dunning 2008c;也可参见本书第十章)。在该研究中,假设条件具体反映的是什么呢?有哪些"模型确立观察值"可以用以支持该假设?而又有哪些观察值不支持该假设?

　　　7.3)(该题目与练习 7.2 相关)政治家的顾问委员会有许多办法能够提高其领导人的投票率,例如对选民进行动员,从而促使其投票。考虑一个这样的随机对照试验,在许多城市中随机抽取一部分并对其选民进行投票动员,从而研究在该情况下,预算转移支付会受到怎样的实质性影响。该研究与堀内和斋藤(Horiuchi 和 Saito,2009)的研究相比,有哪些优势和弊端?对该实验的数据应该采取什么样的方式进行分析?在这里需要使用工具变量吗?

　　　7.4)霍兰(Holland,1986)曾说过,"没有处理就没有因果性",他的意思是指什么?这一说法和内曼模型有什么联系?你认为霍兰的说法令人信服吗?当个体特征——例如种族或者性别,作为因果变量时,试用简洁性的语言分析霍兰言论所可能具有的优缺点。

　　　7.5)在分析英国殖民制度对于印度发展的长期影响中,伊耶(Iyer,2010)对比了那些缺乏自然继承人从而被收归英国管辖的城市和那些没有被英国政府管辖的城市的发展情况(见第四章和练习4.1)。在分析那些缺乏自然继承人的城市是否满足近似随机性时,她使用了部分数据集观察值来支持她的论断。那么，有哪些干预和分配观察值能够用来支持或否定这一随机性假设？在回答该问题的同时，请列举出能支持或否定该假设的相关观察值信息。

第三部分

自然实验的评估

第八章 近似随机性假设的可信度

从本章开始，将着重分析某些特定的、成功的自然实验，并将关注点放在一些关键定义的特征上：实验组样本分配的随机性或近似随机性，即自变量的不同分类。第九章和第十章则着重分析不同的自然实验中存在着的另外两个可能会发生不断变化的维度：因果统计模型的可靠性与实验干预条件的实际或理论相关性。

在某种重要的意义上，实验干预条件随机性假设的可信度在逻辑上应该优先于对自然实验所进行的数据分析。毕竟，随机性或近似随机性假设不能得到满足的话，实验设计技术的简洁性与透明性也将不再具有合理性。例如，如果存在混杂变量的干扰，简单的均值差将不能得出令人信服的因果效应推断。这也是为什么在已经出版的各类科研文献中，关于近似随机性的定性和定量研究通常位于对因果推断的报告结果之前。事实上，本章内容应该放置在第五到七章之前，但是因为关于近似随机性假设的讨论与其他两个在接下来两章中将要讨论的问题——因果统计模型的可靠性与实验干预机制的实际相关性——高度相关，所以本章内容放在了这本书的最后部分进行讨论。

在本章一开始，我将分别探讨在标准自然实验、断点回归设计和工具变量设计中，如何使用定量和定性方法来评估实验的近似随

机性假设。[①] 接下来，我将会通过近似随机分配的有效性问题与几
个特定研究相结合的形式来进行扩展性的讨论，这些例子将按照近
236　似随机性假设的可信度高低进行排列（也可参见 Dunning，2008a，
2010a）。因此，本章将使用许多定量与定性分析相结合的案例来
探讨自然实验中的这一核心问题。同时，就针对这一随机性假设而
言，我也将会指出自然实验在实验设计中所具有的局限性。

8.1　近似随机性的评估

如果样本单位在受干预过程中具有自我选择性，则样本分配的
近似随机性假设将不能得到满足，随机性的意义就在于样本单位不
能够自己选择进入实验组或是对照组。针对该问题，我们所应该产
生的忧虑不在于关键性的实验干预条件，而在于潜在结果中那些不
可观测性的因素在实验组和对照组中将无法达到平衡。换句话说，
干预分配的方式与潜在结果之间存在统计相关性。类似地，政策制
定者或者政治家在政策制定中利用的一些其他手段也可能是非随
机性的，因为他们可能具有操纵政策的动机，通过照顾性倾斜以便
使某些个体（例如，集团成员或支持者）最终能因该政策获益。

这些担忧在任何缺乏真实随机性的试验中都可以通过考察实
验组样本单位所具有的信息、激励和能力以及其他关于实验干预与

---

① 尽管这些方法同样可以被用于对自然实验样本的完全随机性检验中，例如对
抽签研究的检验，它们仍然可用于近似随机性的检验，研究者可以通过这些方法来判断
近似随机性假设是否得以满足。

控制过程的关键因素来评估。[①]　因此：

（1）信息。样本单位是否知道自己"受干预与否"的信息？政策研究者能够知道哪些样本会受到干预吗？这些行为者知道样本单位最终进入实验组的条件吗？

（2）激励。面对进入实验组或对照组，样本具有自我选择性激励吗？政策制定者具备将特定样本分配到特定研究对象组的激励吗？

（3）能力。面对实验组和对照组，样本具有自我选择性的能力吗？政策制定者具有将特定样本分配到特定研究对象组的能力吗？

为了确保一个自然实验设计的成立，一个保守的分配规则将要求样本和政策制定者在实验干预和分配过程中，不能具有操纵干预分配过程的有关信息、激励和能力；换句话说，只满足任意一个条件而不能三个条件全部满足的话，这也不能称之为一个自然实验。这似乎具有很强的限制性，例如，因为可能在一些实验设计过程中，对于实验的干预和分配手段而言，只有信息和激励因素能够被控制，但是能力因素不能被控制。另一方面，如果定义一个自然实验，仅仅是对于以上三个因素中的任意一个进行限制的话，那这个标准也过于宽松了。

为了更好地理解这些因素，让我们再次回顾阿根廷土地产权的研究。在此，对于（1）信息、（2）激励和（3）能力这三个因素的考虑有助于澄清对于样本分配过程近似随机性假设的各种威胁。在

237

---

① 感谢 David Waldner 对于该思想的相关建议。

此案例中，贫穷的占地者擅自占据了布宜诺斯艾利斯的公共土地，随后政府决定给他们授予土地产权，但是在土地征收过程中侵犯了原土地所有者的利益，一些土地所有者不满法庭对于其土地的征收行为，并很大程度上推迟了对照组中占地者能获得的土地产权的时间。那么，在这个过程中，土地产权转让真的满足近似随机性吗？事实上，如果教会组织者或占地者拥有关于哪块土地能够最终被授予产权的(1)信息，那么理论上有可能会允许他们将那些土地分配给那些肯定会得到产权的占地者。当然，他们需要具有这样做的(2)激励和具有这样做的(3)能力。然而，在该案例中，教会组织者似乎不具备任何信息，也没有能力和合理的动机来操纵土地产权转让的过程，从而使某些特定类型的占地者最终能够获得土地产权。

　　另一方面，那些土地被征收的土地所有者，他们知道若他们没有提起诉讼的话哪些占地者将得到土地产权——尽管他们没有关于这些占地者的详细信息，也不知道这些占地者得到或未得到产权会有什么样不同的潜在结果。同时他们肯定有能力提起诉讼从而延迟或阻止占地者获得产权。只要我们考虑到这些土地所有者，土地产权分配的近似随机性因而就意味着这些土地所有者：(1)不具备关于占地者获得或者未获得土地产权的潜在后果；(2)缺乏与这些潜在结果相关的方式来对其财产进行索赔的动机。在此，我们需要重点考虑的是占地者获得产权的后果的本质——例如，受到产权影响的家庭在未来信贷市场获得贷款的途径、家庭投资行为、以及生育决策。在研究中假设土地所有者缺乏与之相关的索赔激励是非常合理的，因为这些潜在结果只与贫困占地者相关，而与土地所有者无关。

关于实验者或政策制定者缺乏能够影响干预分配结果的信息、激励和能力的这一假设的可信度在不同的实验设计中也会不同。例如，安格里斯特和拉维（Angrist 和 Lavy，1999）使用断点回归设计来研究以色列迈蒙尼提斯规则对于班级规模的影响，其中父母具有强烈的意愿想要将孩子送到那些班级规模已经达到 40 人或 80 人的学校，这样增加他们的孩子就会为了减少平均班级人数而组建新的班级。关键问题在于他们是否能够得到这些信息或者具有这样的能力，具有此能力的家庭则可以挑选学校，而不用再根据家庭住址就近选择学校。在研究中，这一信息的掌握对于研究者和读者而言非常重要。而在另外一些断点回归设计中，当样本有动机或能力对阈值上下分布做出自我选择时，这时候对于实验的干预分配过程就会造成很大的影响。

除了以上所提到的标准外，也有一些其他重要的方式能用于对近似随机性假设的可信度进行估计。与调查研究关键行为者的信息、激励和能力不同——关于这些，上一章中所讨论的各种定性分析方法就非常适用——在此我们却采取了完全不同的策略。这种研究评估近似随机性假设的替代性方法的逻辑基于如下观察：如果实验处理分配过程真是近似随机的，那么它与潜在实验结果之间应该在统计上是独立的，并且与那些潜在结果相关的预处理特征也是独立的。这种独立性意味着，从平均意义上而言，样本在实验组和对照组的随机性分配方式与这些属性在经验上不相关。然而对于特定的随机性过程而言，有许多具有预处理特征的样本也被分配进入了实验组和对照组。在这里，统计性的假设检验就可以发挥作用，能够有效地识别出混杂因素与随机偏误(第六章)。正如下面将要讨论的,这种"平衡性检验"是一种非常关键的定量分析工具,它能够被用于检验近似随机性假设的合理性。同样,对于其他类型的自然实验,也会有相应的定量分析方法进行相关检验。

因此,检验近似随机性假设往往依赖于大量不同类型的工具。事实上,这个讨论意味着,除了上面所讨论的信息、激励和能力三个要素之外,研究者可以提出更多、更广泛的标准性问题。例如,对于一个显而易见的自然实验而言,研究者可能就会问:

(1)在实验组和对照组之间的样本分配是否本身具有自我选择性? 这种自我选择性无法被研究者所测量但却与潜在结果息息相关。

(2)政策制定者或其他政治行为者是否会在预先知道那些居民行为反应的前提下实施与居民行为反应相关的实验干预?

(3)实验组和对照组在那些可以解释组间平均结果差异的其他变量特征方面是否是不平衡的?

对于上述任何问题的肯定回答,都表明研究者所面临的可能并不是一个真正的自然实验。

8.1.1　平衡性检验的作用

现在我将更广泛地讨论定量和定性分析工具在近似随机性评估中的作用。在讨论特定类型的自然实验譬如断点回归设计与工具变量设计中所使用的检验方法之前,让我们先从定量分析工具讨论开始。也许用于验证所有类型的自然实验的核心量化分析工具就涉及所谓的"平衡性检验",也称为"随机性检验"或"近似随机性检验"。① 在此,研究者所需考虑的是如何平衡实验组和对照组样本的预处理协变量。预处理协变量是指在干预之前样本变量所具有的属性。例如,在阿根廷的土地产权研究中,占地者在非法占有土地时的性别和年龄,并不会影响个体得到土地产权的早晚。如果土地分配过程真的满足随机性,那么这一分配过程就在统计上独立于协变量。② 年龄和性别问题基本不会与干预分配过程具有相关性,除非样本分配过程是非随机的,这就有可能产生异常结果。这一逻辑同样适合于斯诺关于霍乱传播的自然实验研究的非正式讨论——在 19 世纪的伦敦,由两家供水公司供水的住户家庭,其"条件和职业"被进行了比较分析。

統計上的"平衡性检验"为这种比较提供了严格的分析程序。在此,研究者假设干预分配过程独立于预处理协变量并寻找证据进行证伪。该抽样模型与第五章所介绍的内曼模型非常相似。在原假设下,实验组和对照组的样本协变量——例如年龄和性别是平衡的,并且不会影响干预分配过程。检验方法非常简单,利用实验组的协变量值——例如平均年龄或女性所占比例,减去对照组的相应协变量值,计算出差值。原假设中假设差值为 0;而在数据中,则

---

① 这里所说的"随机性检验"需要与第六章中所提到的因果机制相关检验方法和费雪精确检验相区分。然而对于后者而言,这些方法也可以检验实验组和对照组中可观测性样本的预处理协变量差值的相关属性,看它们是否会被随机偏误所干扰。其中,严格性原假设为实验组和对照组中每一单位样本的协变量值是相等的,并利用相关分布来检验数据是否符合原假设。

② 研究者就不必对预处理协变量进行检验,因为这一检验过程已经在实验干预中被充分反映(因此当平衡性不能满足时,它也不会对随机性假设产生影响)。在阿根廷土地产权研究中,如果产权获得与否会对居民的寿命产生影响时,数据采集时期(而不是产权发放时期)样本的平均年龄也许就属于预处理协变量。

差值可能不为 0（或许是由于偶然性因素，许多老人或者女人得到了土地产权）。再次需要强调的是，这个假设检验的目标就是为了区分偶然变异性之间的真实差异。

通常来说，对所得均值差再除以标准误，如果样本量大小合适的话，其分布将会趋近于正态分布，在这种情况下，如果 p 值小于 0.05（或者绝对值在 z 检验和 t 检验中分别大于 1.96 或 2.00），则为样本分配不符合近似随机性假设的证据。也就是说，研究者将拒绝均值相等的原假设，[①] 因为预处理协变量的均值差具有显著性。例如，在阿根廷土地产权的案例中，样本本身的特性，例如年龄和性别，或者土地本身的特质，例如距离一条受污染河流的距离，这些协变量都不具有显著性差异，即不会对干预和分配过程造成干扰，此时样本分配（在理想状态下）符合完全随机性。因此，差值检验并不能拒绝原假设，即实验组和对照组的协变量可以得到平衡，近似随机性假设成立。

在许多研究中，譬如阿根廷土地产权研究，都存在多元预处理协变量。在这种情况下，研究者需要针对每一类协变量进行均值差检验。该假设检验的逻辑意味着，即使干预分配独立于每一个协变量，我们仍然希望可以找到一个基于 5% 的显著性差异。[②] 因此，当存在 20 个预处理协变量时，会有一个协变量的实验组与对照组均值是相等的，检验会拒绝原假设。因而在平衡性检验中，出现一些

---

① 对于 t 检验而言，在 0.05 置信水平上的 t 值大小取决于自由度大小，对于一个样本量大小适中的自然实验而言，t 值大约为 2.00。

② 在这里对于多少协变量能够通过检验的期望是不同的，这主要取决于样本间协变量的相关性：20 个协变量中有 1 个协变量具有显著性差异的话，则称其通过了独立性检验。

显著性 t 统计量完全不必要担心。

　　通常来说，研究者往往会设计许多假设检验来充分考虑对多重统计比较进行调整的问题。一种可能会用到的方法被称为"邦费洛尼校正法（Bonferroni Correction）"。在该方法中，通过 p 值除以需进行的检验数量来调整拒绝零假设所需的显著性水平。因此，如果存在 20 个预处理协变量，对于任一单个检验而言，它们的校正 p 值需要达到 0.05/20=0.0025 时，才能与 p 值达到 0.05 时具有相同的拒绝原假设的效力。邦费洛尼校正法中假设单个统计量之间的检验是相互独立的，因此研究者也经常使用其他统计调整方法来校正预处理协变量。[①] 当然，对于多元统计比较而言，这些调整方法往往使得它们更难以拒绝满足随机性条件的原假设——这对于自然实验而言并不是一件幸事，因为这会扭曲人们对于真实随机性的判断。[②] 因此，最好的方法还是使用通常定义的 p 值，并希望预处理协变量会出现一丝不平衡（然而，如果是针对多元结果值的因果推断假设检验，而不是针对预处理协变量的平衡检验，则对多元统计比较进行校正仍不失为一个好办法）。

　　研究者还应该充分考虑到他们所使用的检验方法的统计能力——这是由实验组和对照组样本个数、协变量方差以及不同组别之间真实协变量的差异大小所决定的。当自然实验具有很大的样

---

　　① 参见 Benjamini 和 Yekutieli（2001）或者 Benjamini 和 Hochberg（1995）。

　　② 另一种方法是利用干预变量对所有预处理协变量做回归并对结果进行 F 检验，F 检验主要是比较两组数据：其中一组中，预处理协变量的相关系数具有差异，而另一组中这种差异性为零。这就使研究者能够对于联合原假设——所有相关系数为零进行显著性检验。然而，相对于调整后的多元统计性差值检验而言，F 检验不具有自然实验所应具有的特质，在这里干预变量被假定为预处理协变量的线性组合，并且假设两个回归方程中误差项具有正态性。

本量时，则预处理协变量就会存在显著的不平衡倾向，即使这些差异实际上是非常小的。相比之下，即使协变量实际上存在很大程度的不平衡性，当自然实验的样本量较少时，研究者也可能无法拒绝"均值相等"的原假设。没有拒绝原假设显然并不意味着就接受近似随机性，特别是在小型的自然实验中。如果研究组样本量较少，则通过平衡性假设并不能作为样本分配满足近似随机性的让人信服的证据（Imai、King 和 Stuart，2008）。

同时，那些可用的预处理协变量的质量也需要格外注意：对于那些测量误差太大或理论上不相关的变量而言，没有拒绝其均值相等的原假设，并不能构成近似随机性假设成立的强有力证据。对于协变量的测量误差将会降低针对实验组和对照组的均值差检验有效性。此外，如果研究者不能测量出那些包含在平衡性检验中的至少一些重要的混杂变量，则无法拒绝原假设的统计检验结果，这仍然难以支持样本分配的近似随机性假设。

最后所要强调的一个关键问题是，平衡性检验过程必须是在随机性层面上进行的。例如，研究者需要考虑的是近似随机性所发生的群体层面。[①] 那么，如果协变量在群体层面上高度相关，则基于个体样本层面的随机性的平衡性检验就会具有误导性。例如，如果一个基于群体层面的协变量均值以非随机的方式被分配进实验组或对照组，随后又除以群体内样本个数，而研究者却是基于个体层面进行分析的，在这种情况下，基于个体层面的假设检验去分析数据的整群随机性会最终错误地拒绝原假设，因而会对近似随机性假设产生错误的怀疑（参见 Hansen 和 Bowers，2009）。因此，预处理

---

① 更多的讨论和例子参见第九章。

协变量的平衡问题需要基于样本随机性层面,而不是观测或分析的层面(如果它们不同的话)。

例如,在斯诺的霍乱传播研究中,家庭住户(不是个体)在供水选择方面是被随机分配的。因此,需要基于住户层面上来考虑对预处理协变量的平衡性检验问题,比如说可以对实验组和对照组中住户的资产均值或是年龄均值进行比较,而不是基于个人的异质性特征进行对比。这样做的理由在于,家庭内部成员的资产和年龄可能具有相关性。因此,基于个人层面的估计可能会导致实验组和对照组的协变量差值偏大。斯诺可能也意识到了这一点,因此在他的研究中,对于实验组和对照组的差值估计更多地考虑了家庭层面的因素(参见第一章和第五章)。

总之,平衡性检验(或称为近似随机性检验)在自然实验中是 243 非常重要的,因为它是最有效的评估近似随机性的方法之一。事实上,在前文所讨论的对平均处理效应的简单定量估计中,样本分配的近似随机性假设一直是估计过程中的核心问题,所以在对平均处理效应进行分析之前,对该假设进行事前评估是非常必要的。利用平衡性检验去寻找实验组和对照组的非平衡性可以评估实验设计本身是否符合一个自然实验所该具备的特征,尽管这种检验的势效、质量、数量也都应该被慎重考虑。基于同样的原因,缺乏预处理协变量非平衡性的证据,对于验证一个自然实验而言,仅仅是必要而非充分条件。

8.1.2　定性诊断

我们在先前章节中所谈到的定量分析技术对于自然实验而

言是非常必要的。正如我们前面所注意到的，那些包含了研究背景、实验过程与因果机制的信息，或者被科利尔、布雷迪和西赖特（Collier、Brady 和 Seawright，2010）所称的因果过程观测（也可参见 Freedman，2010；Mahoney，2010），这些定性证据阐明了干预分配过程并且有助于验证近似随机性的假设。在先前的章节中，我们已经讨论了大量有关干预分配型因果过程观测的研究案例；因此，我在本小节中的讨论将会更为简单。

　　然而，正如我在本章开始所提到的，相关的定性诊断方法也能够用信息、激励和能力这三个标准来进行分析。斯诺关于霍乱传播的研究同样为此提供了一个典型的范例。为了重申研究的可靠性，斯诺花费了巨大努力收集证据并利用先验推理来确认，实验组和对照组住户就是因为供水来源的不同才会导致在霍乱中存在较大的死亡率差异。这些证据有的来自于标准的平衡性检验，而有的证据则来自于干预分配过程中。我们需要考虑到是，那些住户是否会具有信息、激励和能力来实现对供水水源的自我选择。事实也正如斯诺所阐述的，（1）房屋租户并不了解为他们提供供水的公司是哪一家，双方的合同早在多年前就由房东和那些工具市场竞争力的供水公司签订好了；（2）水源供给和霍乱传播的机制并不清晰，相对于房屋的业主而言，那些房屋的租户更具有自我选择性激励；（3）由于通往每一个住户的地下供水管道是固定点，因此对于租户而言他们很难重新选择不同的供水公司。尽管在理论上有许多系统性的数据集观测可被利用（例如，在理论上，研究者可以调查租户，询问他们是否了解为他们供水的相关公司的信息）。但是在干预分配过程中所获得的观测信息才是最为有效的。例如在 1853—1854 年，有关公司在霍乱爆发前曾搬迁过它们的供水管道。因此，干预分配型因果过程观测在对于样本相关信息、激励和能力等问题的识别方面扮演着非常关键的作用，它能够合理有效地判断出样本在实验组和对照组当中所存在的自我选择效应，从而使近似随机性假设得到满足。

然而，在此我需要强调一个重要的问题是，这些定性分析工具都只是对上一节中所谈到的各种定量平衡性检验的补充。因为，当平衡性检验过程缺乏必要的实验信息时，干预分配型因果过程观测就可以发挥其对相关信息的补充作用，对于平衡性检验而言，这是一种补充而非替代性的方法。在理想状态下，这两种方法都应该为近似随机性假设提供充分的证据，尤其是在那些先验性背景知识不是很丰富的自然实验中。（例如，在阿根廷的土地产权研究中，研究者会立刻发现，那些拥有很强心理素质的占地者相比于其他人更有可能获得土地产权，这一点会导致"是否获得土地产权"的最终潜在结果差异。）尽管如此，在针对样本分配的近似随机性评估方面，定性研究与定量研究仍然难以充分地结合起来，具体原因我将在下文中阐述。

8.2　断点回归与工具变量设计中近似随机性的评估

这些用于评估近似随机性假设的可信度的分析工具在断点回归设计与工具变量设计中仍然是有意义的。例如，如果近似随机性假设成立，则预处理协变量需要在实验组和对照组中达到平衡，即对于断点回归而言, 样本的协变量取值需要在阈值两侧达到平衡。因而, 协变量的差值检验如果显著的话, 就说明近似随机性假设的可信度值得怀疑。当然, 研究者需要对平衡性检验的结果持谨慎态度, 如果研究组样本量较小的话, 即阈值两侧附近的样本量较为稀少的话, 则检验结果是不能令人信服的。在工具变量设计中, 这同样成立; 然而, 在此应针对工具变量的类型或随机性水平亦即干预分配过程进行比较 (而不是测量干预条件接受情况的变量)。各种定性诊断分析方法对于这两种自然实验而言都是十分重要的。

然而, 一些特定的分析和检验方法在断点回归设计和工具变量设计中特别有用, 对此我将在本节中进行探讨。对于断点回归设计而言, 有三种检验方法是尤其重要的: 条件密度检验主要针对阈值附近的样本随机性程度进行估计; 安慰剂检验主要是为了检验除了关键回归阈值以外的其他地方是否存在明显的因果效应; 各种类型的干预分配型因果过程观测则用于评估阈值附近是否存在策略性操控。

8.2.1 回归断点阈值处的分类: 条件密度检验

在断点回归设计中, 近似随机性可能遭受到的一个重要威胁在于阈值附近的样本分布是"有规律"的, 这将可能造成近似随机性假设难以满足并且由此产生的混杂因素会对因果效应估计造成实质性干扰。例如, 如果一个学生提前知道大学的录取分数线, 并且能够精确地操控其成绩从而使其高于分数线, 此时近似随机性就会难以满足; 另一种情况就是, 如果招生委员会的官员想要某个特定的学生通过考试, 从而改变了分数线, 则近似随机性同样值得怀疑。

针对这一问题，有一种定量分析方法可以解决，即对比阈值两侧的驱动变量的密度分布——也就是说，针对那些"稍高于"阈值和"稍低于"阈值的样本数量或比例进行对比。例如，针对断点回归设计，可以通过一个简单的直方图来刻画阈值两侧的样本分布情况，它能够为样本"是否存在有序排列"的状况提供证据。麦克拉里（McCrary，2007）在这一思想基础上创立了一种统计检验方法。当然事实上，阈值两侧的相似密度分布也难以绝对证明样本分布是"无序"的，尤其是当样本在阈值两侧都具有自我选择性时候（有的样本为了逃避干预而使自己得分低于阈值；有的样本为了接受干预而使自己的分数高于阈值）。

尽管如此，这种直方图分析还是非常有效的。回忆一下西斯尔思韦特和坎贝尔曾经所用到的模拟数据所进行的研究（图4.2）。在该研究中，样本在阈值两侧的密度分布是相似的，例如，在图4.2中，在资格考试分数10到11分的区间内共有12个学生，而在11到12分区间内有11个学生，这说明在本次预处理考试中，学生在阈值附近的成绩分布并不存在系统性差异。

需要指出的是，在一些断点回归设计中，条件密度检验会机械性地成立——例如，在相对多数选举中（得票相对最多者得胜，不一定超过半数）比较选举中的"近赢者"和"近输者"。在此，因为每一个选区通常只有一个"近赢者"和一个"近输者"，并且因为这两个候选人所得选票与阈值附近的选票数量都有着相同的绝对值差值，所以他们在阈值两侧的分布密度机械性地等同。这一点在研究比例代表制的选举系统中的"现任官员优势"的类似断点回归设计中同样成立；例如，在选举名单上的第一高和第二高得票的党派之间的票数差（或得票比例差）也是机械性地趋于等同。

8.2.2 断点回归设计中的安慰剂检验

断点回归设计提供了一种很自然的安慰剂检验方法，即检验在非阈值处实验结果是否存在较为严重的"断点"情况。断点回归设计的逻辑就在于，实验的潜在结果（即实验样本单位在接受或未接受干预条件下所可能出现的所有结果）应当在除了断点阈值处之外都是关于样本分配协变量的平滑函数。这一点在第五章已经讨论过，需要强调的是，断点处的潜在结果也不应该有较大差异，它的数学意义在于，潜在结果回归函数在阈值处的导数应该趋近于0。因此，根据断点回归设计的逻辑，只有在阈值处，样本潜在结果才应当存在"断点"，而在其他地方不应该具有如此巨大的可观测差异。

一种检验此假设成立与否的方法就是探查在回归断点阈值之外的其他地方是否也存在着"断点"；跟随医学研究文献的习惯，这种检验方法被称为"安慰剂检验"，因为它能够被用来寻找那些明显存在但实际上不应当发生的效果。例如，在西斯尔思韦特和坎贝尔（Thistlethwaite 和 Campbell，1960）的研究中，结果的巨大差异（譬如学生是否能够获得奖学金）居然取决于考试分数的微小差异——这不符合断点回归设计的思想，同时不符合拥有相似分数的学生的个体特征分布具备近似随机性的假设。伊姆本斯和勒米厄（Imbens 和 Lemieux，2008）建议应该检验断点两侧的样本中位数，如果在距离中位数值附近的地方存在很多样本单位的话，这可能是一个高势效的检验方式（尽管这当然需要取决于协变量值的分布情况）。

通过安慰剂检验或是条件密度检验并不意味着样本分布必然是近似随机的。即使研究者能够从研究中得到很强的先验性知识，也需要在近似随机性假设的检验中小心翼翼。考伊和色肯（Caughey 和 Sekhon，2011）在针对李（Lee，2008）的研究进行重新分析时发现，在近期的国会选举中，那些用于比较的近赢者与近输者之间的分布是非随机性的（见第三章）。这种分布的非平衡性越接近阈值则越明显，这说明，在选举中获胜的人有时候并不是以近似随机的方式选出的。

这里的一个教训就是，针对近似随机性的估计必须依照实验的实际情况进行。有时候这种假设是令人信服的，但有时候在其他设计中，由于样本分配中的策略性行为或者对于阈值的人为操控会对这种近似随机性造成破坏。这在"近赢者 / 近输者"的断点回归设计以及其他类型的自然实验中都是真实存在的。

8.2.3　断点回归设计中的干预分配型因果过程观测

248

在断点回归设计中，针对阈值附近的样本是否存在"有序"排列的这一问题，定性分析也能发挥出至关重要的作用。让我们重新考虑伊达尔戈（Hidalgo，2010）关于巴西电子投票技术的研究，该研究利用 1998 年巴西政府针对那些拥有超过 45000 名选民的城市设立了电子投票技术的事实设计了一个断点回归实验，其中对那些选民人数低于 40500 的城市而言，它们仍将采用的是传统的纸质投票方式。在研究中，阈值设置的时间为 1998 年 5 月，而选民规模的数据则来自于 1996 年城市选举中的调查记录（也可参见 Fujiwara，

2009)——明确这些干预分配观测结果所反映的信息是非常重要的，它们看似简单但是却暗含了有关阈值设置下城市样本的分配标准。利用因果过程观测可以对特定阈值所分配的特定城市样本方式进行评估，例如，在这里有充分的证据表明，"40500"的选民规模划分标准在巴西全国得到了贯彻(除了有四个州没有引进电子投票技术以外)，因此，对于那些想让特定城市进入该标准的政策制定者而言，很难再对阈值设置进行人为操控。所以在该研究中，政策标准作为背景知识被充分挖掘，其适用范围和性质为样本"是否存在策略性排序分配从而对因果推断造成干扰"提供了重要的证据。

正如我们在第七章所强调的，对于断点回归设计而言，许多重视定量分析的研究者往往也会意识到定性分析的重要性(Lee 和 Lemieux，2010，第 16 页)。最为基本的一点就是，在令人信服的断点回归设计中，对样本干预分配过程的深入调查可以极大地提高近似随机性假设的可信度。如果缺乏这些调查，近似随机性的假定往往就不那么可信了。

8.2.4　工具变量设计中的诊断方法

最后，在工具变量设计中，有许多定性和定量分析技术也同样能够对近似随机性进行估计。基于工具变量层面上的预处理协变量的平衡性检验同样是特别有效的。[1]如果工具变量的分布确实是近似随机的，则它应该在统计上独立于预处理协变量。这也意味着，在工具变量多元回归中包含控制变量——并假定这些工具变量

---

① 在协变量具备连续性的情况下，工具变量对预处理协变量的回归模型和 *F* 检验是有效的。见上述的相关注释。

的近似随机性仅仅在"有条件控制"下成立——并不是最优的方法，也不符合近似随机性分配的标准。

在工具变量线性回归模型中，标准的回归诊断方法不那么有效了。例如，在研究中经常会存在"过度识别"检验，这就是说工具变量的个数要多于内生变量的数量，同时对于工具变量的独立性而言，则至少有一个工具变量是外生的（Greene，2003，第413—415页）。因此，近似随机性的验证很大程度上就只是个假设而已（即至少有一个工具变量的分布符合近似随机性假设）。建立样本的近似随机性分布并不是一个技术性问题，同样也没有任何一种方法能够断言近似随机性一定成立。在第九章中，我们将讨论在工具变量中一些特定的模型诊断方法的使用。

8.3 可信度的分级

自然实验是真实实验和控制混杂变量之后的可观测性研究的中间选项。相对于真实实验而言，自然实验不能针对受干预变量进行人为控制。同时，与可观测性研究相比，一个强自然实验设计能够具备良好的实验设计并对已知和未知的混杂变量进行控制。这里，最重要的假设条件就是样本分配过程的近似随机性。正如我们所看到的，在满足该条件的基础上，一些简洁的分析工具·一例如均值（或比例）比较就能够用于因果推断。

正因为近似随机性假设在自然实验中具有如此重要的意义，因此我们必须对该假设本身进行谨慎的检验和估计。图8.1针对第一章到第四章中一些研究案例所存在的近似随机性的可信度分级进

行了刻画（也可参见 Dunning, 2008a）。我们的讨论并不是关于这
250 些研究的合理性的最终评价，选取的也只是一些先前章节中所存在
的代表性案例。读者应该注意到，这里的排序不可避免地存在主观
性，并且我们的目标也不是对特定研究的整体质量进行评价，而是
只针对自然实验评估体系的一个维度——近似随机性分配的可信度
进行估计。因此，本章的目标仅在于给研究者以启发，让他们明白
如何对随机性分配的可信度进行评价，因为对于这些研究的相关讨
论在本书中已经足够丰富，而本章只是进行一个简短性的叙述。

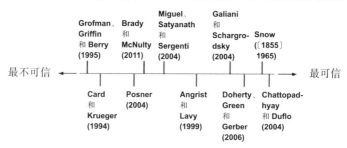

图 8.1　近似随机分配的合理性

在上图中我们发现，在斯诺（Snow,〔1855〕, 1965）关于霍乱
传播的研究中，其样本随机性分配的可信度是相当高的。在加列尼
和沙格罗德斯基（Galiani 和 Schargrodsky, 2004）关于阿根廷土地
产权的研究中，近似随机性假设的可信度也是相当高的，在这里关
于对土地产权样本的分配，我们说它实质上已经达到了近似随机性
的标准，因此，在"产权获得与否对住房投资或自我效能认知的影
响"机制中，不存在相关混杂变量的干扰。同时，安格里斯特和拉
维（Angrist 和 Lavy, 1999）关于迈蒙尼提斯规则的研究中，那些在
即将达到规定的班级规模人数时才入学的学生，他们也是满足于近

似随机性分配的。

类似地，在查托帕达雅和杜芙若（Chattopadhyay 和 Duflo，2004）关于村庄委员会主席选举的研究中，女性选举人的配额事实上就是满足随机性假设的（也可参见 Dunning，2010b）。^①同时在多尔蒂、格林和格伯（Doherty、Green 和 Gerber，2006）关于彩票的研究中，在给定彩票种类和数量的基础上，获奖的彩民样本也是随机分配的，这就对于彩票中奖的因果效应估计奠定了基础。另外，在对近期选举的研究中，由于运气和其他不可预测性因素的存在，选举委员会也是近似随机性分配的，这就保证了近赢者和近输者之间可以进行均值比较（Lee，2008；或者参见 Caughey 和 Sekhon，2011）。在这些研究中，样本分配近似随机性的可信度都是很高的，这意味着在实验组和对照组之间的事后干预差异中不存在混杂变量的干扰。

在其他的一些案例中，近似随机性假设的可信度就值得斟酌。在布雷迪和麦克纳尔蒂（Brady 和 McNulty，2011）关于 2003 年美国加州州长重新选举的案例中，对于很多选民而言，投票箱到他们住址的距离发生了改变，而有的则没有。在此，关键的问题就在于，此次选举中投票箱改动所造成的选民样本的再分配是否满足近似随机性，有没有其他混杂因素还会对选民的投票意愿产生影响，然而在该研究中，这一假设似乎并没有得到很好地满足。在布雷迪和

---

① 在分配过程中所有的村庄委员会都被进行了排序和编码，每三个委员会为一组，其中第三个村庄委员会就会被分配给一个女性领导人配额，这个干预分配过程与潜在结果极大可能不存在相关关系，但是在这个（准）随机数的生成过程中，干预分配的过程也不是非常严格的。对此问题的讨论详见 Gerber 和 Green（2012）。

麦克纳尔蒂(2004，2011)针对"选举监督员的监督行为是否会对选举结果产生潜在影响"的研究中，一些预处理协变量在实验组和对照组中并不平衡，比如年龄问题。因此，在该研究中近似随机性假设并不能够完全满足，相关的数据分析和先验性推理（因为监督员可能想要最大化投票结果）也值得反复考量。

波斯纳(Posner，2004)研究了马拉维和赞比亚边界的种族分布问题，在殖民时代两国边界的划分具有很大程度的任意性，所以切瓦人和通布卡人这两个种族也被割裂成两部分。但事实上，不同种族在边界附近的跨国流动以及其他因素会对这种近似随机性造成影响，尽管波斯纳本人并不认为这是一个重要的影响因素。

卡德和克鲁格(Card 和 Krueger，1994)分析了新泽西州和宾夕法尼亚州边界上的快餐店就业问题。他们的结论与劳动经济学的基本理论相反，他们发现新泽西州的最低工资增加不仅没有增加失业，反而会降低失业率。[1]那么，如果快餐店主对于两个州地址的选取有很大程度的自我选择性，那么这是否会对因果推断本身造成干扰？另外的一些忧虑则来自那些与样本行为有关的工资法规在制定过程中所遭受的一些人为影响。[2]

最后一个案例来自于格罗夫曼、格里芬和贝里(Grofman、Griffin 和 Berry，1995)，他们利用花名册记录来研究那些从众议院

[1] 1990年，新泽西州通过立法，决定自1992年起将最低工资由每小时4.25美元提高至每小时5.05美元，而宾夕法尼亚的最低工资标准则没有进行调整。

[2] 自新泽西州立法委员会通过了上调最低工资标准的法案（自1992年起实施）之后，由于1990年经济状况下行，它们决定否决该项法案，但最后州长并没有同意这一决定(Deere、Murphy 和 Welch，1995)。而位于宾夕法尼亚州边界线以内的快餐店所遭受较差的经济状况这一事实则没有发生任何改变。

转移到参议院的国会代表的投票行为。他们认为，这些具有更大管辖权（他们管辖的是一个国家而并非某个州政府）的新参议员将会修改他们的行为以符合选民中中间投票人的利益倾向。[1]然而，这些从众议院向参议院转移的官员，他们自身具有强烈的自我选择性效应，这使得近似随机性假设很难被满足。[2]因此该研究不太符合我们现在所讨论的自然实验框架。

图 8.1 对这些研究近似随机性的可信度进行了排序，那些可信度较低的研究工作更类似于一个标准可观测性研究而不是一个自然实验。这些研究也许有效并具有令人信服的结论。问题只在于，在这种情况下，研究者不得不更多地考虑关于观测性研究的所有标准的因果推断问题。另一方面，那些具有真实随机性的自然实验则更类似于真实的实验，因为它们样本随机分配的可信度非常高。

8.4　结论

对于一个自然实验而言，样本分配过程的近似随机性必须得到相关经验证据的支持。例如，实验组和对照组中所度量的相关前因变量的等价性问题，以及通过一定的调查访谈所获取的有关因果推断的先验性知识。定性分析工具以及各种形式的干预分配型因果

---

[1]　格罗夫曼、格里芬和贝里（Grofman、Griffin 和 Berry，1995）发现，几乎没有证据表明，他们的行为倾向于国内选民的中间投票人。

[2]　正如作者所说的，"极端的民主党候选人和那些极端的共和党候选人，他们更应该去那些与之意识形态相一致的国会代表区，而不适合代表那些缺乏意识形态的中间派选民。"（Grofman、Griffin 和 Berry，1995，第 514 页）。

253　过程观测在此过程中都扮演着至关重要的角色。通过对研究背景知识的利用以及定性分析技术的使用，自然实验的近似随机性至少可以得到相当程度的验证。[①]

　　然而，近似随机性并非总是可检验的。即使一个研究者能够依据丰富的经验对实验组和对照组样本的可观测特征进行完美的平衡，然而在观测性研究情形下，那些在不同组别内的不可观测因素依然很可能会对潜在结果均值的差值比较进行干扰。这就是自然实验研究与其他形式的观测性研究相比所具有的"阿喀琉斯之踵"。[②]这一问题有可能恶化，因为许多能为自然实验本身提供充分合理性的实验干预条件可能往往是行为者在社会和政治现实世界中交互影响的结果。当然，若要减少研究的可疑性，我们只能认为这些干预条件与行为者的个体特征不相关，或者说，在那些与实验潜在结果相关的实验组与对照组样本分配过程中，我们希望行为者不要产生自我选择效应。

---

　　① 我们在讨论该问题时自然而然会想到另一个相关问题，即"灵敏度检验"。在这里，研究者使用一系列的分析工具去检测那些不可观测性的混杂变量是否或多或少地对研究结果产生干扰。然而，在此过程中通常涉及有关潜在混杂变量的属性和分布假设，它们的可信性往往值得商榷，同时所包含的或多或少的信息也需要研究者甄别。读者如果对相关技术感兴趣，可参见 Manski（1995）或者 Gerber 和 Green（2012）。

　　② 在一篇富有建设性意见的文章当中，斯托克（Stoke, 2009）阐述了那些主张真实实验和自然实验的人对标准可观测性设计的批评——这一现象反映了人们对"混杂变量控制"的激进态度，他们认为这是理论设计中所该具有的环节。事实上，斯托克认为，如果干预的因果效应在不同研究层面上具有异质性，如果实验过程中存在难以被研究者所识别的干扰因素，那么这种激进态度反而不利于实验研究和可观测性研究。斯托克的意见非常具有建设性，但是她似乎并不相信随机性假设的确立对于平均处理效应估计的帮助，事实上在这个过程中，我们能够通过有效的近似随机性估计，得到我们所感兴趣的平均处理效应。

当然,强断点回归设计、抽签实验或者其他类似能提高随机性或近似随机性的方法,还是能够帮助排除混杂变量的威胁。毕竟在自然实验中,与传统的观测性研究相比,这些都是非常有效的方法。也许本章所关注的重点就在于,在不同的研究中,其所具有的近似随机性的可信度也是不同的。因此,我们必须使用大量的定性和定量分析方法,具体问题具体分析。如果近似随机性假设能够满足的话,则基于实验干预所得到的因果推断就是令人信服的。

然而,近似随机性并不是评估一个成功有效的自然实验的唯一关键性条件,自然实验所需要具备的其他特质在实验设计的整体有效性上也是同样重要的。接下来的两章我们将分别讨论另外两个 254 自然实验的评价维度——模型的可信性与干预条件的相关性。

练　习

8.1)研究者想研究冷战结束后的苏联不同加盟共和国的发展轨迹,其准备利用"苏联解体"作为一个"天然"标准,这是一个自然实验吗?为什么?

8.2)班纳吉和伊耶(Banerjee 和 Iyer,2005)考察了房东权力的因果效应。他们认为在英属印度殖民时期,房东和租户之间存在两种不同的人身关系,这主要取决于房东是否具有征税的权力。请问这属于一个自然实验吗?你认为样本分配过程中的近似随机性的合理程度有多少?你将利用哪些先验知识和实质性证据去支持你的判断?

8.3)假设从一个盒子中进行非重复性抽样,在抽取过程中,样本量不断增加。判断下列说法是正确的还是错误的,并给出相应解释(记住,下文中"收敛"的意思是指"越来越趋近")。

(a)抽样总和的概率直方图分布(以标准单位计)收敛于标准正态分布;

(b)盒中样本总量的直方图分布(以标准单位计)收敛于标准正态分布;

(c)抽样样本总量的直方图分布(以标准单位计)收敛于标准正态分布;

(d)抽样乘积的概率直方图分布(以标准单位计)收敛于标准正态分布;

(e)抽样总量的直方图分布收敛于盒中样本总量的直方图分布;

(f)抽样方差收敛于0;

(g)抽样总量的直方图分布方差收敛于0;

(h)抽样均值方差收敛于0。

8.4)一个由政治学家组成的团队进行了一项小样本真实实验,其中样本被随机分配到实验组和对照组。他们发现,实验组和对照组的潜在均值差异是非常显著的,这些研究者写道:"我们所预想的协变量平衡并没能实现,为了检查我们的结果是否会受到遗漏变量偏误的影响,我们将主要针对两个潜在混杂变量进行分析。"实验组和对照组的潜在值均值差异是由于遗漏变量所导致的吗?为什么?

注:抽样误差经常会与我们所讨论的实验研究组的小样本偏误相混淆。这是一个天然存在的偏误,他们之间属于不同的概念。

第九章　模型的可信度

本章将转向研究我们在导论部分所提到的自然实验评估框架三维度中的第二个维度——因果统计模型的可信度。为了得到因果推断结论，研究者在进行数据解释前需要建立许多假设。这些假设往往只是"假设"，因为对于研究者而言他们并没有充足的证据能够验证每一条假设是否成立，至少这些验证条件不能全部满足。事实上，因果推断往往需要我们有一套能够进行数据解释的理论方法（Freedman，2009，第85—95页；Heckman，2000）。这一理论其实就是一个假设说明，即如果研究者干预或控制其他变量时，观测变量会如何进行变化。在观测性研究乃至于自然实验中，研究者从来不会干预任何变量，所以这一理论在某种程度上而言仅仅只是假想。

然而，当我们控制其他变量之后，由社会与政治过程所产生的这些数据可用来估计一个变量的期望变化，当然这一切都是建立在研究者的理论能够正确反映背后的数据生产过程的假设基础上的。在定量分析中，这一理论往往会通过严格的统计模型展现出来；潜在的因果假设可能会、也可能不会被明确地表述出来。[1] 关键的问

---

[1]　例如，关于"反应表"的思想——它假设了结构参数不存在可变性——可能会被提到也可能不会被提到。

题在于,一个给定模型所秉持的假设本身对于数据生产过程的描述是否可信。特别地,这种可信度应该如何探究,以及在多大程度上可以被验证。

　　在本章的自然实验研究中,我将通过不同的方法来分析特定的统计模型。我将仍从内曼潜在结果模型(见第五章到第六章)的讨论开始。这一模型的应用具有一定的复杂性和普遍性,并且在自然实验中,它对数据生成过程的解释往往具有较高的可信度。这一模型为许多自然实验创造了一个良好的研究起点,但与此同时,该模型本身也具有许多非常重要的局限性。对于一些真实实验或自然实验而言——例如对于某些实验来说,在实验干预或不同的随机分配条件下,实验组和对照组中的样本可能总是相互作用从而违背了潜在结果的稳定性——这些假设可能很不现实。在经验研究中,研究者经常需要考虑的一个问题就是内曼模型是否为数据生成过程提供了一个具有足够可信度的描述。

　　接下来我将用内曼模型与传统线性回归模型做对比,尤其是那些使用观测性数据做量化研究的多元回归模型。每一种模型分析看起来都较为复杂。然而这种分析很多时候也只是表面上看起来非常具有技术性。问题在于,将自变量与因变量联结起来的多元回归模型可能并不能为真实的数据生成过程提供可信的描述。正如我将在下面章节中所讲到的,这将会导致一些实际应用方面的问题,有时候这些问题甚至很难被意识到,比如,当干预分配过程看起来独立于模型中所包含的协变量时。另外,在本章中,我还将对一些有关工具变量设计的模型识别问题进行广泛的讨论。

　　在经验应用中,当前的研究实践状况如何?为了说明这个问题，我在第二章到第四章中列举了相关的自然实验数据分析方法。正如上一章所讨论的，不同研究的可信度都是不同的，而在此我将对因果统计模型本身进行评估，看其是否具有潜在的简洁性、透明性与可信度。这是针对自然实验评价的第二个维度，它主要强调了自然实验研究中模型设计是否具有较高的可信度。

　　在我所列举的这些经验研究中，研究结果往往取决于有关数据生成过程的诸多假设。而当这些假设摇摇欲坠时，其结论也将变得不那么可靠。对于一个强自然实验而言，近似随机性假设往往具有很高的可信度，而在此过程中内曼模型也给出了一个令人信服的分析手段，即简单均值差（或比例差）检验。而对于多元回归及其扩展分析方法而言，如果必要的话，它们也只能作为辅助分析方法的形式出现。而在需要使用工具变量进行分析时，我们经常使用的是意向干预分析方法（即"简约型"回归方法），以及不添加控制变量下的工具变量法。然而不幸的是，这种方法的简洁性在实际应用中并不能得到保证。尽管在自然实验中，为了达到一个好的实验设计可以对数据分析的假设条件进行放松，但是这些因果统计模型有时与传统的模型设计方法实质上并无二致。在本章中，我将针对实际应用中的模型可信度问题，进行多方面的分析和阐述。

9.1　因果统计模型的可信度

　　正如我在上文中所强调的，对因果模型的准确定义是进行成功因果推断的关键。毕竟，在对因果效应进行描述或是有关假设的提出和检验之前，必须定义好一个因果模型，并且将可观测性变量与该模型的参数之间的联系描述出来。与此同时,统计推断,譬如关于因果参数的推断,都取决于该模型抽样过程的有效性。

对于任何一个模型来说,我们必须区分开具有因果性质的假设和具有统计性质的假设之间的区别。[①]因果性质的假设要求其本身能够反映因果关系,例如一个给定的政策可以产生什么样的后续影响。这些假设在特定的定性调查中是很难被反映出来的,因为它们往往取决于不可观测性变量的影响,因而在实际的经验性调查与分析中是无法获取的。[②]因果参数(如平均处理效应等)主要就是根据这些因果性假设所定义出来的。

与之相比,统计性假设则涉及生成可观测性数据的随机过程。统计推断让我们可以利用数据对那些不可观测的参数进行估计,主要依赖于各种关于随机过程的假设。因此,我们可以将平均因果效应之类的参数定义——这取决于因果模型——与参数的估计分离开来,后者主要取决于生成所观测数据的随机过程的统计模型。[③]在此基础上,我将对内曼模型和其他类似的分析方法展开讨论。在9.1.1节中,我们将重申在第五章和第六章中所提出的几个观察,这有利于我们在一个单独的地方将这些观察结果进行整理,从而讨论模型的可信度。

259

---

① 参见第五章和第六章。

② 然而,针对于不同的实验设计,某一个假设在一项研究中难以被检验并不意味着在另一项研究中也不能被检验。例如,有的实验设计得非常精致,就能够检验出溢出效应或 SUTVA 假设的存在性(Nickerson, 2008; Sinclair、McConnell 和 Green,2012)。

③ 研究者经常将内曼潜在结果框架视为一个单一的模型,本书也最大限度地遵照这一方式。然而,应当时刻记住因果假设和统计假设之间的差别。

9.1.1　内曼模型的优势与局限

内曼模型具有许多优势。该模型既具有灵活性，又具有一般性。例如，它不像接下来我们将要讨论的标准回归模型那样，假设样本个体在面对干预分配时具有共同的反应水平，而是允许不同样本个体在面对干预分配时呈现出不同的反应水平。[1]同时，允许不同样本具有不同的反应水平，这一点也具有很强的现实意义，因为它能为研究组特定子集的平均处理效应赋予一个自然的定义。例如在基于潜在结果分析框架的工具变量设计中，我们可以很好地定义顺从者平均处理效应。[2]

即使是在更为抽象的层面上，该模型依然能够很好地严格阐释各种重要的因果关系概念。例如，它很自然地强调了如何识别因果推断所需的反事实缺失问题。关于干涉或操控的思想，以及特定样本效应针对干涉条件的不变性思想，也是该模型的核心思想。甚至对于自然实验而言，在该定义下操控实验干预过程的不是实验研究者，干涉操控的思想对于因果推断而言是一个非常重要的方面（Holland，1986）。因此，在内曼模型对变量因果关系的阐述中有两个重要的方面需要注意：其一是反事实研究的重要性；其二是不能

---

[1]　见第五章。分析者将基于内曼潜在结果模型的分析有时称之为"非参数估计"，与之相对应的是"参数估计"，即通过添加许多有效详细的回归分析来进行估计。例如，这些假设都是关于方程中的干预变量、协变量和因变量之间的关系的，当然，这些假设有时候也不是正确的。内曼模型中含有众多参数——例如样本的因果效应 $T_i - C_i$ 和平均因果效应 $\bar{T} - \bar{C}$。数据分析的要点在于针对数据的估计工作主要取决于模型的定义。因此潜在值模型与其他替代模型，如多元回归的关键区别并不在参数上，而在于模型上，参数估计只有放在模型的大框架下才有意义。

[2]　参见第五章。

对实验过程进行人为操控。[①]

260　　　然而，需要重申的是，内曼模型也具有许多非常严重的局限性。例如，对于个体样本层面而言，样本面对干预条件所产生的反应水平通常被假设为决定性的。例如，这意味着，实验干预分配的时间和地点是无关紧要的：在阿根廷土地产权的研究中，对于贫困占地者而言，获得土地产权与未获得土地产权一样，都只能产生单一的决定性影响。[②] 根据该模型，关于获得土地产权的规模、方式、时间等其他细节都是无关紧要的：这些难以描述的情况都被省略掉了。这样做也许能够简化与节省研究成本，但却可能与真实情况有很大出入。

　　　更具限制性的假设是，实验样本的潜在结果与研究组其他受干预的样本实验结果不相关。这种"无干扰"假设（D. Cox, 1958）又被称为"平稳性单元干预值假设"（SUTVA；Rubin, 1978），它在许多研究情形中是不可信的。例如，在阿根廷土地产权的研究中（见导论部分），那些没有获得产权的人肯定会受到那些获得产权的人的行为影响。譬如，实验组中的人决定减少生育率，这也同样会使得对照组的人也降低其生育水平，在这种情况下我们对"土地产权对生育率影响"的估计就是有偏的（见第七章）。这一假设即使在强自然实验中也往往很难满足，例如，在莫尔顿（Mauldon, 2000, 第17页）等曾经所做的一个福利实验中，对照组样本成员能够意识到

---

① 事实上，非人为性操控和非反事实性研究存在着因果关系（例如参见 Goldthorpe, 2001）。

② 在原理上，补充说明 5.1 中的模型可以生成 T_i 和 C_i 两个随机变量（Freedman, 2006）。例如，实验组的平均潜在结果可以被定义为所有 T_i 样本的期望值。然而样本的独立性则需要根据方差计算来进行确认，并且还会出现其他的一些问题。

实验组样本成员在接受教育后能够获得报酬，于是他们也改变了自身行为。[①]

这一问题并不是因为非随机性所导致的。相反地，在阿根廷产权研究或是莫尔顿（Mauldon，2000）等的研究中，它们并不能保证受干预的样本潜在结果之间是相互独立的。如果存在这样的问题，那么我们就没有必要估计那些与对照组样本相关的实验组样本的个体效应，这是因为在该模型中，有关这些样本的特定因果参数是有偏的。特别地，相对于简单的内曼模型而言，在那些能够反映实际情况的模型中受干预样本的潜在结果之间应该是具有相关性的。因此，对于研究者而言，在任何给定的应用中，他们都应该考虑到违背潜在结果模型基本假设的可能性。事实上，正如我将在下文中所讨论的，这一模型的局限性并不仅限于内曼模型本身。另外，平稳性样本结果假设也会存在于传统回归模型中，即样本 i 的潜在结果仅仅取决于样本 i 的干预分配方式以及其协变量，而与样本 j 的干预方式及其协变量无关。我将会在下文中利用相关的经验证据来对这一假设进行进一步阐述。

除了这些因果性假设之外，内曼模型的统计假设还有什么优势和局限性呢？在内曼模型中，研究组中的实验单位被无放回地随机抽样（正如在一个票盒中随机地抽签一样）并放入到相应的实验组和对照组中去。在某种程度上而言，图 5.1 中所描绘的抽样模型就

261

---

① 在这一点上，Collier、Seken 和 Stark（参见 Freedman，2010，xv）对此有较为深入的研究，他们认为，"在随机对照实验中使用意向性干预分析的方法来进行因果推断是没有任何问题的，这一推断过程应该基于准确的随机概率模型上"。他们担心的是在进行因果推断时脱离了统计模型本身从而不具有随机性，但是他们也并没有好的办法来预防实验中这种分析方法和因果模型本身的脱离。

是一个简单的内曼模型，其干预分配过程是满足近似随机性的。在
一个满足随机性假设的自然实验中，该模型是非常合适的。毕竟，
该模型能够简单表明这样一种状况：研究组中的样本在分配到实验
组和对照组的过程中是满足近似随机性的。

　　对于强自然实验而言，该票盒模型还具有其他优势。注意，在
内曼模型中，我们的研究组并不需要从任何总体（通常很难定义）
中随机抽取。[①]大多数的自然实验与许多真实实验相似，研究组样
本并不是从某个总体中抽取的概率性样本。通常来说，我们甚至很
难将研究组视为一个样本，因为这将需要我们使用一些非概率方法
从所定义的总体中抽取我们的研究组。正是因为这个原因，对于随
机自然实验而言，内曼模型是非常适合的：在研究组中进行随机抽
样，从而确保内曼模型的统计推断的合理性，而该统计推断则描述
了研究组样本如何在实验组和对照组之间进行随机分配。尽管有
时候也有可能会对更大的总体进行推断，正如我将在第十章中讨论
的那样。

　　然而，如果样本分配并不能满足随机性，那么分析者所研究的
可能就不是一个自然实验了。此时情况将变得复杂，在这里至少有
两个方面值得考虑。其一，内曼模型（至少对于简约型而言）不需
要顾虑混杂变量干扰。[②]这也是我在本书中花费大量笔墨去对样本

_____

　　① 这一点可以与传统的回归模型形成鲜明对比，回归模型需要通过对整群抽样
的渐近推理来检验其合理性（例如可参见 Wooldridge, 2009）。
　　② 当然我们还可以基于此模型进行相关扩展（例如参见 Rosenbaum 和 Rubin,
1983）。然而在实际应用中，由第五章所给出的内曼模型在仅由混杂变量所决定的抽样
过程应用中还是有一定的难度。

分配的近似随机性问题进行讨论的原因。[①] 然而，图 5.1 中的模型只有在近似随机性假设得到满足的情况下才能适用。其二，在票盒中进行无放回随机抽样，在自然实验中比在其他实验设计中更具说服力。例如，一个强断点回归设计相对于其他研究"管辖边界"的方法更适合于自然实验。因为对于后者而言，很难看出其抽样过程中的"抽样"特性到底发生于何处。

总之，内曼模型的统计假设通常看起来很适合描述数据生成过程——至少对于强自然实验而言就是如此。在真实随机性下，该模型通常就是最适合了。不像传统的回归模型，内曼模型不需要随机误差项满足"独立同分布"假设。相反地，通过票盒抽签的方式对潜在结果进行抽样，看起来与使用真实随机化机制导出随机变异性结果的方式，本质上是一样的。这就为不具备真实随机性只具备近似随机性的自然实验的干预分配过程提供了一个令人信服的类似工具，尽管这种类比工具的质量在不同的研究中会各不相同。

因此，对于许多自然实验而言，内曼模型提供了一个有用的研究起点和一个可信的分析路径。在内曼模型中，被估计量（例如平均处理效应）有着明确而有说服力的解释，并且估计量通常产生于定义良好的抽样过程。所以，布雷迪和科利尔（Brady 和 Collier，2010，第 15—16 页）从"统计理论"的角度批评过的"主流定量分析方法"所提出的许多问题，在真实实验的分析中并不存在（Freedman，2008a，2008b，2009）。在真实实验和强自然实验中，混杂变量对整个实验的干扰程度被最小化了，从而内曼模型及其相

---

① 特别地，可参见第八章。

应的简洁而透明的数据分析技术通常都具有极高的可信度。

9.1.2　线性回归模型

　　由于许多因素的影响,自然实验分析者并不总是依赖于建立在内曼潜在结果模型基础上进行简洁而透明的分析。首先,在不完美的自然实验中——其近似随机性分配过程的可信度并不高——研究者可能不得不对可观测的混杂因素进行控制。事实上,在许多缺乏真实实验的自然实验中,一种不错的思路就是探讨统计调整(例如,在多元回归模型中增加协变量)是否可以对因果效应的估计产生影响。然而,这些统计控制手段的使用有可能也会带来令人困扰的问题。如果统计调整确实会对点估计产生影响,那么说明干预过程中的样本分配缺乏近似随机性;而多元回归模型则可能会导致显著性检验失效的数据分析与研究报告结果。正如我将在下文中所讨论的,借助于统计调整手段,例如多元回归模型,可以看作是不完美研究设计的一个备选方法。这并不意味着自然实验分析在这种情况下不能提供有用的信息了;但如果模型设计基础不可靠的话,那么其分析结果也将会变得不可靠。

　　另外两个使用回归模型来分析自然实验数据的原因在于:学科研究习惯的力量,以及在标准统计软件中进行回归分析的简单易行性。往往涉及多种控制变量的标准回归分析,几乎成为现代定量分析研究者们的普遍首选分析工具。然而,这并不是一个令人信服的理由。如果潜在模型本身对数据生成过程缺乏可信的描述,那么其分析过程也可能迅速走偏。

　　因此,我们有必要更为详细地探讨标准线性回归模型的本质。

在典型的回归模型中，其假设要比内曼模型复杂得多，并且这些假设的合理性也备受争议。首先考虑一个最为简单的例子，样本单位的实验结果被模型化为三项之和，即一个常数项（即截距项），一个未知的回归系数与代表干预分配的二分变量的乘积项，以及一个期望值为 0 的随机扰动项：

$$Y_i = \alpha + \beta X_i + \varepsilon_i \tag{9.1}$$

其中，Y_i 表示对于样本 i 而言，因变量的观测值，而 X_i 表示干预变量。系数 α 表示截距项，而系数 β 则代表回归系数，ε_i 表示不可观测的、期望值为 0 的随机扰动项。在这里，Y_i、X_i 和 ε_i 都是随机变量，而参数 α 和 β 则需要根据数据进行估计，一般所使用的方法为 OLS（普通最小二乘法）。其中，对回归系数的估计能够得出干预变量的因果效应，因为其他变量都得到了控制。如果不存在一个有效的自然实验，则式 9.1 中，干预变量与随机扰动项会具有统计意义上的相关性，也就是说两个变量间存在内生性。而对于一个有效的自然实验而言，如果在给定模型中，X_i 所代表的样本分配能够满足（近似）随机性，则它与扰动项的外生性是可以得到保证的。[①]

　　线性回归模型作为内曼模型的替代方法，有几个非常重要的问题需要我们注意。第一，在回归模型中，我们假定所有样本点的因果效应是一样的。第二，假定可加性误差项是针对每一个样本单位进行随机抽取的，就好像从一个均值为零的票盒里进行随机抽签一样；通常，每一次抽签过程都是相互独立，并且是有放回的，也就

---

　　① 在这里我没有区分干预分配和干预样本的实际区别：事实上分配的过程才决定了样本的选择，例如在查托帕达雅和杜芙若（Chattopadhyay 和 Duflo，2004）的研究中，他们利用自然实验来研究印度村委会主席配额就很好地诠释了这一点。

是说，这些抽签过程是独立同分布的。最后，该误差项的实现值被加到干预效应中去了。这些假设都违背了随机性和近似随机性假设，它们与内曼模型都是不相符的。

　　这些假设在应用中有可能会导致各种问题，即使是在最简单的二分变量情况下。例如，从一般的回归公式中所计算的标准误可能不再适用了，因为它不能满足实验设计中的近似随机性，而是来源于回归模型中误差项随机分布的独立抽取结果。在通常的回归模型中，假设标准误在实验组和对照组具有同方差性。然而，不相等的方差很可能出现，例如，可能是实验组和对照组样本规模不同而造成的；或者由于实验干预条件只对部分样本有效而对其他样本无效，这在一般情况下将会导致实验组样本的方差要大于对照组样本的方差。需要注意的是，基于内曼模型所得到的实验组和对照组潜在结果均值差的方差估计量——两个组的样本均值的抽样方差之和——并不考虑两个组之间的抽样方差异质性：实验组潜在结果均值的抽样方差估计量除以实验组样本个数，而对照组潜在均值的抽样方差则除以对照组样本个数（见第六章）。因此，如果两个组的潜在结果均值的方差不相等或者两个组的样本规模不相等时，基于内曼模型所计算的结果很自然地就考虑到了这种异方差性。① 总之，描述数据生成过程的回归模型（而不是图 5.1 中所描述模型）的假设是有一些代价的，即使是在最简单的情形下也是如此。

---

　　① 通过调整回归标准误来消除异方差性是有可能的。在双变量的情况下，此时所产生的因果效应估计量的方差估计量与内曼模型所得出的结果是相同的。然而，在多变量回归的情况下等号将不会成立。一般而言，当建模与抽样过程不一致时，结果就会发生偏离，我将在下文中来对此进行进一步讨论。

基于很多原因，当使用多元回归模型时，情况会变得更加不容乐观。在此，式9.1中的回归模型将被修改为：

$$Y_i = \alpha + \beta X_i + C_i \gamma + \varepsilon_i \tag{9.2}$$

其中，C_i是样本i所对应的一行协变量，γ表示一个回归系数列向量。作为数据分析的方法之一，多元回归模型相对于式9.1而言显得更加缺乏可信性。该式中所暗含的假设，反映了每一单位协变量与结果值之间具有很强的相关性。例如，为什么因变量是这些协变量的线性、可加性函数？为什么类似于β和γ的结构参数在实验干预过程中是不变的，且对于每一单位样本而言它们都是一样的？与式9.2中的模型相联系的惯常的统计假设甚至会使问题更加复杂化。例如，为什么随机扰动项满足独立同分布？在断点回归设计中，研究者常常还会在式9.2中添加其他多项式或交互项；这些关于模型识别的相关问题在那儿仍然还会出现（第五章）。

研究者会因为各种理由去使用多元回归模型。在许多情况下是因为他们无法保证样本分配过程的近似随机性。例如，布雷迪和麦克纳尔蒂（Brady和McNulty，2011）的研究中就面临"年龄"这一混杂因素的影响。卡德和克鲁格（Card和Krueger，1994）在模型中添加了与最低工资法和其他工资问题相关的控制变量。格罗夫曼、布鲁内尔和克茨勒（Grofman、Brunell和Koetzle，1998）也采用了相同的方法，这都是因为近似随机性假设难以被满足。

在诸如式9.2之类的等式右侧添加一系列混杂变量，通常被认为可以控制这些混杂因素：毕竟，分析者认为，所测量的混杂因素已经出现在方程中，所以其必定对这些混杂因素进行了控制。然而，这种做法并不能真正识别出变量之间的函数关系，也并不能够验证其背后数据生成过程的可信性。一个简单的替代方法就是使用交叉表分析法或者梳理法。也就是说，我们通过观察协变量值来识别干预过程与实验结果之间的关系。然而，由于存在许多控制变量或连续型协变量，交叉表中分块数将迅速超过数据点的数量，这也是研究者选择使用回归模型的原因之一（见第一章）。

在其他情况中，数据的局限也可能会导致一些更为复杂的模型假设。例如，在多尔蒂、格林和格伯（Doherty、Green 和 Gerber，2006）的彩票研究中，中奖彩民的人数在整体彩民中满足随机性分配。同时，在该研究中存在多个实验组，而中奖金额从概念上讲则是一个连续型变量，因此（不同于斯诺的霍乱研究）我们不能对实验组和对照组的样本进行简单地直接对比。这将会诱发随机性之外的问题：例如，在没有线性假设以及其他与样本干预程度相关的假设的情况下，讨论"中奖"的单个边际处理效应就可能具有误导性。当然，在理论上，我们可以对比不同中奖等级的彩民，从而可以有效地使用自然实验数据得到个人中奖情况对政治态度的真实影响（Freedman，2009，第85—87页）。[①] 但是在实际研究中，该方法却会受到数据可得性的限制：在多尔蒂、格林和格伯（2006）的研究中彩民样本只有342个，因此我们必须在交叉表分析或梳理法中以譬

---

① 此外，请注意，在限定了所购买彩票的熟练和类型之后，彩票奖金的发放过程才满足随机性。当没有数据限制的时候，非参数估计的方法就可分别得到购买不同数量和类型彩票的样本组的因果效应。而回归模型作为它的替代方法，必须添加额外的假设，才能通过将彩票的数量和类型限制分别赋予虚拟变量的形式来估计中奖彩票的共同系数。

如线性之类的模型假设进行替代。[①]

最后我想说明的是，研究者所使用的多元回归方法能够降低处理效应估计量的变异性（D. Cox，1958；Gerber 和 Green，2012）。这也是该方法诸多缺陷中的一个亮点：当控制变量得到控制，则实验组和对照组的样本方差都会减小，这将有利于研究者更精确地估计出每一个模型中对变量进行控制后的处理效应。然而，方差是否会降低还取决于经验研究中预处理协变量和结果值之间的相关性；在模型调整后，方差有可能会升高、也有可能会降低（Freedman，2008a，2008b；Gerber 和 Green，2012）。[②]

如果我们取多元回归模型如式 9.2 所得到的调整结果，则也会引发一些困难。如果研究组规模非常小，并且若内曼模型准确反映了数据生成过程，那么即使干预过程满足真实随机性，多元回归模型的估计结果也将可能是有偏的，有时甚至会更糟糕（Freedman，2008a，2008b）。[③] 在内曼模型中，干预分配过程对实验结果起到决定性作用，如果我们知道样本分配方式（以及潜在结果），则我们能够得到实验组和对照组的样本均值。而由式 9.2 中所得的回归模型却完全会导致另外一种情况，在该模型中，实验结果值同时还是协变量的函数，而这些协变量（至少在小样本情况下）会和干预变量息息相关。总之，即使在随机性假设满足的情况下，估计量 $\hat{\beta}$ 的期

---

① 进一步讨论请参见多尔蒂、格林和格伯（2006），他们同时使用了线性和非线性模型进行估计（在这里基于既定的概率层面上，干预的响应值水平是线性的）。

② 因为标准误（在多变量或双变量回归中）不适用，研究者则可以利用多元回归模型和自然实验数据来调整标准误，而不是任由统计软件报告之后对其置之不理。

③ 这就是"小样本偏误"：随着研究组规模的扩大而消失，因此回归估计结果是一致的（渐近无偏的）。

望也许并不等于真实的 β。而上文中所提到的有关标准误的计算，则同样适用于多元回归模型中。

因此，如式 9.2 所给出的多元回归模型并不具备一个有效自然实验所应该具备的诸多优势，这些优势主要体现在模型本身的简洁性、透明性与可信度方面。事实上，问题主要出在了以下几个方面：如果实验设计能够确保混杂变量统计意义上独立于实验干预过程，那为什么还要对混杂变量进行控制？如果干预分配过程真的能够满足近似随机性，那么实验设计本身就会独立于实验的潜在结果，此时简单的均值差估计就能够有效估计出因果效应。事实上，如果实验的干预分配过程独立于协变量，则通过多元回归模型所得到的点估计应该与差值检验所得的估计量是一致的，至少在大样本情况下就是如此。然而，如果事实上干预分配过程不能独立于协变量（或者说至少在抽样数据中它们之间存在相关性），则调整后的点估计会与均值差估计存在实质性区别。在接下来的内容中，我将会讨论未调整的差值检验与多元线性回归模型所得到的因果效应之间的差异性。这将会引发我们的一些思考，例如，我们到底应该相信调整前还是调整后的结果？它们之间的差异又在哪里？

此外，也许更重要的一点在于，回归模型的事后调整有可能导致研究者更加注重对干预效应"显著性"的报告（Freedman，1983）。显然，这与常规的显著性检验思想相悖，出于对这些问题的考虑，研究者应该进行未调整的差值检验以及其他的相关辅助分析。如果因果效应估计量在未控制其他变量的情况下是不显著的，则这将会有利于我们对一个无偏估计量的正确判断。

这些问题在实际研究当中可能会导致严重的后果。考虑安格里斯特和拉维（Angrist 和 Lavy，1999）的断点回归设计，他们估计了以色列国内班级规模的缩减对于教育回报率的影响。断点回归的逻辑在于根据协变量信息得到阈值，并且在阈值附近的样本分配满足近似随机性，而且阈值两侧附近的样本将随机进入实验组和对照组。因此，根据第五章所强调的，断点回归设计中最具有说服力的数据分析方法，就是在相关入学注册数量阈值附件断点的学校样本中，将实验组和对照组样本潜在结果进行简单的差值检验。

安格里斯特和拉维（1999）在控制了相关变量，如差学生的百分比人数的基础上，使用多元回归分析发现，当一个班级中每减少七个人，整体学生的数学成绩将会增加 1.75 个点或五分之一个标准差——这说明了班级规模具有显著的因果效应。而根据安格里斯特和皮施克（Angrist 和 Pischke，2008，第 267 页）对于安格里斯特和拉维（1999）的讨论，在该回归模型中，如果不进行相关变量的控制，则对系数的估计在统计学角度而言是没有意义的。换句话说，研究结果的显著性取决于对多元回归模型的估计过程。

安格里斯特和拉维（1999）还挑选了一部分位于阈值附近的样本，并使用差值检验的方法来进行分析（即根据迈蒙尼提斯规则，每个班只能保留少于 40、80 或 120 个学生，研究者选取了阈值两侧多于或少于 3 到 5 个注册入学学生的学校），但是他们发现结果不具有显著性。

这些结果将会对因果推断造成困难。可以肯定的是，这些困难 269 全部是由数据的可得性所导致的，正如安格里斯特和皮施克（2008，第 267 页）针对其后一个实验研究所说的，"这些结果是非常不精确的……因为我们只使用了全部样本的四分之一进行估计"，因此，数据对于模型本身所造成的局限性会使得我们需要在模型中添加许多复杂的前提假设：当断点回归阈值附近缺乏充足的样本量时，实验分析结果将倾向于那些"基于模型"的因果推断，而背离那些理想的"基于设计"的研究。但是，远离阈值的样本必然会受到混杂变量的影响，毕竟只有接近阈值附近的样本才能满足于近似随机性。而当模型中包含有许多譬如针对函数本身的假设条件时，则它所遵循的就并不是一个"基于设计"的研究思路。如果我们通过复杂模型所得到的估计量与通过那些具有简洁透明性质的实验所得到的估计量不同时，我们往往需要注意我们自己的研究思路选取和顺理逻辑倾向。

总之，当模型本身包含控制变量时，则样本分配过程的完全随机性假设就很难得到满足。事实上，这并非一定就会削弱研究的可信性，但往往更好的选择在于，我们在经验研究伊始就使用简单的、未调整的差值比较方法，正如布雷迪和麦克纳尔蒂（Brady 和 McNulty，2011）与其他研究者所遵循的研究思路，随后再使用更复杂的模型进行验证。但是，如果调整前和调整后的检验结果出现冲突，我们则需要对此情况持审慎态度。当实验设计具有很强的说服力且因果效应更具可信性时，我们倾向于选择基于内曼模型的简单差值分析结果。

9.2 工具变量回归中的模型识别

我已经讨论过工具变量法能够有效发挥其作用的一种情景：样本以随机性的方式进行分配，但样本本身却并未完全接受其分配结果。① 例如，在安格里斯特（Angrist，1990a）关于"服兵役对长期收入的影响"研究中，征兵法案随机抽取了一部分青年并要求他们承担兵役义务，但是征兵法案名单却与最终服役的人员名单不符，因为一方面，许多人体检和心理测试不过关，甚至有的人就仅仅是因为不愿服兵役，而另一方面，有的没有被法案抽中的人却自愿来服兵役。在内曼潜在结果扩展模型中，这类被征兵法案抽中并最终服役的人员被称为"顺从者"。而工具变量分析所估计的也就是顺从者的平均处理效应（见第五章）。②

即使在这个简单的使用工具变量法的研究中，也往往包含了许多重要假设，但他们的合理性却不敢保证。这些假设包括：一、工具变量的近似随机性分配具有高度可信性（这一假设是为了预防研究中的一些非随机性的存在）；二、参军资格抽签过程只能通过影响"人员是否服役"这唯一的机制进而影响最终的潜在结果。这一假设富有争议性，因为未被征兵法案选中的人有可能进入大学，而受教育程度也与日后收入息息相关，因此在此过程中可能就不能满足"排他性约束"。

然而，当使用工具变量法来研究诸如式 9.1、9.2 这样的线性回归模型时会产生诸多问题。③ 为了方便起见，在此我们还是来考虑一下式 9.1：

$$Y_i = \alpha + \beta X_i + \varepsilon_i$$

在此我虽然关注的是一个二元变量情形（附录 9.1 讨论了多变

---

① 参见第四章和第五章。

② 参见第五章。

③ 这部分内容来源于邓宁（Dunning，2008c）的部分内容。

量回归的情况），但在本节中的讨论同样适用于多元变量回归模型。其中，X_i 代指是否接受干预，而不是具体的干预手段。与经典回归模型所不同的是，这里假设 X_i 与随机扰动项具有相关性。因此 OLS 回归所得到的估计量将是有偏且不一致的。而在添加了其他假设的情况下，IVLS（工具变量最小二乘法）则能够给出一个一致估计量。为了使用 IVLS，我们必须找到一个工具变量 Z_i，并在式 9.1 中，使其与随机扰动项在统计意义上不相关（参见第 5.3.5 部分）。

现在，假设我们有一个随机自然实验，例如安格里斯特（Angrist，1990a）的征兵法案研究或是多尔蒂、格林和格伯（Doherty、Green 和 Gerber，2006）的彩票研究。假设给定模型 9.1，通过 Z_i 的随机分配使得令 Z_i 和 ε_i 不具有统计相关性。当真实随机性不能得到满足的时候，变量的外生性也不可能充分验证。[1] 在实际研究中，研究者可能更多关注于选取的工具变量是否能具有外生性——尽管也许有的人，正如 Sovey 和 Green（2009）所讨论的，对此并没有特别明确的关注。在具体操作层面上，X_i 和 Z_i 必须具有高度相关性，同时这一相关性可以被检验（Bound、Jaeger 和 Baker，1995）。在一个满足真实随机性的自然实验中，我们对顺从者的因果效应进行估计时，需满足（1）干预分配过程满足随机性；（2）干预分配过程必须对实际受干预样本具有显著性影响。

然而，工具变量的外生性并不足以保证整个因果效应估计过程的有效性。因果推断还依赖于如式 9.1 所表达的回归方程。若无此

271

---

① 标准的模型过度识别检验中，在存在多个工具变量的情况下假设至少有一个工具变量是外生的（Greene，2003，第 413—415 页）。

回归方程，则不存在随机误差项，也就意味着不存在外生性和 IVLS 的因果推理。因此，在给定的模型中，外生性条件的满足是工具变量法使用的必要而非充分条件，潜在因果模型的设置也是一个重要的问题。[①]

在工具变量法的应用中，式 9.1 所蕴含的因果模型与内曼模型之间所存在的差异就会变得越来越尖锐。例如，当我们使用单个参数 β 来表示处理效应的估计量时，就应该注意到这将意味着因果效应对每一单位样本而言都是一致的。这种一致性不会在顺从者、只接受干预者和从不接受干预者之间有所差异。针对于这种现象，伊姆本斯和安格里斯特（Imbens 和 Angrist，1994）提出了"局部平均处理效应"假设——也就是说，参与到实验组的某一部分单位样本的平均处理效应受到工具变量的影响。[②]然而，这一假设有可能是不合理的，例如，在安格里斯特（1990a）的研究中，那些受征兵法案选择而参军的人和志愿服兵役的人，他们之间的长期收入效应就是不同的。[③]

---

①　这一点尤其是在以下研究中显得比较重要：Angrist、Imbens 和 Rubin（1996），Freedman（2006），Heckman 和 Robb（1986），Heckman、Urzúa 和 Vytlacil（2006），Imbens 和 Angrist（1994）以及 Rosenzweig 和 Wolpin（2000）。另外还有大量文献关于 IVLS 的其他方面也进行了探讨（例如参见：Bartels，1991；Bound、Jaeger 和 Baker，1995；Hanushek 和 Jackson，1977，第 234—239 页，第 244—245 页；和 Kennedy，1985，第 115 页）。

②　也可以参见 Angrist、Imbens 和 Rubin（1996）以及 Heckman 和 Robb（1986，2006）。

③　应该注意到根据式 9.1，干预样本 i 的反应值取决于等式右侧的 i 变量值；而其他变量值则与 i 是不相关的。这一点是基于鲁宾关于内曼模型的 SUTVA 假设所得出来的（Neyman 等，〔1923〕，1990；Rubin，1974，1978，1980；也可参见 D. Cox，1958；Holland，1986）（见第五章）。

　　式 9.1 所暗含的另一个重要的假设还在于，与工具变量相关的内生变量的变异性，与工具变量相关的变异性之间，应当具有同样的因果效应（Dunning，2008c）。例如，在式 9.1 中，单个的回归系数 β，既要适用于 X_i 的内生性成分，同时也要适用于 X_i 的外生性成分。[1] 在许多应用中，这一假设是非常严格的，然而，如果我们放松这一假设则意味着工具变量对于某些结构性参数的估计效果也将消失。

　　为了说明这一点，假设 X_i 表示人们的收入，Y_i 表示其政治态度，例如对税收的看法。[2] 在一个彩票实验中，例如样本规模受制于购买彩票的群体数量（例如 Doherty、Green 和 Gerber，2006）。[3] 同时假设 $X_i = X_{1i} + X_{2i}$，其中 X_{1i} 表示样本 i 的彩票收入，X_{2i} 表示其固定收入。[4] 对于总收入 X_i 而言它有可能是内生的，因为那些来自于家庭的诸多因素很可能影响个体的固定收入与政治态度。例如，有钱的父母可能会教子女如何参与股票市场并影响他们对政府干预行为的看法。另外，同侪效应也可能会影响个人的在经济地位上的成功和政治价值。意识形态也会影响经济回报率，也许这一机制是"通过努力工作就能赚钱"的社会机制所实施的。尽管这些变量可能都能够被识别并被控制，但是我们所要清楚的是，还有许多不可观测的混杂变量，它们可能会对"总收入对政治态度的影响"的

---

①　邓宁（Dunning，2008c）将这种假设称之为"均匀局部效应"。

②　例如，Y_i 可能衡量的是受访者是否支持房产税，或者政府是否应保持适度规模的意见。

③　这些研究在第二章和第四章中都已经讨论过。

④　也就是说，X_{2i} 表示的是样本 i 的除去彩票奖金的收入，这部分有可能包括工资收入、房租、版税等。

因果推断过程起到干扰作用。

　　假设对该案例建立一个如式 9.1 的回归模型,那么随机的彩票收入很可能是一个绝佳的工具变量——这是因为它与个体 i 的总收入相关、但是却独立于式 9.1 的随机误差项。[①]这一变量所反映的是全体彩民中一部分中奖的彩民样本 i 所得到的收入。毕竟,有的彩民能够获得巨款,而有的彩民却几乎什么都没有得到。换句话说,控制了所购买的彩票种类和中奖数字,对于每个彩民而言中奖就是随机的,因此中奖行为在统计意义上独立于其他所有变量特征,其中包括那些能够对政治态度产生影响的变量。总之,中奖行为可以将样本随机"分配"到不同的总收入 X_i 中。[②]

　　然而,这种方法要求真实的数据生成过程必须符合如下模型: 273

$$Y_i = \alpha + \beta(X_{1i} + X_{2i}) + \varepsilon_i \tag{9.3}$$

正如与式 9.1 一样。[③]我们注意到,该模型假设彩票收入的边际增量对于政治态度的因果效应与其他收入的因果效应是相同的。正如多尔蒂、格林和格伯(2005,第 8—10 页;2006,第 446—447 页)所说,彩票所带来的"意外之财"与其他形式的收入对于人们政治

---

　　①　Doherty、Green 和 Gerber(2005)使用了工具变量。

　　②　在这里,等式 9.1 中 X_{1i} 代表了 X_i 的工具变量,IVLS 的估计量为 $\hat{\beta}_{\mathrm{IVLS}} = \dfrac{\mathrm{Cov}(X_{1i}, Y_i)}{\mathrm{Cov}(X_{1i}, X_i)}$,其中,协方差由抽样数据求得,因而,估计量的值等于彩票奖金和政治态度的抽样协方差除以彩票奖金和总收入的协方差。注意到 $\mathrm{Cov}(X_{1i}, X_i) \neq 0$,因为 X_{1i} 是 X_i 的一个组成部分,因此为了显示得更为合理,应假设 $\mathrm{Cov}(X_{1i}, X_{2i}) \neq -\mathrm{Var}(X_{2i})$。给定 X_{1i} 和 ε_i 是相互独立的,则在式 9.1 中,$\hat{\beta}_{\mathrm{IVLS}}$ 就是 β 的一致估计量。

　　③　尽管多尔蒂、格林和格伯(2005, 2006)报告的是 probit 模型的估计值,但他们还是建立了一个类似于式 9.1 的线性回归模型,其中主要包括了诸多协变量,一部分协变量主要是用来控制购买彩票的不同类型。

态度的影响应该是不同的。譬如通过工作所得到的收入，继承了父母的巨额财产等。然而，根据该模型，收入的来源是无关紧要的：彩票收入与其他固定收入来源所带来的边际增量对于政治态度的影响是相同的。这是因为在面对不同形式的收入中，β 被假设为一个常数。[1] 我们来考虑另一个替代性模型：

$$Y_i = \alpha + \beta_1 X_{1i} + \beta_2 X_{2i} + \varepsilon_i \tag{9.4}$$

其中，$\beta_1 \neq \beta_2$，而变量 X_{1i} 代表彩票收入，基于自然实验的随机性，其独立于随机误差项的假设是合理的。然而，固定收入 X_{2i} 则具有内生性，教育程度和父母态度有可能会同时影响固定收入和政治态度。在此，我们又重新回归到工具变量方法上来，既然在式 9.4 中我们需要用工具变量来充当回归变量，那么在 X_{1i} 基础上，我们还需要新的工具变量。如果模型 9.4 能够反映真实情况，那么就可说明式 9.1 的工具变量检验是有偏的。[2] 关于模型本身需要特别强调的是，使用 IVLS 去估计参数时，数据的设计构造必须符合式 9.1 而不是式 9.4。关于该问题的进一步讨论详见于附录 9.1。

在使用 IVLS 或者其他的技术方法进行估计之前首先必须建立好模型。事实上，不同干预变量的共同因果效应假设的确是一个普遍问题，不管 X_i 本身是否具有内生性。IVLS 的应用使得该假设的重要性得到体现，然而，当研究者通过自然实验来建立工具变量 Z_i

---

[1]　另一个问题在于研究组对于彩民的限制。这个群体的收入的因果效应可能不能推广到其他群体类型，也就是说由式 9.1 所确定的 β 值并不会等于那些不买彩票群体的结构参数。这种情况通常被称之为"外部有效性"（Campbell 和 Stanley，1966）。

[2]　如果 X_{1i} 和 X_{2i} 在统计意义上是相互独立的（在样本按照中奖等级的不同进行随机分配的情况下），IVLS 能够得到 β_1 的渐近估计量，并且系数属于干预样本中的外生部分，参见 Dunning（2008c）。在其他情况下，工具变量回归能够估计出一个混合变量的结构参数，但是这种参数并不是研究所期望得到的。

时,结果发现那些与 Z_i 相关的 X_i 的变异所带来的因果效应不同于那些与 Z_i 不相关的 X_i 的变异所带来的因果效应。不幸的是,我们经常需要估计那些与工具变量不相关的自变量变化所带来的因果效应,而这正是促使我们使用工具变量分析的最初理由。否则,我们只需用 Y_i 对 Z_i 做简单回归就好。[①]

在使用工具变量分析的其他许多社会科学研究中也存在类似的问题(见第四章)。例如,在内战对经济增长的回归函数中,在研究者使用撒哈拉沙漠以南的非洲国家数据中,经济增长可能具有内生性。然而,此时可以使用年降水量来作为经济增长的工具变量(参见第四章)。米格尔、萨提亚纳斯和瑟金提(Miguel、Satyanath和 Sergenti,2004)指出,一个给定国家给定年份里内战爆发概率可以给定为:

$$Pr\left(C_{it}=1\big|G_{it},\varepsilon_{it}\right)=\alpha+\beta G_{it}+\varepsilon_{it} \qquad (9.5)$$

其中, C_{it} 是一个二分变量,代表了对于国家 i 而言,它在 t 年是否爆发过内战。其中当 $C_{it}=1$ 时表示爆发过内战。G_{it} 代表国家 i 在 t 年的经济增长率,α 是截距项,β 表示回归系数,ε_{it} 是均值为零的随机变量。[②] 根据该模型可以发现,当国家 i 在 t 年的经济每增长一

---

① 也就是说,我们应该着重注意"简化型回归",即类似于意向干预分析。

② 等式 9.5 类似于米格尔、萨提亚纳斯和瑟金提(Miguel、Satyanath 和 Sergenti,2004,第 737 页)中的模型,但是我剔除掉了控制变量和增长率的滞后项。在米格尔、萨提亚纳斯和瑟金提的研究中,模型为 $C_{it}=\alpha+X_{it}\beta+\varepsilon_{it}$,其中 X_{it} 包含了样本 i 在时期 t 的经济增长的滞后项以及其他协变量。因此,二分变量 C_{it} 被假设是等式右侧协变量和随机扰动项的线性组合。然而,作者显然考虑了一个线性概率模型,所以我用式 9.5 代替了该式,其中 $Pr\left(C_{it}=1\big|G_{it},\varepsilon_{it}\right)$ 表示考虑了随机扰动项之后,经济增长水平所引发内战爆发的概率。

单位,则内战爆发的概率就会增长 β 单位(如果符号为负,则降低
275　相应单位)。现在的问题是 C_{it} 和 ε_{it} 之间不是相互独立的。解决办
法就是使用工具变量法。

降水量的年份变化能够为经济增长提供合适的工具变量。正
如研究者所分析的,在撒哈拉沙漠以南的非洲,降水量的百分比变
化与国家的经济增长呈明显的正相关性,所以降水量的变化能够作
为一个潜在的工具变量。另一个关键问题是降水量的变化程度与
随机扰动项是相互独立的,也就是说关于变量的近似随机性性质是
可以保证的。在研究中对排他性约束的分析也是必要的:Z 没有出
现在式 9.5 中。如果降水量除了通过影响经济增长来影响战争之
外,还可以对战争本身产生直接影响的话,那么这个约束条件就会
被违背了;例如,士兵可能会因降雨而选择停止战斗(见第四章)。
尽管米格尔、萨提亚纳斯和瑟金提通过大量的篇幅来排除这种关联
的可能性,但这一排他性约束并不能被完全检验出来(也可以参见
Sovey 和 Green,2009)。通过 IVLS 方法,米格尔、萨提亚纳斯和
瑟金提估计出经济增长和内战爆发的概率之间存在很大程度上的
负相关性。[①]这一研究提供了二者之间的因果关系,并且作者通过
一个合理的机制来阐述这种因果效应——干旱会对士兵发动政变的
行为产生影响。

但是在这里,米格尔、萨提亚纳斯和瑟金提估计出"经济增长

---

①　"年经济增长水平下降 5 个百分点就将有可能引发内部冲突……在接下来的
年份中如果下降程度超过 12 个百分点,这将有一般可能性促使内战爆发"(Miguel、
Satyanath 和 Sergenti,2004,第 727 页)。内部冲突被定义为每一个给定国家的一年内
因战斗造成的死亡率超过 25(或者死亡人数每年超过 1000 人被定义为"内战")。

对内战爆发的影响"了吗? 为了验证该结论, 这需要我们知道经济
增长究竟是如何影响内战爆发概率的。特别地, 这取决于在模型中
经济增长对于内战爆发的因果效应是一个常数——经济增长中各部
分对内战爆发概率的影响都是相同的。例如, 我们注意到在式 9.5
中, 无法得知经济结构中的哪个部分经历了增长。根据该模型, 如
果我们想要知道哪一部分影响了内战爆发的概率, 我们可以考虑促
进经济增长的不同干预机制。例如, 可以探讨国外援助是否促进了
工业生产率, 或者农业投入补助是否促进了农业生产率的提高——
如果二者对于内战爆发概率的因果效应不一致, 则我们可以观察以
下模型:

$$Pr\left(C_{it}=1\middle|I_{it},A_{it},\varepsilon_{it}\right)=\alpha+\beta_1 I_{it}-\beta_2 A_{it}+\varepsilon_{it} \tag{9.6}$$

其中, I_{it} 和 A_{it} 分别表示国家 i 在 t 年的工业和农业的年经济增长
率。[①] 那么为什么要使用这个模型来替代先前的模型呢? 因为农业
生产力的降低有可能会对于降低农业收益而增加反叛的可能性, 使
得内战的可能性也将会增加。但是, 最近的一个研究显示, 相对于
城市工业部门而言, 许多叛军是从乡村招募的, 因此(城市)工业部
门的生产力变化可能对于内战爆发的概率影响效果并不显著。[②] 在
这种情况下, 我们认为不同经济部门对于内战爆发的影响存在异质
性, 这将是一个合理的假设。

　　如果真实的数据生成过程符合式 9.5, 但是经济增长具有内生
性, 那么工具变量回归就将是很好的选择。另一方面, 如果数据处

276

---

　　① 我设计的这个函数带有启发性的目的, 它与式 9.4 相似但并不意味着总体经济
增长是工业和农业经济增长的简单求和。

　　② 例如, Kocher(2007)强调了内战爆发的农村基础。

理过程符合模型9.6，我们则需要对这一方法进行调整。在模型9.6
中，如果β_2是研究者所感兴趣的系数，我们仍然可以使用降水量来
作为农业经济增长的工具变量。然而，工业增长和农业增长在该模
型中都与随机扰动项相关，因此对于工业经济增长而言我们需要另
外一个工具变量。[①]

目前，我们所关注的重点不是为实际的研究找到一个正确的
模型，也不在于IVLS在应用中必然会存在某个一般性的缺陷。排
他性限制与因果效应的同质性假设等标准假设对于干预样本而言
在某些情况下可能会是无害的，但在另外一些情况下则可能是有害
的。我们应该关注的重点在于，IVLS在估计中应该取决于所假设
的模型本身，而不仅仅是关注于与模型相关的样本随机性或估计效
应的异质性。当然，在当前情形下，这一研究还存在一些重要的政
策含义：如果各个部门的经济增长都会降低内战爆发的概率的话，
也许我们会建议更多的外部援助用于提高本国城市工业部门的经
济增长水平，但是如果仅仅是因为农业生产率水平影响内战爆发概
率的话，那么政策建议就需要重新修正。在任何给定的应用中，干
预变量的不同成分是否具有相同的影响，通常是先验性推理中的一
个麻烦；这时可能需要大量的辅助性证据。[②]

277　　　 最终，关于模型识别的问题应该是一个理论问题而不是一个技
术问题。在我们所讨论的例子中，一个干预变量的内生部分和外生

---

① 例如，冲突可能会降低农业增长率和损害城市的生产力水平，从而引起随机扰
动项和自变量具有相关性。

② Dunning（2008c）提出了一个统计规范性检验来验证式9.3和9.4的结果是否
相等。该检验要求至少再添加一个工具变量，然而在实际应用中也许会具有一定的限
制性。也可参见附录9.1。

部分所产生的效用是否相同，这往往是一个理论考量的问题，必须从理论分析的角度予以确定。一些辅助性的证据当然也可以帮助我们确定这些假设的合理性。本章所讨论的这些问题并不只是针对自然实验而言的。然而，自然实验、特别是关于工具变量设计研究过程中，会产生许多特殊的问题，因为我们通常希望能够利用这些技术手段来揭示干预变量的内生性部分的因果效应。

那么，无限回归模型可能存在的潜在问题是什么？例如，在彩票研究案例中，不同类型的普通收入对于人们政治态度的影响机制可能不同；在非洲案例中，农业经济增长率的不同对内战爆发的概率也可能不同。为了检验这些具有内生性的干预变量，我们就需要很多的工具变量，但是这种工具变量在现实中往往很难找到。这才是我们所应该注意的关键问题。关于干预变量的不同部分的因果效应是否具有同质性，这是一个非常重要的理论问题。这一问题在工具变量设计的应用过程之中往往被一笔带过，因为工具变量分析的重点通常是外生性问题。

9.2.1　工具变量回归中的控制变量

在工具变量回归中还有最后一个重要问题需要我们注意。自然实验可以通过近似随机的方式来将样本单位分配给一个工具变量（例如干预条件的分配），这些工具变量在线性回归模型中是内生变量的替代变量（例如接受干预条件）。然而，在实际应用中，工具变量往往伴随着各种各样的控制变量一起出现，如式 9.2。在这里，多元协变量（列向量）被假定是外生的并且被纳入工具变量矩阵中（Greene，2003；Freedman，2009）。然而，如果这些协变量具有内生性，那么估计偏误就会出现（尤其是在小样本模型中）。事实上，合理的假设应当考虑这些变量是内生变量：例如在"选民投票地点改变"的研究中，回归方程中的协变量"年龄"也许与未观测到的选民特质（如收入）息息相关，这些协变量将会影响投票结果（Brady和 McNulty，2011）。

因此，建议从工具变量中排除对协变量的回归。如果工具变量
278　是真实随机分配的，则控制变量完全是不必要的：在给定的线性回归模型中，工具变量的随机分配意味着工具变量本身就是有效的。因此研究者在除去其他可能需要报告的内容以外，至少应该报告未调整的工具变量估计结果（在没有包含控制变量的情况下所进行的估计）。

9.3　可信度的分级

我们对以上的分析做一个总结发现，一个有效的自然实验也许并不能保证会得到一个能够准确描述数据生成过程的有效模型。尽管内曼模型有许多局限性，需要在实际应用过程中加以小心，但是它仍然是研究中的一个合理的出发点。相比之下，对于广泛应用的回归模型，我们才需要对其背后的诸多统计性假设保持警惕——因为它们经常数量众多却不合理。这两点往往会降低它们的可信度。在强自然实验设计中，近似随机分配能够保证样本分配过程独立于其他影响因素。这似乎意味着对那些缺乏可信度的统计模型进行详细分析通常是不必要的。在此基础上数据分析是简洁而透明的，正如比例差或均值差的比较分析一样（见第五章）。

　　不幸的是，虽然这在理论上是对的，但在实际应用中却并不总是对的。在第二章和第三章中，我列举了许多标准自然实验和断点回归设计的案例，同时给出了其未调整的差值检验结果（表 2.2、表 2.3 和表 3.2）。[①] 在第四章和第五章中，本书还探讨了一些工具变量中的数据分析和设计方法。也许这些章节中的研究案例并不能严格代表自然实验，但却包含了一些非常著名的被广泛引证的自然实验。因此，这些研究案例使我们能够更加深入地去探讨一个问题：研究者是否会例行报告这些未经调整的结果，除了他们所可能采用的各种其他辅助分析结果之外？

279

　　通常来说，通过对这些案例的述评可知其结果并不理想。在标准自然实验中，如表 2.3 所示，在 19 个案例中只有 9 个进行了满足近似随机性假设下的未调整的差值检验，同时在此基础上再进行了其他辅助性分析。而在真实随机性实验中，10 个案例中只有 7 个使用了这种简约型分析手段（表 2.2）。这样的低占比率同样发生在断点回归分析中，在表 3.2 中，20 个案例里只有 8 个报告了简单差值检验。而在工具变量分析中，采取意向干预分析和不包含协变量分析的研究者也有较大的差异。特别地，尽管在成绩研究中对差值

---

　　① 一个未调整的差值检验包括实验组样本的潜在结果减去对照组样本潜在结果再附上差值之间的标准误。注意我们所针对表 2.2、2.3 和 3.2 的讨论，看这些研究是否运用了简单差值检验。我的评判标准是比较宽容的，例如，如果一个双变量回归函数只是针对常数项和代表干预结果的虚拟变量进行回归，并且不包含控制变量的话，我就将其认作是差值检验（尽管如下文所示，这种回归所估计的标准误可能是有偏的）。更一般地，类似于标准误估计量的质量——分析者是否考虑到了集群分配的近似随机性——这些因素我都没有考虑。事实上如果研究者的研究的确"属于"差值检验（或类似的双变量回归），则这些指标都需要被报告，当模型为多元回归模型或其他模型时，对于系数估计所需考虑的情况则更为复杂。

检验结果的高度自由的编码方式,[①] 令人惊讶的是,这些案例居然大多数都没有报告简单均值差检验和比例差检验结果。[②] 这些案例还都是来自政治学、经济学和其他学科有关自然实验的最优秀的研究成果,如果考虑更多的相关研究,则未经调整的结果所占比例将会进一步下降。

　　这表明,在经验研究中基本模型的可信度,与数据的简洁性和透明性等特质一样,其差异是非常巨大的。在自然实验的相关案例中,其不同的研究可信度也有所不同,这里对于可信度的定义仅仅局限于因果统计模型是否符合简洁性、透明性和一定的可信度。如上一章所述,这里关于案例的排序不可避免带有主观性,不同的读者对于不同的研究可能会得出不同的结论。同时,这个排序不是用以评估一个特定研究的整体研究质量,而仅仅是评估自然实验在"可信度"这一维度上的理想程度。即使在有效的自然实验中,模型本身的可信度也是千差万别的。

　　那么,本书前面所提到的案例其可信度又如何呢? 与图 8.1 的结构类似,图 9.1 给出了这一问题的答案。图中左侧代表那些研究的统计模型可信度较低,它们主要采取了主流的定量研究方法和相关模型设定思路。而图中右侧则代表了那些使用简单的比例差检验或均值差检验的模型,因此它所反映的数据生成过程是具有较高可信度的。

---

① 　参见前一个脚注。

② 　在表 2.2、2.3 和 3.2 中,有几个研究具有连续性的干预变量或工具变量,因此其差值检验将会变得更为复杂,但即使不包括这些研究,也只有约为一半的研究报告了未调整的差值检验。

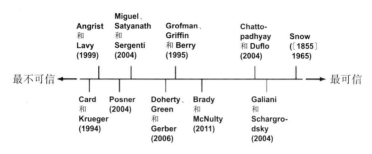

图 9.1　统计模型的可信度

再一次，作为我们的经典范例，斯诺（Snow，〔1955〕，1965）关于霍乱的研究位于上图中的右侧。该研究在分析过程中比较了由不同供水公司提供供水的两组住户情况（其中一组的供水受到了污染），分别选取每 10000 家住户的霍乱死亡率进行了非常简单的比较。[①]这一种分析方法能够为因果推断提供显而易见的证据，这不仅仅是因为近似随机性假设的合理性，而且还在于内曼模型为数据生产过程提供了具有说服力的证据支撑（即使斯诺本人没有这种意识）。在另外两项研究中，该模型为数据分析的简洁性和透明性提供了帮助，即加列尼和沙格罗德斯基（Galiani 和 Schargrodsky，2004）关于阿根廷土地产权的研究，以及查托帕达雅和杜芙若（Chattopadhyay 和 Duflo，2004）关于印度村委会主席在女性中的配额分配研究，这两项研究都在没有对变量进行控制的基础上使用了简单差值检验来评估样本分配中的因果效应。当然，即使在这

---

① Snow（〔1855〕，1965，表9，第86页）比较了不同供水所导致的霍乱死亡率差异，这实际上就属于（比例）差值检验，尽管他并没有附上差值的标准误。

里，其建模假设也许需要得到进一步验证。例如上文中所提到的，在土地产权研究中研究者也许应该再搜寻那些可能对效应结果造成干扰的非解释性因素（也可参见第七章）。而对于查托帕达雅和杜芙若（2004）的研究而言，原则上将动态激励机制引入妇女关于村委会主席配额分配的轮转上也会产生类似的干扰问题：也许那些在某届选举中未得到配额的村庄的潜在结果取决于它们对未来配额分配的一种期望状态，而这种分配却是由本届其他村委会所决定的（参见 Dunning 和 Nilekani，2010）。不过尽管如此，在图 9.1 中，这些研究仍然位于图中右侧。

这也许对于我们如何认识一个成功的自然实验应当具备的要素有重要的指导意义。当研究设计具有很高的可信度时，即干预过程符合近似随机性，则对于混杂变量的修正程度则是非常低的。正如弗里德曼（Freedman，2009，第 9 页）所说的，因果推断的合理性往往来自于实验的设计与因果效应的大小。从这个层面上讲，那些拥有很多有效假设的经典回归模型在分析过程中是难以发挥其作用的。

这一观察提出了一个问题，即要研究近似随机性假设的可信度（第八章）和模型的可信度（本章）之间的关系。回到图 9.1，并将其与图 8.1 进行比较，我们注意到有的研究在两幅图中的位置会经常趋同。正如刚才所指出的，加列尼和沙格罗德斯基（2004）关于阿根廷土地产权的研究与查托帕达雅和杜芙若（2004）关于选举问题的研究都处于图 8.1 和图 9.1 的右侧。那些被判断为缺乏近似随机性假设的研究会被分配到图 8.1 的左侧，而那些拥有复杂的统计分析的研究同样会被分配到图 9.1 的左侧。布雷迪和麦克纳尔蒂（Brady

和McNulty，2011）关于投票成本的研究中控制了潜在的混杂因素"年龄"；卡德和克鲁格（Card和Krueger，1994）也同样添加了与最低工资法以及其随后工资水平相关的控制变量。在这些研究中，多元回归模型的使用反映了近似随机性假设难以得到满足——这导致了他们必须对混杂变量做出相应调整。而因模型本身出现问题的相关研究，如多尔蒂、格林和格伯（2006）与米格尔、萨提亚纳斯和瑟金提（Miguel、Satyanath和Sergenti，2004）的研究，我们在上文中已有提及。

然而，如图9.1所反映的模型的可信度和图8.1所得到的近似随机性的可信度并不是简单的一一对应的关系。首先，如上文所述，有些研究其近似随机性是可以实现的，但是其极为复杂的统计分析特征却导致其关于数据生成过程的潜在假设却不是高度可信的。近似随机性并不能保证研究者的确能够运用简洁而透明的分析方法，譬如差值检验。

然而，除了近似随机性假设是否合理、是否运用了差值检验以外，还会有其他原因可能造成模型不具有可信性。例如，我们来考虑波斯纳（Posner，2004）的那个富有创新性的研究，尽管它在图9.1中的相关可信度排名很低，但是它的近似随机性却能够得到很大程度的满足（参见图8.1），同时作者也使用了简单差值检验：通过 282 对比马拉维和赞比亚国际两侧的样本受访者的潜在结果从而得出结论。

然而，这里面存在一个问题，即样本分配的过程实际上是基于居住在赞比亚或马拉维两个群体单位进行分配的。但是对于实验组和对照组而言，给定的模型和数据分析却是基于以个体为单位的随机分配特征的——而不是以群体为单位的分配特征。结果，反应这一随机过程的模型的可信度就会大打折扣。在这种情况下，基于个体单位假设的标准误估计会导致错误的统计推断。[①]同样需要注意的是，基于群体层面的标准误估计事实上是没有定义的（见第六章）。[②]

对于其他研究而言，它们在图 8.1 和 9.1 中的位置显然并不明确。一个更强的实验设计可以允许统计检验不必受制于复杂的假设，然而在实际应用中一些具有近似随机性的研究却没有使用未调整的简单差值检验。通过对比安格里斯特和拉维（Angrist 和 Lavy，1999）的研究在图 8.1 和图 9.1 中的位置就能够对此一目了然。再次，安格里斯特和拉维的断点回归设计逻辑意味着，干预分配的过程只有在阈值附近部分是近似随机的；因此，关于此断点回归最有效的数据分析方式就是通过对相关"注册学生人数"的阈值门槛附近的学校样本潜在值进行对比（见第五章）。然而，作者却选择了多元回归模型来报告最终的估计结果——正如安格里斯特和皮施克（Angrist 和 Pischke，2008，第 267 页）所说，这也许是因为当不对变量进行控制时，回归结果系数的估计量就会是不显著的。[③]另一方面，再来看图 8.1 和图 9.1 中格罗夫曼、格里芬和贝里（Grofman、

---

① 基于不同随机性的假设，如群体估计量的方差与个体估计量的方差的比例就反映了因设计思路不同而对结果造成的影响。更多讨论请参见第六章。

② 另一个有关因果推断和模型设计的问题就是样本间的非干扰性，这一点也被波斯纳所提出，"事实上，基于两侧的村庄非常相近以至于许多受访者定期都会跨过国界去对面的村庄走亲访友"（Posner，2004，第 531 页）。正如波斯纳指出的，这将有可能会对国界两侧村庄的族群关系差异造成偏误。

③ 请参见上文部分。

Griffin 和 Berry，1995)的研究，该研究不能满足近似随机性，即使 283
其统计模型分析具有高度的简洁性。[①]事实上，在该研究中，如果
存在未观测到的混杂变量影响了国会代表前往参议院的行为，那么
在较弱的近似随机性条件下，这种分析的简洁性就得不到保证，此
时简单的差值检验可能不会为因果推断提供一个无偏估计量。

　　在此，最主要的教训是什么？在不完美的自然实验中，近似随
机性假设不是那么强，研究者不得不去控制那些可观测的混杂变
量。事实上，在具备真实随机性的情况下，有必要去探讨对模型的
统计性调整——例如，在多元回归模型中添加额外的控制变量——
是否会改变因果效应的估计结果。

　　然而，当这些改变的幅度很大时，研究者就应该小心了(或者
更多地说，让论文出版方小心)，因为这有可能是由干预分配过程
缺乏近似随机性所造成的。在这种情况下，统计调整也许不是一种
理想化的研究设计方式。事后的统计调整也可能会导致数据的过
度挖掘，因为只有"显著"的统计结果才可以保证他们的论文被出
版(Freedman，1983)。出于对这种问题的担心，研究者除了报告那
些辅助性分析结果之外，也应当报道那些未调整的差值检验结果。[②]
如果在不包含控制变量的情况下所估计的因果效应是不显著的，那
么这应当明确影响我们所估计的因果效应的解释方式。

———————————

　　① 这将产生一个有趣的问题，即当干预变量并不能满足合理的近似随机性时如
何分析一些所谓的自然实验。在这里，我还是坚持认为我们所采用的方法应该是基于
实验设计而不是基于模型本身。当近似随机性能够得以满足时，我更加侧重于关注干
预过程的透明性与统计分析的可信度(即一个有效自然实验所应该具有的标准)。

　　② 关于差值检验的标准误的计算请参见第六章。

9.4　结论：模型到底有多重要？

社会科学家使用各种模型来分析自然实验数据。然而，模型的识别本身却或多或少缺乏可信度。我们在进行因果推断过程中可能需要"反应表"（Freedman，2009，第 91—103 页；Heckman，2000）。反应表说明了当我们干预和操控其他变量时，一个变量是如何进行反应的；它是一个关于数据生成过程的理论。当反应表不具有可信度时，因果推断也不可信。

284　　　正如我们已经看到的，在某些情形下基于内曼模型的分析会与许多标准回归模型产生相同的结果。例如，在一个双变量回归模型中，反映干预分配过程的虚拟变量位于模型等式的右侧，此时基于 OLS 估计的系数就能简单代表实验组和对照组潜在结果的差值（Freedman，2008a）。通常的 OLS 标准误被假定具有同方差性，即实验组和对照组的样本标准误相同，这一假设不同于基于内曼模型所计算的标注误估计（见第六章）。然而，对于异方差的调整可以促使内曼模型的方差估计与回归估计趋于一致。[1] 最后，在一个双变量的 IVLS 回归中，针对虚拟变量所替代的工具变量能够针对"顺从者"干预样本做出与内曼模型相同的因果推断结果。[2]

然而，即使是在最为简单的情形下，基于这些不同模型的估计结果的收敛性，并不意味着这些模型本身是相同的，也不意味着模

---

[1]　关于此结果的一个更明了的讨论请参见 Samii 和 Aronow（2012）。

[2]　这被称之为瓦尔德估计量（Angrist 和 Pischke，2008）。

型的选择是不重要的。缺乏基本模型假设的可信度的关注很快就会导致研究者偏离正确的方向。选择一个能够合理反映数据生成过程的模型是进行定量统计分析和因果假设检验的第一步：因果模型定义了因果参数，关于这些参数的统计推断只有在建立明确的抽样模型之后才会有意义。对于许多自然实验而言，内曼模型为分析提供了正确的起始点，但即使这样，模型选择和实际应用的匹配（或缺乏）程度也应该被仔细考虑。

　　然而，这里并不是简单地鼓励数据分析与回归诊断（尽管进行更多的数据分析通常来说是一个好主意）。在任何的特定应用中，先验性和理论性的推理以及各种辅助性证据都可以用于潜在模型的识别。在线性回归中，局部效应的同质性假设可能是无害的；但是在其他情形下它可能就是错误的，同时 IVLS 之类的回归估计结果可能就具有误导性。在自然实验中，通过满足随机性分配的 X_i 或者与 X_i 相关的工具变量 Z_i 也许仍不足以得到正确的因果效应，因为回归模型本身也许是不正确的。此时，模型验证型因果过程观测（见第七章）也许会有助于评估内曼模型或回归模型中关键性假 285 设，例如样本 i 的结果只取决于 i 的干预分配方式。

　　最后，实验设计的强度和因果效应的规模也能够提供令人信服的分析结果。例如，伊达尔戈（Hidalgo，2010）和藤原（Fujiwara，2009）使用断点回归设计研究巴西引入电子投票之后使得立法选举的效率提高了 13 到 15 个百分点，或者占比达到了 33%[1]——这个选举效率的涨幅事实上是相当大的。这一结果不太可能会对建模

---

[1]　参见第三章和第五章。

选择高度敏感,例如选择局部线性回归模型或差值检验都是可以的。事实上,这种巨大的因果效应来自于断点样本的均值差;一个微小的混杂效应不太可能解释如此巨大的因果效应。这个例子就说明实验设计和因果效应规模的重要性。如果存在这样令人信服的实验设计研究,那么基于可信度不高的数据生成过程假设的事后统计调整就可能没有什么必要了。

附录9.1 多元干预变量与工具变量的同质性局部效应

在本附录中,我将对自然实验中的特定模型进行分析,例如在工具变量线性回归中,我关注的不仅仅是一些常规问题,例如工具变量的异质性效应和排他性约束,更多的在于关于内生性或外生性的干预变量是否具有相同的因果效应。因此,在彩票研究中,如果观测总收入对于选民政治态度的影响,那些彩票中奖金额会与其他收入的因果效应影响是相同的。而在我们使用降水量冲击作为工具变量研究"经济增长对内战爆发的影响"时,我们必须假设那些与降水相关的增长率和与降水无关的增长率,其影响效果是不同的。[①]

---

① 在许多情况下,"均匀局部效应"假设的合理性在不同的研究中是不同的。堀内和斋藤(Horiuchi 和 Saito,2009)使用日本选举当天的降水量作为选民投票行为的工具变量,来研究投票率对于城市财政转移支付的影响。在他们对于该问题的讨论中,他们认为选举当天的降水量对于政治家所造成的得票率的结构参数在不同的城市间是系统一致的(见练习7.2)。

在附录中，我们将讨论拓展到有 p 个干预变量和 q 个工具变量 286 的例子中。[1] 则式9.1的矩阵模型为：

$$Y = X\beta + \varepsilon \qquad (9.A1.1)$$

在式子左侧，Y 是一个 $n*1$ 的列向量；在式子右侧，X 是一个 $n*p$ 的矩阵，其中 $n > p$。参数 β 为 $p*1$ 的列向量，ε 为 $n*1$ 的列向量。在这里，n 表示样本的数量，p 表示等式右侧的变量的数量（如果数量为1则表示截距项）。我们可以来假设式9.A1.1满足样本的独立同分布假设，它是式9.1的变化形式，其中，$i=1$，…，n。[2]X 的第一列也许都是1，因为这是截距项。为了使用 IVLS，我们必须寻找一个 $n*q$ 的矩阵 Z 作为工具变量。其中，$n > q \geq p$。在这里，(1)$Z'Z$ 和 $Z'X$ 满秩；(2)Z 是独立于不可观测的随机扰动项的，属于外生的（Greene，2003，第74—80页；Freedman，2009，第181—184页，第197—199页）。X 中的外生变量也许也被包含在了 Z 矩阵中。IVLS 的估计量可被表示为：

$$\hat{\beta}_{\text{IVLS}} = \left(\hat{X}'\hat{X}\right)^{-1}\hat{X}'Y \qquad (9.A1.2)$$

其中，$\hat{X}=Z(Z'Z)^{-1}Z'X$。[3] 注意，$\hat{X}$ 是 X 对 Z 的映射并基本上也是外生的。[4] 另一方面，X 也具有一个对 Z 的正交映射，即 $e \equiv X - \hat{X}$，重新改写式子为 $X=e+\hat{X}$，并代入式9.A1.1，有

---

[1]　这一讨论源自 Dunning（2008c）。

[2]　在许多实际应用中，我们都要求 ε_i 在不同样本中符合独立同分布假设。

[3]　式9.A1.2的常规估计量 $\hat{\beta}_{\text{IISLS}}$ 是两阶段最小二乘法的估计量，有 $\hat{\beta}_{\text{IISLS}}=\hat{\beta}_{\text{IVLS}}$，证明参见于 Freedman（2009，第186—187页，第197—198页）。

[4]　$\hat{X}$ 并不是严格意义外生的，因为它是由 X 计算得出的，对于 IVLS 估计量而言存在小样本偏误，但是随着观测值的数量不断增加，这种偏误会渐近为零。

$$Y = \left(e + \hat{X} \right) \beta + \varepsilon \qquad (9.A1.3)$$

根据该模型，发现 β 适用于两部分，如果每一部分的系数值不相等，则 IVLS 模型就是不合适的。邓宁（Dunning，2008c）针对此问题提出了一个类似于豪斯曼检验的检验方法。然而，该检验表明需要添加额外的工具变量因而其用途有限；与更多的替代性检验方法相比，这种模型识别检验的功能也是有限的（Freedman，2010b）。

287

练　习

9.1）内曼潜在值模型（见第五章）假设"样本间互不干扰"（也称为"平稳性样本值假定"），这一假设能够应用于阿根廷产权研究案例中吗？哪一种类型的"模型选择"因果过程观测能够确立或推翻该假设？

9.2）一个研究者使用了所谓的自然实验数据，其中包含了大量的样本并被随机分配到实验组和对照组中，同时她还收集了 20 个"预处理协变量"，例如年龄、性别等。她发现实验组样本的实质年龄普遍大于对照组，并且这种差异是非常显著的，于是这个研究人员认为，"近似随机性应该维持预处理协变量在实验组和对照组两边维持平衡，但是有大量样本的统计效应使得这种平衡发生了偏离，因此实验中的干预分配不是近似随机性的"。分析这个研究人员的推理，这是否违背了自然实验设计？

9.3）一个政治学家开展了一项随机对照试验，其中 200 个样本被分配到了实验组，800 个样本被分配到了对照组。她使用了模型

$Y_i = \alpha + \beta X_i + \varepsilon_i$ 进行相关估计，其中 Y_i 表示样本 i 的可观测性结果，X_i 是一个虚拟干预变量，α 和 β 是回归系数，ε_i 表示均值为 0 的随机扰动项。最后，她假设 ε_i 对于所有样本 i 而言是独立同分布的。给出至少两个理由说明她最后一个假设为什么有可能不成立。

9.4）一个社会科学家对"宗教是否会影响个体的政治参与"这一问题感兴趣，在非洲，她分析了撒哈拉以南的 48 个国家的数据，在控制了许多协变量的回归模型中，她发现平均意义上而言个体信仰宗教的时间长度和政治参与并没有关系。然而，她怀疑这种关系在不同国家可能不同，因此她决定对不同的国家分别做回归，她写道，"我们发现，有趣的是在统计意义上而言，个人对宗教信仰的程度和其政治参与行为在尼日利亚、苏丹和象牙海岸国家具有正相关关系——这些国家近年来宗教已经在实质中变得政治化了"。

（a）这一结果可以作为证据表明宗教信仰的影响程度取决于国家层面的宗教政治化程度吗？对此你有什么不同的解释？

（b）如何根据（a）来制定调查中因果假设的"反应时间表"？该时间表的设定是否有意义？

9.5）根据你的经验判断以下说法是否是正确的：

（1）回归分析可以得到变量间的因果关系；

（2）如果回归模型的假设是正确的，则回归分析可以假设变量间具有因果关系，并能得出因果关系的大小。

选择你所认为较为正确的一个答案，并详细做出分析，你的回答会因为我们对于实验或数据分析的改变而改变吗？

9.6）（改编自 Freedman、Pisani 和 Purves，2007）简单随机抽取一个较大学区的 250 名高中生进行一场地理考试，问题涉及欧洲的地图识别。给出的国家中只有数字编号，要求学生标识英国和法国的位置，事实证明，有 65.8% 的学生能够找到法国，相比之下，有 70.2% 的学生能够找到英国。请问这一差别具有统计意义上的显著性吗？或者说这种统计差值能够由已给出的信息所决定吗？请进行解释。

9.7）在一个研究生班级，有 30 名学生参加期中考试，其中 10 人是左撇子，20 人是右撇子。10 名左撇子在考试章的平均得分为 83 分（100 分制），标准差为 7，而右撇子的平均得分为 89，标准差为 9。请问 89 分和 83 分之间的差异具有统计学意义吗？请进行解释。

9.8）在伊耶（Iyer，2010）对"英国殖民地的长期影响"研究中，曾做出了一个关键性假设，即"样本之间不存在互相干扰"，这一假设在第四章和练习 4.1 中都有提及，它也常被称为"平稳性单元干预值假定"（SUTVA）。在该研究中，SUTVA 指的是什么？该假设是否具有合理性？什么类型的"模型选择"因果过程观测有益于对该假设进行判断？回答这些问题并列举出相关能够支持或否定 SUTVA 假设的特定信息。

第十章 实验干预的相关性

　　关于自然实验的第三个评价维度就是实验干预的实质相关性。在任何自然实验中，研究者和读者必须问这样一个基本问题：随机性或近似随机性的实验干预到底在多大程度上可以为社会科学理论研究、实际应用研究或政策性研究提供启发？

　　出于多种原因，这个问题恐怕难以回答。例如，实验干预的样本类型往往或多或少都像是研究者所最感兴趣的研究总体。在关于选举行为的彩票实验中，针对不同的彩民不同类型的彩票奖金也是随机分配的，这就允许我们能够估计出彩票中奖对于彩民政治态度的影响。然而，我们或许会产生这样的疑问，彩民是否和其他人群（例如所有选民）是相似的。因此，研究者针对不同的兴趣研究，这些特定的干预实验所得到的因果推断也许就具有异质性。我们再来看一个同样的例子，彩票不同的中奖金额可能使得彩民拥有不同的政治态度，例如对"辛苦工作换取酬劳"的态度（Dunning，2008a，2008b）。最后我想说的是，自然实验（以及一些真实实验）中的干预手段往往将许多不同的（部分）干预实验"捆绑"在一起。这些干预实验的"混杂效应"在一定程度上会限制给定自然实验分离出一个对于特定的实际目的或社会科学目的而言最令人感兴趣的解释变量的因果效应的范围。这些限制常常被归因为实验的"外

部有效性"(Campbell 和 Stanley，1966)。① 然而，研究的实质相关
性却会引发一个更为广泛的问题：基于某个源自社会政治运动过程
的近似随机性分配的干预实验，事实上是否真的反映了关于我们所
感兴趣的因果假设或者我们真的非常愿意研究的实验样本单位的
因果推断过程。

290　　正如本书的导论部分所强调的，这些问题引发了许多研究人员
对自然实验的批评。对于他们而言，去寻找满足近似随机性假设的
数据、避免混杂变量干扰，以及采取简洁透明的数据分析方式去解
释因果关系等具有太高的代价。这些人认为这样侧重性的研究有
可能会缩小社会科学研究的范围，其中许多至关重要的研究问题将
会被忽略掉，例如，民主制度或者经济发展的原因和后果等问题。
基于这一点，自然实验被认为缺乏理论的和实质的相关性，因此被
认为是一种不被看好的研究策略。而另一方面，"基于设计的实验
研究"的捍卫者则认为关于设计类研究缺陷的探讨都仅仅只是揣
测。他们认为，（自然）实验的因果推断有效性即使不能覆盖全部
的研究领域，但至少在某些领域具有可信性，这已经很不错了。正
如伊姆本斯（Imbens，2010）所指出的，"迟总好过无（Better LATE
than Nothing）"，也就是说，针对一个特定的问题，我们最好能够找
到其局部平均处理效应的可信性证据，即该效应只能在特定的研究
组或研究样本中实现，也好过将该问题留给传统的可观测性研究，
因为它们不能够得出任何关于因果推断的强有力的结论。

---

　　① 坎贝尔将这些限制统称为"外部有效性"，尽管这一术语专指某些样本所得到
的因果效应能够推广到其他类型样本上的能力。因此，外部有效性有时仅指本段中的
第一种情况。

在这里,如同我在导论中所具有的立场,我决定以一种中立态度来审视这一问题。这里我主要想强调两点。首先,实质相关性对于自然实验而言的确非常重要。与其他实验设计相同,批评者所强调的是,一个技巧性很高的自然实验其近似随机性也是显而易见的,但是其实质相关性却往往并不高。因此,了解针对自然实验的理论或实质相关性的威胁对于我们而言至关重要。本章着重探讨三个潜在威胁因素:

缺乏外部有效性。也就是说某个特定自然实验研究组的因果效应估计不能适用于另一个自然实验的研究组。这一点在研究设计的相关文献中被大量提及。

干预条件的异质性。即在自然实验中一些关键性的干预条件并不是我们在理论上或实际中最为关心的干预条件。

干预手段的捆绑效应。即"混杂干预"问题,也就是说在自然实验中存在一系列的干预手段,但是很难区分哪一部分实际发挥了作用。

以上所列的问题并不能囊括有关实质相关性的所有问题。然而,这三点对于自然实验而言尤为重要,具体原因我们将在下文中进行探讨。因此,理解这些威胁对于评估自然实验而言具有重要的意义。

然而,这些问题的严重程度取决于具体的实际应用。不同的自然实验其干预设计的理论或实质相关性在一定程度上也是不同的:在许多自然实验中,干预设计是非常贴近于实际应用的。因此,我们对于自然实验的实质相关性也不能完全持否定态度——尽管有许多批评者就是这么做的。人们应该设法区分那些相关性强与相关性弱的干预措施，从而选择如何去支持特定实验的实质相关性。

为了说明第二点的最初含义，我们来考虑局部处理效应的例子。当我们在自然实验中使用断点回归设计的时候，对于阈值两侧样本的因果效应估计是非常有效的，这些样本包括：临近分数线两侧的学生，犯罪程度接近于需要进入高安保性监狱的囚犯，或者选举中那些几近胜选和几近败选的候选人。事实上，对于这些样本的因果效应估计是否能够广泛应用于其他类型的样本中去尚值得推敲，因为局部平均处理效使得特定的断点回归设计有时具有诸多限制，这种限制主要体现于其在其他自然实验中所表现出的实质相关性。对于许多政策问题而言，关键阈值两侧的边际效应往往是一个关键的实质性问题，在这种情况下，那些位于阈值附近的样本才是我们所需要研究的对象。在其他情形下，位于阈值处的样本也许并不是特别让人感兴趣，然而这些样本单位的实验效应却可以可信地推广至其他令人感兴趣的研究总体中去。最后我想强调的是，在多元断点回归设计中，研究者往往能够对阈值处的样本效应异质性进行经验性分析。

例如，回忆一下伊达尔戈（Hidalgo，2010）的研究，他利用断点回归来分析电子投票技术对巴西政党支持率和政治格局的影响（参见第三章；也可参见 Fujiwara，2009）。电子投票技术的引入有助于减轻巴西文盲和受教育程度较低的选民操作复杂投票系统的困难程度，相对于该技术引入之前，电子投票降低了巴西在拉丁美洲整个地区的无效或空白选票率。伊达尔戈（2010）和藤原（Fujiwara，2009）同时发现电子投票技术的引入能够提高立法选举的有效性，这一幅度能够达到 13 到 15 个百分点或者提高了原有比例的 33%。

而一个既定的事实是，这一效果在文盲率较高的贫困城市中更为显著。此外，这一改革还具有其他意义相当广泛的政治和政策影响，伊达尔戈(2010)还发现这种效率的提升并没有能够平衡国家众议院内的政党间的意识形态，反而有可能略微偏向于那些处于权力中心的候选人，使他得到了更大的支持。效率的提升并没有形成简单的政党之间的势均力敌模式，相对于选民可公开支持的政党候选人，它提高了那些位于选举清单上的候选人的得票率。电子投票技术的引入似乎提高了那些具有清晰意识形态认同的党派投票比例，例如时任巴西总统费尔南多·恩里克·卡多佐(Fernando Henrique Cardoso)所在的政党——巴西社会民主党。最后该研究还显示，电子投票技术的推出导致了东北几个州的老牌政党的投票份额大幅降低。因此，伊达尔戈(2010)得出的结论是，电子投票技术的引入有助于加强巴西的那些纲领性政党候选人的得票率，而那些传统的政党则有时候不得不采取选举欺诈来在大选中获胜。

在伊达尔戈(2010)的研究中，我们通过自然实验发现了一个重要的"大"问题，即在发展中的民主国家中，政治格局从侍从主义的形式向更具纲领化的形式逐步过渡。此外，实验中的关键干预方式导致了许多贫穷和受教育程度较低的人都获得了参与政治生活的权利，这也是研究者所关心的民主制度所具备的实质意义。此前有许多学者都研究过投票权扩大的因果效应，但是它们都不如基于随机分配下的研究设计类方法那般优良。这是因为在这些研究中有许多影响选举权扩大的混杂因素未能被分离出来。在这里，自然实验允许我们能够识别出一个拥有很高实质相关性的自变量的因果效应。该干预方法是定义良好的，因此关于捆绑性干预效应的问题消除了，主要的干预手段与社会科学家在理论或实践中所关心的其他投票改革或实质性投票权扩展并没有什么明显的差异。[①]

同时也要注意到，那些受到干预手段影响的投票人群——那些居住在注册选民数量大约 45000 名的市区的选民，并没有什么太大的特殊性（因为这是一个巴西城市所拥有的典型的人口规模），自然实验对该案例却能够提供一系列关于检验外部有效性的经验方法。有趣的是，在早期改革的 1996 年，有超过 20 万登记选民曾经受到电子投票技术的影响，因此这两个断点回归设计的因果效应是可以进行比较的，尽管对于两个研究中的阈值样本而言，因果效应都是显著的，但是伊达尔戈发现早期改革的影响在某些地方显得更为细微，这说明这项技术的变革对于小城市而言更加重要。通过更加细致的分析发现，电子投票技术对于穷人与文盲在参与政治活动的影响中更为显著。

在这里更为重要的一点就是，许多自然实验的关键干预方法具有非常明确的实质相关性，然而在另外一些自然实验中，这些威胁相关性的因素将会增加。对于经验研究者而言，关键的问题在于如何最大化地实现实质相关性。一般情况下对自然实验实质相关性的评估过程中，我们也应该记住不同应用中相关性所具有的不同差异。本章的其余部分所关注的是自然实验如何能够更好地实现因果推断中干预手段的理论和实质相关性，并且特别地，基于不同的实际应用，我们进一步挖掘这一评价维度的差异性。

---

① 然而，最后一点是具有争议性的，扩展性的干预策略，例如响应群众呼声，有不同的逻辑和不同于技术和立法所造成的结果，这一点在巴西改革的研究中有体现。

10.1 实质相关性的威胁

当考虑特定自然实验的实质相关性时,首先我们应该讨论的是一般情形下可能出现的挑战。在这里我主要关注三个对于实质相关性的影响因素——它们可能出现在许多(尽管不是全部)自然实验中。我们需要再次强调的是,这里所列举的对于实质相关性的威胁并不齐全。另外,一些偶然、意料之外或者非操控性因素都有可能产生这些威胁,使得它们干预了自然实验的某些特征。因此对于此类研究设计而言,它们显得异常重要。

10.1.1 缺乏外部有效性

对实质相关性构成威胁的首个因素就是众所周知的外部有效性问题。我所使用的这一术语主要来自于坎贝尔和斯坦利(Campbell 和 Stanley,1966)所提出的问题:由某个特定自然实验所得到的因果效应估计是否能够推广到其他类型的样本与其他自然实验问题中去? 外部有效性之所以会对实质相关性问题造成阻碍,是因为在一个自然实验中,每一个特定的研究组是否受到干预都是由"自然"决定的;自然实验则用于对该研究组样本的干预效应进行估计。然而,这一因果效应的估计是否具有理论与实质的相关性则取决于其是否能够被推广到其他更广泛的样本类型中去。

当然,外部有效性对许多类型的研究设计都提出了挑战。在社会科学的真实实验中,研究组通常并不是从某个潜在总体中所抽取

的一个随机样本。[①] 通常情况下，研究组的样本都是由一些能方便
收集到的样本所组成的，它们都是在潜在总体中由一些非随机性过
程所产生的。在另外一些研究中，研究者甚至都无法明确断定其研
究组样本是否来自于任何定义良好的研究总体。无论是在哪一种
情况下，这些研究所得到的因果效应都不能推广到其他更为广泛的
研究总体中去，也无法将其标准错误的估计推广到其他研究中去。
换句话说，在大多数真实实验中，因果推断只能从研究组中有条件
地推导出来——这里的研究组就是基于干预条件所分配的实验组和
对照组样本的集合。虽然对实验组和对照组的随机化分配过程能
够保证因果效应的估计是无偏的（如果内部有效性不受到其他因素
威胁的话），但其是否能够推广到其他研究总体中去，这一点尚值
得商榷。

　　然而，对于真实实验而言，有两个因素能够促使这一状况得到
改善。首先，至少有一些实验可以处理为来自于更广大研究总体的
随机样本，从而其因果效应也能够被推广到实验样本所来自的研究
总体中去。第二点也许更为重要，即许多真实实验是可以进行复制
的。因此，在某个研究情形下对于某一组样本单位的因果效应估
计，也能够在不同研究情形下不同的研究样本组中得到估计。这对
于因果效应估计是否可以推广到其他研究总体中去是具有启发性
的。这种可复制的实验广泛地存在于某些实际研究领域。例如，在
行为经济学中，样本个体在独裁者博弈和公共品博弈中所表示出的

---

　　① 在调查类实验中，一个常见的例外来自调查方式的不同——其中关于问题的
排序或调查的语气措辞可能会在不同的受访者人群中随机变化。许多抽样调查确实受
到了明确样本下的受访者的抽样不同所带来的影响。

行为特征就可以在不同的情形中(例如 Bowles 和 Gintis,2011),
以及在"选民动员"研究中进行估计和比较分析。在选民动员研究 295
中,在不同的选举和不同的实际情形中比较分析对选民采用电话宣
传或亲自接触等不同类型的干预效应(Green 和 Gerber,2008)。①
这种实验的复制在一般情况下是可以保证的,但不幸的是,这种可
复制性实验在实际应用中很少:因为在知识积累的学术研究目标的
激励下,研究者都想尝试进行原创性较高的研究,而不是在前人已
有结果的基础上去重复实验。

相比于真实实验而言,外部有效性问题在自然实验中更为严
重,这主要是由两个原因所造成的。其一,在许多研究设计中,社
会科学研究者所设计的自然实验通常无法在一个定义良好的研究
总体中进行随机抽样。可以肯定的是,在一些自然实验中,抽样的
总体范围确实是明确的,例如在安格里斯特(Angrist,1990a)对越
战征兵法案的研究中,征兵法案按照百分之一的概率对符合法案资
格的男子进行随机抽样,数据主要来自于社会保障管理记录。在其
他自然实验中,即使研究组抽样过程没有使用概率方法,也可以看
作是定义良好的研究总体。例如邓宁(Dunning,2010a)对印度种
姓配额的影响研究表明,位于断点回归阈值附近的特定村庄委员会
样本来自于印度卡纳塔克邦的许多地区。正因为阈值横跨众多地
区,自然实验研究组中不同的村庄委员会相对于整个邦而言才会更
具代表性,至少它能够反映印度人口普查的一个标准变量。然而,

---

① 尽管许多研究是在美国各州进行了相关的重复性实验,但是该项研究的重复
性实验却选择了在中国进行(Guan 和 Green,2006)。

在许多自然实验中，研究组都不能被视为来自于一个定义良好的总体中的随机抽样。

其二，相对于真实实验而言，在自然实验中，由于各种偶然性特质，使得其将实验结果在不同的研究总体中进行推广复制的问题就更为艰难。在阿根廷的土地产权案例中，该研究估计的是20世纪80年代早期，由天主教会所组织的贫困占地者相关的因果效应。其中，他们有的人获得了土地产权，而有的人却因为原土地所有者提起法律诉讼而没有得到产权。对于研究者而言，很难知道该研究中所得到的许多因果推断结论——例如，土地所有权降低了少女的生育率，增加了个人的自我效能信念，但并没有增加其信贷市场准入性等——是否也能在其他情形下得到。因此，尽管该研究所得出的结论不符合迪索托（De Soto，2000）的预期，但是它仍然为读者带来了这样一个问题，即该研究中土地产权的因果效应是否能够推广到其他研究中去。

然而，重要的是，实验结果的可复制能力在不同类型的自然实验中是不一样的。一些类型的自然实验非常适合于被复制，因此，研究结果的外部有效性至少在原则上取决于不同的经验性特征。例如，如第三章所述，越来越多的断点回归设计比较了选举中近赢者与近输者之间的差异。这个类型的自然实验可以在不同的选举模式下得到广泛复制［参见 Lee（2008）或者 Sekhon 和 Caughey（2011）对于美国的研究］，也适用于各类官员和国家的研究［参见 Boas 和 Hidalgo（2014），Brollo 和 Nannicini（2012），以及 Titiunik（2009）对于巴西城市委员会和市长选举的研究］，以及选举制度的研究［参见 Golden 和 Picci（2011）对意大利开放比例选举制的研究]。基于此,因变量的一系列因果效应可以在不同的研究情形下进行比较,使得特定研究结果的外部有效性可以得到经验性评估。

实验的可复制性也可能在其他类型的自然实验中得以实现。第二章到第四章列举了许多关于自然实验的例子来阐述了不同研究间的实质相关性问题。例如,气候冲击可以被看作是经济增长或者收入不平等的工具变量(Miguel、Satyanath 和 Sergenti,2004;Hidalgo 等,2010)。这种方法及其扩展形式至少在原则上能够使得不同的研究具备可比性,但同时它也会影响因果效应的形成机制与作用于其中的研究背景本身。因此,正如我们将要考虑的其他对于实质相关性的威胁因素一样,不同类型的自然实验其外部有效性也会有所差异,我们需要针对具体研究来根据经验评估这一因素。

在此也需要提及其他一些潜在的问题。其中一个重要的潜在威胁就是"发表性偏差"——研究成果发表中总是倾向于发表那些具有明确证据的因果结论,而不是将其所有的发现都发表出来。[①]当然,这一问题在其他类型的社会科学研究设计中也普遍存在。然而,在自然实验研究中,复制研究结论的能力要比其他情形下更弱一些,因为在其他情形下与发表性偏差相关的问题都可以表现得更明确一些。如果在一个自然实验中,因果效应的证据不是很充足的话,那么该研究成果很可能就无法发表,而那些具有强烈证据的单一研究结论却可以立即发表。但是,由于某些自然实验很难复制,所以很难验证其最初的研究结论是否只是偶然的结果。

---

① 有关发表性偏差(publication bias)的相关证明,参见 Gerber 和 Malhotra(2008);也可参见 De Long 和 Lang(1992)。

在本节中，最后有两点值得总结一下。首先，尽管外部有效性是自然实验的一大威胁，但是一般而言，如果在不进行进一步重复实验的基础上，我们很难对任何单一实验的外部有效性进行评估，也无法对不同情境下和不同总体下对所具有的因果效应的可推广性进行评估。因此，作为评估特定自然实验的相关性标准，外部有效性的威胁相较于其他因素可能会轻微一些，除非事先就能明确研究组中的样本单位类型是非常特殊异常的。这一点我将在下文中进行相应的阐述，我们将会根据不同研究的相关性程度对其进行排序。

其次，还应该注意到，传统的观测性研究同样也会面临我们在本节中所探讨的各种问题。在许多这样的研究中，研究组所来源的研究总体甚至没有一个良好的定义；研究者只是简单地利用了他们手头刚好所能得到的样本数据来进行因果效应的估计。例如，在一项跨国研究中，研究者可以对他们手头的"估计样本"进行评估，但是却很难将其数据集中的各个国家视为来源于某个总体的随机样本。[①]我们针对传统观测性研究的复制也会面临诸多困难，这完全类似于我们针对自然实验的复制。外部有效性很难在大多数的社会科学研究情形中得以实现；对此，自然实验也不例外。

10.1.2　干预条件的异质性

本书中所列举的各种自然实验描述了许多不同类型的处理或干预手段。这其中包括，对彩票奖金等级的研究、经济增长的气候

---

① 研究者有时会谈到所谓的假设性"超级总体"，所有的国家样本或总体都来源于这个超级总体；但是这种假设基本上起不到什么作用。

冲击、贫困占地者的土地产权、军事法案的征兵资格、选举中的在职优势、政府向特定的市区或个人进行资源的转移支付等。研究者又研究了这些自然实验干预的一系列因果效应,分别探讨其针对政治态度、内战爆发的概率、信贷市场准入、劳动力市场的收入、政治连任以及对老牌政党的支持率所产生的影响。

在这些研究中,每一项研究所面临的一个普遍性问题就在于,其关键的干预手段所得到的因果效应是否就是研究者本身所最想要得到的因果效应。换句话说,有人认为满足随机性的自然实验设计所得到的因果推断并不总是与社会科学研究者所关心的问题相一致。当然,这个问题的严重程度通常取决于研究者所要回答的问题本身。另外所需要注意的是,不同的实际应用中实验干预所具备的异质性也不一样。然而,我们可以考虑各种情形下自然实验干预手段所可能存在的异质性——不同于社会科学家所感兴趣的其他类型的实验干预,从而可以评估此类对于实质相关性的威胁在何时最有可能发生。

还有一个相当普遍的问题就是,那些满足(近似)随机性的干预手段是否不同于那些不满足随机性的干预手段,即那些故意针对某种特定个体或特定样本单位的实验研究。例如,政府针对某些特定个人或者市区进行资源的转移支付的例子就是如此。在一些自然实验中,样本是随机分配的(De la O),或者基于构建断点回归设计的方式来实现最终分配(Green,2005;Manacorda、Miguel和Vigorito,2011)。在此基础上,研究人员经常感兴趣的是这种支出对政治行为的影响,例如对于现任的支持率或者选举投票率的影响。

　　然而，可以想象的是，如果选民知道他们所得到的支付是通过某种规则约束下的随机过程来进行分配的，而不是现任领导人或政党主动给予他们的礼物，这将有可能影响他们的态度和行为。例如，这两种不同的分配过程对于现任连任的支持很明显是不同的。这也许是因为选民对于任职者施政方针或者利益分配的看法是不同的。此外，此类现任行为通常都与目标利益分配联系在一起。例如侍从政党对于选民的监视行为，这些在随机性分配下就可能不存在了。[①] 由于这一原因，转移支付的随机分配或按规则分配通常来说就无法告诉我们多少关于转移支付对于政治支持的影响。如果分析者想要通过自然实验以获知任意性或目标性干预手段对于政治行为的影响，那么随机化或规则约束下的分配方式的异质性就有可能对此造成困难。[②]

　　这一问题在一些自然实验中会存在，但是在另外一些自然实验中则不会存在。在阿根廷的产权研究中，土地产权是由国家分配给贫困占地者的；这个自然实验的产生正因为有的土地所有者在法庭上反对征地。然而，该实验干预过程本身与国家将土地的法定产权系统性地授予那些公共土地的实际占有者时所发生的情形很相似，这正如迪索托（De Soto, 2000）等人所设想的那样。因此，对于回答迪索托等人所提出的那些因果问题的目的而言，该干预方法并不

---

①　例如，在格林（Green, 2005）和 De La O（2013）针对"墨西哥国家教育、健康和营养项目"的研究中，选民都会直接得到一个小册子，告诉他们即将获得的福利不取决于他们对现任领导人的选举是否支持。

②　关于这一点在其他方面的一些探讨参见戈德索普（Goldthorpe, 2001）所写的一篇非常重要的文章。

存在什么异质性。类似地，对于某些目的而言，在势均力敌的选举中所赢得的任职权与在所获选票差额较大的选举中所赢得的任职权应当是一样的。当然，对于另外一些目的而言，势均力敌的选举与大差额选举的影响则可能差异巨大。

特别地，干预手段的异质性在工具变量法中经常出现。在这里我们将能明显看到自然的随机分配过程和社会科学研究者所想要达成的那种分配随机性之间的巨大差异。这是因为此时样本分配过程是"非自然的"，其干预变量并不是作者所感兴趣的变量而仅仅是干预手段所产生的变量。因此，如果当因果效应同质性假设能够有效成立的话，那么满足近似随机性分配的干预手段能够得到可推广的因果效应。在第九章我们曾讨论过关于彩票的研究，其中中奖彩民随机分布于全体彩民之中。尽管意向干预性分析能够阐明中奖行为对政治偏好的影响，但是在工具变量的使用中却无法阐明总体收入对于政治态度的影响，除非中奖行为的因果效应与其他类型收入的因果效应是相同的。此时，如果研究者对于总体收入的因果效应感兴趣而不是对彩票这类的"意外横财"的因果效应感兴趣的话，那么工具变量所引起的异质性问题就成为影响实质相关性分析的关键问题。

类似的问题可能存在于其他工具变量设计中。例如，天气冲击对于经济增长的影响可能存在异质性，从而对内战爆发也会产生特殊的影响，这不同于经济增长的其他因素对内战爆发所产生的影响（第九章）。因而在这些工具变量设计使用过程中，对于所感兴趣的主要因果变量的效应进行因果推断时，必须认真考虑工具变量所可能存在的异质性。

10.1.3　干预手段的捆绑效应

与实质相关性有关的最后一个挑战就是"捆绑效应",这也常常被称为"干预混杂效应"问题。当干预方法中包含了多个解释性因素时,这一问题就会产生,因为难以判别这些因素中哪些是在因果效应估计中真正起作用的因素。通过扩大实验干预手段似乎能够确保研究者所感兴趣的因果效应能体现出最大的理论相关性,但是这些干预方法的混杂却有可能造成更复杂的情况。尽管这种对于实质相关性的作用机制与前两个不同,但是之所以在这里对这一问题进行探讨是因为干预手段的混杂使得很难对社会科学工作者真正感兴趣的特定干预方法进行识别,这将很有可能影响自然实验的理论与实际相关性。

例如,在基于年龄的断点回归设计中,所用的干预手法——令阈值选取在 18 岁这个位置上,有可能区分出样本是否有权利参加特定选举。这将使得分析者能够估计出"是否拥有选举权对日后个体政治行为的影响"(参见 Meredith, 2009)。但是当个体达到 18 岁时,他可能还会产生其他的行为,例如在美国的许多州达到 18 岁就达到了法定的驾驶年龄。[①]他们所拥有的选举权和其他干预特征是否产生混杂效应往往在实际应用中具有较大的差异性,在有些研究中可能会,而在有的研究中可能不会。

有关干预混杂效应的问题也存在于许多研究"管辖边界"的自然实验中。其中一个例子即来自波斯纳(Posner, 2004)的研究,他

---

① 例如,相比于美国其他州,18 岁在康涅狄格州、佛罗里达州和俄勒冈州是人们拥有自由驾驶权利的法定年龄。

的研究发现切瓦人和通布卡人这两个种族间的文化差异在马拉维非常显著而在赞比亚则不显著(参见第二章)。回忆波斯纳的相关研究,横跨马拉维和赞比亚边界并不是能够解释两个种族文化差异的重要原因。事实上,他认为居民在两个国家的分布是近似随机性的,"像许多非洲国家的边界一样,赞比亚和马拉维国界线也是由(殖民时代的)殖民者所划分的,他们在划分的过程中并没有顾及种族的分布情况"(Posner,2004,第530页)。但是,促使切瓦人和通布卡人在政治文化上存在差异的因素能够通过特定的干预方法识别出来,这使得研究者发现它们的因果效应在马拉维非常显著而在赞比亚则不显著。

　　然而,这一类研究必然会面临一个有时即使是随机控制实验也会面临的关键问题,确切地说,究竟什么是干预?或者我们换一种说法,究竟用什么手段能够识别出两个种族在赞比亚和马拉维所得到有差异的政治文化的显著性效应?在我们第七章所讨论的有关独立变量因果过程观测的小节中曾介绍过,波斯纳坚信位于不同国别的两个种族间这种内部态度的巨大差异是由他们在两个国家参与政治活动人群的规模不同所造成的(Posner,2005)。这种规模差异导致了切瓦人和通布卡人在政治活动中的竞争力存在动态变化,在赞比亚他们拥有众多的政治盟友而在马拉维情况则恰好相反。[①]因此干预方法在一个较大层面上而言是混杂的,从而很难识别出那些真正产生因果效应的因素。而自然实验本身对于此问题的实质

---

　　①　在赞比亚,切瓦人和通布卡人都是"东部政治联盟"的组成部分,但是在拥有更少人口的马拉维,它们是竞争对手。

作用也是非常有限的（Dunning，2008a）。[①]

事实上，在一项研究中扩大干预范围就似乎意味着，我们需要在两个重要因素之间进行权衡：(1)确认一个重大干预条件的各种效应；(2)从各种效应中确认出相关的因果效应。[②] 因此，尽管波斯纳的研究提出了一个重大的本质问题，但是干预条件的理论或实际相关性的确认可能会更加难以确认。许多研究者可能会将混杂干扰问题视为一个模型识别问题：干预条件的捆绑效应使得研究者无法从干预条件的各种不同成分中识别出任何一个单一的因果效应。这一点对于我们认识研究本身通常是至关重要的。这里的关键问题在于，不同的自然实验，其遭受混杂干预的干扰程度是不一致的，而这个问题的严重程度往往取决于所研究的具体问题——例如，对于研究者本人而言，他更感兴趣的到底是整体干预效应还是其中某部分干预效应。

例如，关于"管辖边界"的研究也并不总是会遭受混杂干扰因素的影响，至少其干扰程度是不一样的。考虑卡德和克鲁格（Card 和 Krueger，1994）的研究，他们估计了最低工资法对于快餐店就业人员的影响。分析者对比了位于美国新泽西州和宾夕法尼亚州边界两侧的快餐店；前者在 1992 年最低工资得到了提高。在此，类

302

---

① 很显然，这里的"干预"假设是在一个较大的层次上实现的。这里，反事实方法的实施办法为：在控制其他变量不变的情况下，改变赞比亚的人口规模，来观察这在何种程度上会影响切瓦人和通布卡人之间的竞争程度。这与在斯诺研究中，改变19世纪中叶英国其中一家供水公司的供水还有所不同。

② 正如第二章所讨论的，许多自然实验研究都使用了"管辖边界"这一因素。例如，可参见 Banerjee 和 Iyer（2005），Berger（2009），Krasno 和 Green（2005），Laitin（1986）或者 Miguel（2004）。

似于波斯纳（2004）的研究，基于一个地理边界两侧的样本单位的比较，其中只有边界一侧的样本单位受到了实验干预。原则上，这里可能会存在混杂干预问题的影响：最低工资法是在变化，但在"新泽西"和"宾夕法尼亚"之间可能还会存在其他干预因素同样会导致边界两侧的对比结果产生反应变化。然而，这里所得到的结论，即边界两侧在就业上的任何差异都来源于最低工资增长所带来的影响，似乎是较为合理的。这也许是因为，卡德和克鲁格所用的数据具有时间序列性质，因而在新的最低工资法出台期前后的一个狭窄的窗口期内，可以对其进行事前或事后的比较分析。[①]

据此，捆绑效应问题需要具体情况具体分析。这对于更大的实质相关性问题而言也是如此：正如近似随机性的合理性以及模型的可信度维度一样，我们可能应当认为实质相关性问题本质上只是一个程度的问题。这就意味着，将各种特定的研究实验按照其实际或理论相关性的程度进行排列是有用的，这一任务将在下一节进行讨论。

10.2　实质相关性的程度

上述讨论意味着，在不同的研究中，其理论与实际相关性的程度也是不一样。对近似随机分配的追求往往使得研究者的分

---

① 　利用唐纳德·坎贝尔的话说，这是针对实验组和对照组都进行事前和事后的检验（即双重差分法）。研究者经常使用双重差分法来排除在准自然实验中混杂变量的干扰问题，但是在这里该方法可能具有另外的目的，即盯住实验组样本（也就是修改最低工资法地区的样本）。

析范围缩小而聚焦于一些可能的异质性情形之下，然而正如迪顿（Deaton, 2009）以及赫克曼和乌尔苏亚（Heckman 和 Urzúa, 2010）所批评的，这在多大程度上是正确的或重要的，对于不同的自然实验而言，往往会很不一样。

　　正如先前对其他评估维度所探讨的那样，我们也可以将不同研究根据其理论或实际相关性的程度进行排序。图 10.1 也如同图 8.1 和图 9.1 一样，对相关研究的实质相关性进行了排序，因为有一系列的因素能够影响实质相关性，其中包括外部有效性、异质性与捆绑效应问题，同时也因为这些研究往往在某个方面都具有突出的表现而在另一方面却显得不尽人意，因此对于这些研究进行排序本来就是一门"不精确的科学"。① 另外，在政治或公共政策研究中，如何理解实质相关性才是合理的？ 这必须依据具体情境而定，因此针对不同个体而言这种排序的主观性程度要比其他两个维度的排序更高。其次，这里的目标是评价每个研究关于相关性问题的程度和标准，而并不是判断每个研究的整体质量。尽管存在这些问题，但作为一个启发性的探讨，若仅仅只是强调自然实验的实质相关性这一个维度的变化的话，对这些特定研究的进行排序就是有意义的。

　　将图 10.1 与图 8.1 和 9.1 进行对比，我们可以发现有的研究在这三个维度的评价上都占据优势。其中查托帕达雅和杜芙若（Chattopadhyay 和 Duflo, 2004）的研究不仅仅具有近似随机假设的合理性与模型的可信度，同时它的主题——对女性发放选举配额

304

---

① 例如，我并没有试图对三个标准给定一个定量的权重分配，这对于在有效的实际研究而言是不精确的。

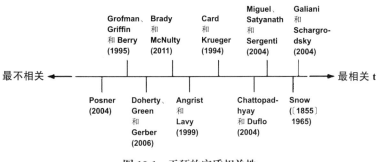

图 10.1　干预的实质相关性

的政治影响力，在当今社会也具有很强的实质相关性，尽管它所研究的案例（印度的村庄）也许具有一定的特殊性。与其相似的是，加列尼和沙格罗德斯基的关于土地产权的研究也具有很强的实质和政策相关性，因为它关注的是社会科学研究者所长期关注的主题——贫困占地者的土地产权所带来的因果效应。另一个我们所熟悉的范例，即斯诺（Snow，〔1855〕，1965）关于霍乱的研究，在本图中又再一次名列前茅，他的发现具有很强的实质相关性——不仅仅是对于流行病研究而言，同时对于公共政策而言也是如此。流行病学不同于政治学研究的地方是，它可能具备另一个关键优势：鉴于某种疾病的原因可能在大量情况下都是一样，那么这种发现通常而言所具有实质重要性就会远超出某一个特定的研究范围。

　　然而对于其他研究而言，它们在图 10.1 中的位置与在图 8.1 和（或）图 9.1 中的位置就存在很大差异。例如，卡德和克鲁格（Card 和 Krueger，1994）的研究相对于其他研究而言，尽管缺乏合理的近似随机性，并且具有更为复杂的统计分析技术，但是其深入探讨了最低工资水平的影响，这一点似乎具有广泛的实质重要性。同样

的问题存在于米格尔、萨提亚纳斯和瑟金提（Miguel、Satyanath 和
Sergenti，2004）的研究中，他们研究的是经济增长对于非洲内战爆
发概率的影响：尽管在前文章节中我们已经探讨了关于该研究近似
随机性假设的合理性和模型可信度的一些限制性因素，但是它所研
究的主题本身往往就难以进行因果推断。相比之下，在图 8.1 中的
许多研究，尽管具有很高的随机分配合理性，但是它的干预方法却
不具有很高的实质相关性。例如，多尔蒂、格林和格伯（Doherty、
Green 和 Gerber，2006）的研究动机是想了解收入对政治态度的影
响，但是关键性的干预手段涉及随机的彩票奖金，而彩票奖金可能
不是固定收入，因此这种干预变量的特异性使得该研究出现在图
10.1 中较左的位置。

　　一般而言，相关性的程度主要受到三个威胁因素的影响——外
部有效性的缺乏、干预手段的异质性与干预方法的捆绑效应。首
先，就外部有效性而言，在给定干预手段和样本类型后，图中的
研究也各不相同，其中包括针对洛杉矶地区的选民研究（Brady 和
McNulty，2011）、临近宾夕法尼亚和新泽西州边界的快餐店研究
（Card 和 Krueger，1994）、以色列儿童的入学注册问题研究（Angrist
和 Lavy，1999）、政治家从国会向参议院流动的研究（Grofman、
Griffin 和 Berry，1995）、印度两邦地区的有关村庄委员会的研究
（Chattopadhyay 和 Duflo，2004）、在赞比亚和马拉维边界农村地区
切瓦人和通布卡人的种族态度差异（Posner，2004）。

　　这些研究是否能够足够代表人们所感兴趣的话题主要取决
于人们所关心的是什么样的问题。例如，卡德和克鲁格（Card 和
Krueger，1994）想要了解在一般情况下最低工资法是否能够增加

失业，因此在宾夕法尼亚和新泽西州中的餐馆之间所存在的任何显著不同的特点都必须充分考虑到。布雷迪和麦克纳尔蒂（Brady 和 McNulty, 2011）调查了 2003 年的州长大选，他们想研究的是随着选民投票成本的改变，他们的投票行为又会发生什么样的变化，但是因为他们选择的样本太过特殊，所以这种因果效应能否推广到其他选举中去还是个问题。安格里斯特和拉维（Angrist 和 Lavy, 1999）研究了一个具有重大政策意义的问题，他们研究的是学生班级规模的因果效应——在以色列地区，他们使用断点回归设计的思路将学生所在的班级规模作为阈值。而另一个案例，即在格罗夫曼、格里芬和贝里（Grofman、Griffin 和 Berry, 1995）对于美国国会代表向参议院流动的研究中，[①] 这些样本是否具有普遍代表意义却并不是研究者所关心的话题。

　　接下来我想说的是，干预方法本身能在多大程度上反映出社科领域内被人们所关心的热点问题——这取决于其干预条件的特异性和捆绑效应（虽然是通过不同的方式）——是关于实质相关性强弱的另一个重要的决定性因素。我们在上文中已经探讨过，这些问题往往与自然实验的干预"广度"相冲突，需要研究者做出权衡。一方面，适用范围相对宽广的干预手段对于许多自然实验而言是极具吸引力的，例如，相比于真实实验而言就是如此。毕竟，自然实验所研究的对象是一些人类行为"现象"，例如制度创新、投票地点的改变和最低工资法等，这些通常都不能够利用真实实验的干预手段

---

① Posner 的研究（2004）在此排序中的位置将在下面进行讨论。

来进行控制。[①] 这些"现象"自身有可能千差万别，并且具有不同的实质重要性，因此那些非常有趣，但其所使用的干预方法却不具备可推广性的研究——如投票地选择研究（Brady 和 McNulty，2011）或者班级规模研究（Angrist 和 Lavy，1999）——它们的实质相关性程度排名也许就不如最低工资法研究（Card 和 Krueger，1994）。

而另一方面，由于上述讨论的"捆绑效应"以及其他因素的影响，有的干预手段太过宽泛从而会丧失一些理论和实际相关性。正如前文所探讨的那样，这种混杂干预问题在不同的研究中所造成的干扰也是不同的。因此，在波斯纳（Posner，2004）以及卡德和克鲁格（Card 和 Krueger，1994）的两个关于"管辖边界"的不同研究中，混杂干预问题在其中一个的影响程度却大于另一个：在卡德和克鲁格的研究中，这种基于狭窄窗口期的样本前后对比分析，要确认精确的干预条件（即最低工资法）相比于波斯纳的研究就会更容易一些。捆绑效应问题同时也会在其他研究中产生，例如格罗夫曼、格里芬和贝里（Grofman、Griffin 和 Berry，1995）的研究，其研究的是那些从具有相同意识形态的国会（美国众议院）流动到具有不同意识形态的参议院代表对于中间选民的支持态度是否会发生变化。在该研究中，参议院和众议院个体的投票行为在很多方面都具有很大的差异（例如关于修正案、制度规则的不同意见等），因而代表们的选区的意识形态并不是唯一的干预因素。因此，在许多研究中都会产生由捆绑效应导致的解释性问题。

---

① 然而，一些实验研究人员的确越来越多地对明显不可操控的实验干预进行创造性地人为控制，从而想要扩大这些研究在传统意义上的实质相关性贡献。但是在干预手段范围和可操控性之间进行权衡也是实验研究人员所必须面对的任务。

10.3　结论

当我们评估一个自然实验是否成功时,干预手段的实际或理论相关性是一个关键问题。当研究者在寻求显著的近似随机性时,他们也必须关注的是研究中所具有的解释变量是否真的令人感兴趣,以及是否具有广泛性的实际意义。那些样本分配能够很好地满足近似随机性的研究虽然具有很高的技巧性,但是如果它们的实质相关性有限,那么也不属于一个很高明的强实验设计。当然,对此一个合理的关注点在于,这种高技巧性的自然实验具有很大的学术价值,但它们不得不以牺牲实质相关性为代价。

然而,正如我们所看到的,许多自然实验可以成功阐明非常重要的社会科学话题。一种最优的情况是,自然实验具备了许多真实实验的特质。因为随机性可以限制混杂变量的干扰,但同时也能够保证变量的因果效应不被人为操控。因此,在这种情况下,自然实验具有广泛的实质相关性,并且能够以真实实验和传统的观测性研究都无法采用的方式得到相应的因果推断结论。 307

在本章的结论中,还有另外两个问题需要强调。首先,自然实验方法可被用于国家发展、政治制度轨迹或学者所感兴趣的其他比较政治学相关主题的跨国比较分析问题吗?值得注意的是,根据表2.2、表2.3、表3.2和表4.3的研究列表可以发现,本书中所讨论的许多研究都是基于单个国家的研究。此外,分析样本的层次(例如,城市、政治候选人和公民等)都低于国家层面。而在那些相关的自然实验中,基于国家层面的因果效应在比较过程中。例如,当"国界"被用于估计国家层面的干预实验中时，我已经指出了模型在可信度方面所可能存在的实质性问题，特别是这种干预方法在使用了一些基于跨国分析的工具变量设计时所具有的特殊性和相关性。可以肯定的是，在大量的跨国性工具变量研究设计中，这些问题明显存在于大量相关问题的研究中，例如在制度对国家经济增长的影响，或是经济增长对内战爆发的影响研究。[①] 在这些研究中，工具变量设计有效应用的前提假设通常都是不可信的。

　　然而，这并不意味着自然实验在面对国家发展或制度轨迹这些宏观的实质性理论问题时无能为力。当我们理解土地产权对于贫困占地者参与信贷市场的影响或是服兵役对于青年政治态度的影响时，它与我们对社会经济或政治发展等更为广泛的问题的理解必然具有相关性。此外，正如上文中所指出的，有一部分类型的自然实验被证明是非常适合在不同研究背景下被进行重复的。重复性研究能够为系统性的比较研究提供基础，尽管很少有研究者愿意进行这项富有意义的工作。比较基于不同国家的相似自然实验的因果效应，有可能为未来研究提供进一步的可能性。例如通过断点回归设计研究拉丁美洲不同国家的联邦财政的政治性转移支付。当然，在比较不同自然实验结果时，有一个问题不可避免地会显现出来，即这些文章的所得到的因果效应是否是研究者所真正感兴趣的，以及在此过程中所涉及的未被控制的变量（可能是无法控制的）在分配过程中并不满足是随机的。另外，捆绑效应问题是否会使得

---

　　① 此类研究的例子包括阿西莫格鲁、约翰逊和罗宾逊（Acemoglu、Johnson 和 Robinson，2001）和米格尔、萨提亚纳斯和瑟金提（Miguel、Satyanath 和 Sergenti，2004）。

研究在不同的自然实验中得到不同的因果效应？这一问题也可能
会使得干预实验变得更为复杂。因此，在观测性研究中那些制约
因果推断有效性的许多因素也可能会产生。这些都是非常棘手的
问题，因此自然实验在广泛的跨国研究中是否具有意义仍无法进行
判断。

其次，针对一项特定的自然实验，研究者如何加强其实质相关
性？本章提出了大量与理论和解释都相关的想法。例如，这些研究
所关注的研究组是否具备足够的代表性通常需要具体问题具体分
析。一个特定干预条件的相关性也部分取决于其所研究的具体问
题。因此，对于外部有效性、捆绑效应问题，特别是干预条件的异
质性问题具有更强的敏感性，将有助于研究者使用自然实验方法来
提出和回答一些适当的问题。重复实验可以被用来作为评估外部
有效性的工具，而大量的定性和定量工具——如自变量和因果推断
机制观察值，也能够对捆绑效应问题进行约束，从而有助于研究者
明白到底是哪一部分干预因素在"真正起作用"（见第七章）。

当然，在本章中我们探讨的重点是实质相关性在一个成功的自
然实验评估中所能够发挥的作用；对实质相关性的强调是想表明，
在自然实验中，近似随机性并不是唯一重要的因素。如何在一个特
定的自然实验研究中提高其实质相关性，这是一个重要的问题，并
且在未来的方法论研究中我们也应该对此加以更多的关注。我们
通过本书中的研究案例可以清楚地发现，某些研究在各个方面都达
到了最高水准，他们往往能够满足近似随机的合理性、模型的简洁
性和可信度，以及广泛的实质相关性。然而，根据第八章到第十章
的讨论我们发现，这些维度之间也存在紧张的取舍和权衡。因此，

下一章中我们将更为明确地探讨这三个维度之间的关系，并且将重
点分析如何将不同的定性和定量的研究方法进行组合，从而建立一
个高效的强研究设计。

练　习

10.1)博厄斯、伊达尔戈和理查森(Boas、Hidalgo 和 Richardson，
2011)研究了巴西竞选捐款的回报率问题。他们对比了在近期选举
中那些接近胜选者和接近败选者所获捐款的数额，同时调查了那些
给予捐助的公共工程公司通过政府合同所获得的高额利益回报。

(a)评估该项研究近似随机性是否合理。有哪些特定的经验证
据能够展示这一合理性？

(b)考虑本章中所提到的针对实质相关性所构成的三个威胁因
素，即外部有效性的缺乏、干预条件的异质性和干预手段的混杂。
如果研究中存在这些威胁因素，你认为最重要的因素是哪一个？你
能够凭借经验策略去评估这些因素对于相关性所造成的影响吗？
是否还有其他与相关性有关的问题需要被考虑？

10.2)伯杰(Berger，2009，第 2 页)指出，在 1900 年，"英国
将尼日利亚沿北纬 7°10′ 线分成两部分，此时同一个村庄在分界线
两边面临不同的税收制度，这将导致不同程度的地方官僚体系的形
成，今天，一个世纪以后，由于实施不同的制度，政府质量仍然存
在差异"。

(a)该研究具备哪些自然实验的特质？有什么因素会对该自然
实验的有效性产生威胁？作为一个自然实验，有什么证据能够支持

这一点？

（b）列举该研究中所存在的潜在的因果推断机制观察值，包括干预分配观察值、自变量观察值与因果机制观察值。

10.3）米格尔（Miguel，2004）表明，坦桑尼亚与肯尼亚间存在较多的种族合作，这主要是由坦桑尼亚的领导人朱利叶斯·尼雷尔（Julius Nyerere）提倡的"国家建设活动"而导致的。这些活动主要体现在国家语言政策和公立学校的课程安排方面。这些课程不再强调部落主义，而是更多支持具有凝聚力的民族认同。米格尔表明，在肯尼亚的布西亚地区民族多样化趋势明显，但是公共品提供却很短缺（例如小学教育经费），然而，在共同国界线对面的坦桑尼亚的密图（Meatu）地区，却拥有丰富的公共品资源。 310

（a）该项经验研究能否显示国家建设有助于促进坦桑尼亚的种族间合作？为什么？

（b）该项研究中是否存在实质相关性？它们是如何被评估的？

（c）这是一个自然实验吗？为什么？有什么因素会对该实验结果的因果推断造成影响？

10.4）菲斯曼和米格尔（Fisman 和 Miguel，2006，第 1020 页）感兴趣的是文化规制如何影响腐败行为。他们写道，"直到 2002 年，联合国的常驻外交官所具有的外交豁免权对他们的停车行为具有约束力，同时他们的行为也受到了文化力量的制约，我们发现腐败行为的因果效应：那些从高腐败国家（基于现有的调查指数）来的外交官，更倾向于违规停车"，他们将这项研究称为"独特的自然实验"。

（a）该项研究中的干预变量是什么？该项研究中近似随机的合

理性是否能够得到满足？这是一个合理的自然实验吗？

（b）考虑影响相关性的三个因素：外部有效性、异质性和混杂因素。你认为该项研究中哪个因素起到的干扰作用最明显？为什么？

（c）如果来自较为富裕国家的外交官往往具有付费停车位怎么办？在这里违背自然实验设置的因素会有哪些？

10.5）麦克莱恩（MacLean，2010）对比了位于加纳和科特迪瓦国界线两侧的阿肯地区村庄的情况。尽管这个多民族聚集的村庄在殖民时代之前有着类似的政治和文化制度，但是到了20世纪90年代，这些村庄往往表现在"非正式的互惠主义倾向和本土公民意识方面表现出令人困惑的差异"（MacLean，2010）。

（a）该研究具备什么样的基本因素才能被称为一个自然实验？

（b）有哪些类型的数据集观察值和因果推断观察值能够帮助确立该研究中的近似随机性假设？它们在实验干预以及与干预相关的那些令人感兴趣的实验结果方面分别扮演怎样的角色？

第四部分

结　论

第十一章　多元方法研究与强实验设计

本书致力于为自然实验的发掘、分析和评估问题提供一个综合性的(当然不是彻底的)讨论。我已经强调过，强自然实验设计能对因果推断起到至关重要的作用。在最优情况下，自然实验能够使我们估计那些难以控制的因果效应机制，同时又避免了传统观测类研究所具有的混杂变量干扰的实质性问题。同时，我也强调了这种方法的潜在局限性并提供了关于自然实验的三个评价维度体系：近似随机性的有效性、模型的可信度和干预的相关性。

然而，自然实验方法的使用并不是那么容易的。和其他方法一样，没有一种单一的成功模式，尽管有些类型的自然实验正在越来越多的情形下重复使用着。在某个维度的评价标准上具有说服力的自然实验却有可能在另一个维度的评价标准上不尽人意；自然实验的某些来源在某些研究情形下或在某些研究问题中具有说服力，但却可能在其他方面难以解释。因此，在每一项研究中，研究者都需要提供证据来加强前提假设和实验结果的说服力，这些证据具有不同的形式，包括定性或定量的数据、相关研究材料和研究背景的深入理解等。这些信息的收集过程可能需要付出大量的成本并且很费时。

　　这就是为什么统计学家戴维·弗里德曼（David Freedman，1991）认为，对于一个成功的自然实验而言，例如约翰·斯诺的霍乱研究，通常都会涉及"皮鞋成本"。本书所提倡的这种"基于设计"类的研究避免了"基于模型"类的事后技术性调整。然而，这就使得发掘和处理研究设计具备足够说服力变得尤为重要。自然实验设计的有效性通常需要强有力的背景知识和实际参与以及定性和定量知识的混合使用。此外，在一个评价维度上取得成功往往意味着在另一个维度上需要付出代价，而且这种关系的权衡与取舍是富有挑战性的。这通常需要大量的准备和努力，而在每一个维度上都成功的自然实验可能是很少见的。

　　鉴于这些困难和限制，我们必须清楚这种研究所具有的意义和潜力。因此，在本章中我将通过一些自然实验案例和一些常见的传统观测性研究作对比，来重新认识这一方法所具有的价值。如果自然实验的这些假设条件是具有说服力的，那么它们就可以提高我们有关实际问题的因果推断的质量。自然实验在社会科学领域是一种强有力的分析工具，它可以在许多实际研究领域显著提高因果推断的有效性。

　　当研究者在使用自然实验分析方法时，他所需面临的主要问题在于，该项研究在三个评价维度上的联合表现对于成功的因果推断而言到底有多大影响，这也是读者所关心的问题。同时这也引出了这三者之前所具有的关系问题，本书的第三部分对此进行了系统性的讨论和评估。虽然在本书中我们经常讨论近似随机的有效性、模型可信度和干预的实质相关性三者之间的关系，但是在进一步探讨中我将要强调的是三者所具有的各自的独立性特征；也就是说，这三者之间没有任何一个维度是另一个维度的简单附属特性。我同时也强调过，虽然这些讨论是针对自然实验而进行的，这类研究设计在近似随机性假设、模型可信度和实质相关性方面通常会产生特定的困难，但其实这个评价框架体系具有更大的应用潜力。事实上，许多其他类型的研究设计，例如传统的观测类研究和真实实验，也都可以用该方法进行评价。

最后，在本章中我将进一步讨论如何利用多元方法来设计一个成功的自然实验。在这个过程中我们需更加重视三个维度的联合评价作用，而非仅限于其中一个维度而对其他的维度不闻不问，这就能最大限度地开发自然实验方法所具有的潜力，而这对于社会科学研究而言将是非常有利的。对于每一个评价维度而言，定量和定性方法都会起到重要的作用；研究的背景知识和实质相关性也同样有利于研究设计在不同维度之间的权衡与取舍。因此，多元方法的应用对于强有力的研究设计而言至关重要。

11.1　自然实验的优势与局限

315

强自然实验设计能够告诉我们传统观测类研究和真实实验所不能轻易告诉我们的因果效应。在关于因果机制的建立问题上，自然实验通常情况下优于传统的观测性研究，因为随机性或近似随机性分配能够避免样本由于自我选择性所带来的混杂变量问题，这一点是观测性研究的标志性问题。同时，尽管真实实验能够强有力地控制混杂变量，但是自然实验却能够允许研究者去研究那些不易被人为操控的变量所带来的因果效应。在本书中所讨论的许多自然实验中，一些关键性的干预变量，例如印度村委会女性的主席席位配额，巴西选举有效性改革的受众或者是美国兵役法案的选择样本，对于研究者而言都是难以进行控制的。因此，自然实验经常作为传统观测性研究和真实研究的一种有效的替代性分析方法而存在。

　　自然实验更为引人注目的一点在于，它们常常会得出一些令人惊讶的结论，而这些结论在观测性研究中通常容易被解释为自我选择效应。例如，加列尼、罗西和沙格罗德斯基（Galiani、Rossi 和 Schargrodsky，2011）研究发现，那些被随机抽中曾经在阿根廷军队服役的青年，比那些没有服兵役的青年在成年后的犯罪记录更多。一种可能性是因为他们被推迟进入了劳动力市场（从而不具备竞争力）。如果这一结论是由传统观测性研究得出的话，它就不会令人信服，因为那些选择进入军队的青年很可能完全不同于那些不曾进入军队的人群，所以比较这两种人的犯罪记录是不能够得出因果推断的。例如，这中间可能存在一些很难控制且不会被觉察的个体特征，这些特征可能会产生自我选择性从而与日后的犯罪倾向息息相关。相比之下，干预的随机性可以确保比较组在"服兵役"干预之前其相关条件是对称的，因而其干预效应在因果推断过程中是可信的、不难理解的。

　　一项成功的自然实验甚至可以得出与传统观测类研究截然相反的结论。例如，正如伊耶（Iyer，2010）所指出的，直接对比那些由英国政府控制的殖民地和由印度王室控制的地区可能得出，那些由英国直接控制的地区在长期发展中可能更具优势（见第四章）。

但是，英国对印度的殖民蚕食显然是一个选择性的过程，它会优先选择那些更为湿润和土地更肥沃的地区作为殖民地，结果其长期差异有可能就是由地区间的初始条件差异所造成的，或者有可能是由一些不可观测性的混杂因素干扰造成的。因此，伊耶(2010)建立了一个自然实验，当印度当局直属领地上任领导人死亡时缺乏自然继承人的地区——如果缺乏自然继承人的话，则原有领地将交由英国政府直接管辖，这是达尔豪西(Dalhousie)在任期内所提出的政策——与那些具有自然继承人地区相比较的话，结果就会发现，英国殖民统治对印度当地长期发展是具有负面影响的。如果该研究分析的假设及其支撑性证据都是可信的，那么最终自然实验就可以推翻传统观测类研究所得到的结论。[1]

　　本书中还讨论了其他自然实验所得到的与传统观测性研究截然相反的结论。考虑产权对于贫困占地者的影响，迪索托(De Soto，1989，2000)等认为，法律意义上的土地产权能够使贫困占地者以他们的法定财产作为抵押而进行借贷，从而能够促进社会经济更为有效地发展；这个假说导致了很多国家政策改革的实施，包括秘鲁、海地和其他发展中国家。然而，在缺乏随机性的条件下检验这一假设是非常困难的，原因众所周知，就是因为对那些获得产权和未获得产权的贫困占地者进行直接对比并不能提供一个令人信服的解释。而加列尼和沙格罗德斯基(Galiani 和 Schargrodsky，2004，2010)就利用了自然实验为该假说是否成立提供了重要的证据，结果表明，尽管产权明晰能够减小家庭规模或产生其他影响，

---

[1]　关于该例子的进一步讨论参见第四章和练习 4.1、练习 5.1。

但事实上并不能促进其信贷市场的进入。这可能还需要采取一些补充性的制度或法律措施，但是自然实验并没有为此提供理论根据。在其他的研究中也经常如此。从班级规模的教育影响到服兵役的因果效应，自然实验往往会得出与传统的观测类研究截然相反的结论。[①]

当然，那些具有说服力的自然实验在即使并未推翻以前的结论时也仍然是非常有意义的。例如，我们可能认为收入水平会影响人们对过度征税行为的态度，而我们可能会观察到，更富有的人往往反对征收遗产税。但是，这并不意味着收入本身会造成这一态度，原因在本书中已经强调了很多次，即那些与收入和政治态度都相关的未观测到的混杂变量的系统性干扰（例如财富多少与父母的保守主义观念）。因此，通过一项有效的自然实验发现彩票中奖获得奖金收入会导致彩民赢家对房产税态度产生变化，这的确是对于传统智慧的验证（Doherty、Green 和 Gerber，2006）。如果缺乏强有力的实验设计，譬如自然实验，来证明这些结论的话，人们可能就会怀疑前人的智慧不但是过时的而且是错误的。

总之，自然实验可以为社会科学研究者在提高其因果效应推断的质量时提供有力的分析工具。对于有效的因果推断研究而言，混杂变量问题是其所面临的一个基本问题，而自然实验能够显著地减少这一问题所带来的干扰。在自然实验中，数据分析极其简单，因为其研究设计在很大程度上剔除了潜在的混杂因素。对于研究者而言，还有大量的自然实验等待他们去开发和探索。因此，本书的

[①]　参见 Angrist（1990a）的讨论。

一个目标就在于通过使用大量的研究案例来对这一方法的有效性进行阐释和说明。本书希望能够为那些希望发掘、分析和设计自然实验的研究者在各种研究设计过程中提供有价值的指导作用。

然而，我们对自然实验的优势进行充分的肯定，并不是要否认其各种潜在的缺陷。自然实验也存在一些固有的局限性，这在本书中也已经强调过了。例如：

（1）自然"实验"是一种观测性研究，并不是真实的实验。在自然实验研究中，研究者无法对政治和社会现实进行人为操控，从而对样本在实验组和对照组之间进行分配，而这就会关系到我们对于研究者所估计的因果效应的解释。

（2）另外，当自然实验缺乏真实随机性时，这也将会影响实验组和对照组的样本分配过程，在许多自然实验中，这一问题会产生其他的一些重要影响。干预分配过程越不能满足近似随机性，则该实验就越缺乏自然实验的特质，从而混杂变量就会对因果推断的有效性提出挑战。

（3）自然实验研究在不同的统计与因果模型中的可信度也具有非常大的差异。

（4）不同的自然实验在应用过程中也具有不同的实际或理论相关性。

也许在这里最为关键的一点在于，不同的自然实验，其所具有的各种局限性是否能够被克服，以及如何被克服，也是各不相同的。我们不能将所有自然实验的优缺点混为一谈，最为明智的做法是根据它们在构建强研究设计中的成功性来区分各个不同的自然实验。　318

11.2　一个强研究设计框架

那么,如何才能设计出一个成功的自然实验?任何自然实验,事实上任何的研究,都能够放在图 11.1 所示的三维指标体系中去评价,我们曾在导论部分介绍过该方法,现在将其放置在具体的研究情境中去分析。该评价体系就是我们在本书第三部分所做的工作,我们曾提出了针对不同自然实验来进行评估的三个不同的维度:(1)近似随机性的合理性,(2)统计模型的可信度,以及(3)干预方法的实质相关性。在下图的立方体中,越向右后上方靠近的实验就越能满足这三个维度,同时其有效性也越强;越向左前下方靠近的实验的有效性就越微弱,即它与一个理想实验的距离最远。

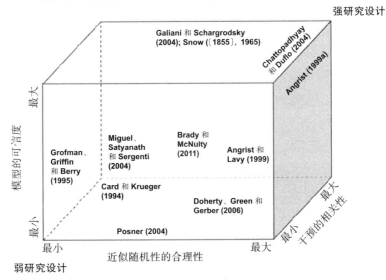

图 11.1　强实验设计的三维评价体系

关于该评价体系，我还有几点问题想要强调。第一，该框架能够用于评价一系列的研究设计，而不是仅仅评价自然实验本身。事实上，通过该指标体系对传统观测类研究和真实实验进行评价，我们也能更好地理解自然实验所具有的特质。第二，正如我们在前面章节所强调的，图11.1所示的三维评价标准之间是具有内部相关性的。许多自然实验都无法同时很好地满足这三个维度指标，如果想得到一个有效的自然实验，这时就需要对这三点进行权衡。不同的实验所关注的重点也不相同，我们最终的权衡结果取决于所要研究的具体问题。因此，我们在对自然实验所具备的优势和局限进行讨论的过程中，不仅仅需要关注的是个体研究满足某一个维度——正如本书中第八章到第十章那样——而且还要考虑这些不同维度之间是如何相互关联的。第三，在各个目标之间进行权衡协调，从而充分实现基于设计类的因果推断的潜力，这需要我们对于相关研究背景的实际了解和密切关注：为了在各个维度上都取得更大的成功，我们需要使用多种不同的分析方法。

第四，图11.1意味着，很少有研究能够满足每一个评价指标、从而达到右上角那个"强研究设计"的标准。但这丝毫不意味着我们想要构建一个强研究设计的努力都是徒劳的。图11.1中的高维度评价区域可以被视为一种理想状态。正如罗伯特·达尔（Robert Dahl, 1971）的民主观念一样，这种诗一般美好的政治制度很难在现实的"多元政治"世界中实现，一个强研究设计可能也是一种理想的状态。然而，较强的研究设计肯定总好过较弱的。如果研究者想要建立一个更强的研究设计，他就可以遵照图11.1所给出的评价体系在各个维度上进行改进。当我们在评价研究设计的强度时，这三个维度都是至关重要的。本章剩余部分将对此进行进一步探讨。

11.2.1　传统观测性研究和真实实验

为了建立一个分析的基准,我们在图 11.1 分类体系中先对传统的观测性数据的回归分析方法进行评估。(1)这些研究并没有假设样本分配满足近似随机性,所以它们将位于图中的左侧;(2)统计模型的可信度之间具有很大差异,回归模型常被设定成一个复杂的统计模型,从而也缺乏可信度和透明度,因此这些研究位于上图中的底部;[①](3)最后,这种回归模型可能导致研究分析存在潜在的广泛相关性,例如,它们可能关注那些重要的宏观政治结果,如战争、政治制度和国家政治经济等,因此,它们在实质相关性问题上可能更优于自然实验。但事实上,正如批评者西赖特(Seawright, 2010)所说的,这些研究中的统计模型的可信度非常低,以至于可以忽略掉它们在广泛相关性方面所具有的明显优势。

总之,基于我们对观测性研究的观察可以发现,它们一般都位于图中的左侧和下部,这正好反映出这些研究所具有的缺陷,但是因为它们具有潜在的广泛相关性,相比于某些自然实验而言它们可能更靠后一些。因此,该评价体系体现了回归分析在传统观测性研究方面的优势,并为其他研究设计的评估提供了一个有用的基准点。

那么,非回归分析或是定性观测性研究的情况又如何呢? 与回归分析相似,这些研究所具有的近似随机性的合理性也常常较低,

---

① 此外,复杂模型的估计,对于那些对政治等议题很感兴趣、但不具有专业知识背景的读者而言是不透明的。

而实质相关性则具有较大差异。评价这些模型的可信度可能更为棘手，因为这些研究并不会经常具有那些能够反映数据生成过程的定性或统计模型。但是，有的研究也常常包含了那些直接或间接反映诸多因果机制的因果模型，对这些反映数据生成过程的模型进行评估时，我们至少就有理由将这种非回归定性分析纳入到评价体系当中去。①

真实实验至少在一定程度上也可以被放置于该评价体系中。(1)它们具有(高于近似随机性的)完全随机性特质，尽管有许多设计很糟糕的实验并没有完全遵循该假设。因此，对于真实实验而言，如何评价其随机性假设的合理性是不确定的，它们并不是仅仅集中在上图右侧，有的研究也会缺乏随机性，对于这些真实实验而言，它们将分布在图中左侧位置。(2)这些统计模型在原则上应该都是简洁可信的，尽管这一特质也常常难以被遵循——不仅仅因为它们缺乏随机性分配，而且也可能是因为研究者对于模型的过分雕琢。(3)由于研究者追求研究本身的独创性，因此这些研究可能具有广泛的相关性，但事实也有可能相反。总的来说，研究人员在使用真实实验分析时应该尽力使得这些研究位于图 11.1 的后方位置。这将被归类为"强研究设计"，但它们也有可能并不符合任何一个维度的评价。

事实上，真实实验在上图中的位置取决于技术细节的处理。有时候，真实实验和自然实验可能会面临相同的问题。在真实实验

---

① 对于那些不同于自然实验的定性或者非回归类的观测性研究的分析并不是本书所关注的焦点，这是未来所需要做的工作。

中，研究者也可能无法进行完美的控制，从而它们与随机自然实验的差异也将被弱化，并且导致对随后实验估计结果的解释出现问题。如果随机性本身是有问题的（有时候是由于随机化过程的失误），则近似随机性的假设就是不合理的。并且，潜在模型的可信度和数据分析的简洁性与透明性则部分取决于研究者的研究训练程度和研究习惯。因此，尽管实验设计原则上可以在三个维度中的前两个维度上达到理想状态（实质相关性则取决于具体应用），但是在实践中却可能仍然存在问题，这取决于这些实验到底是如何执行的。

11.2.2 自然实验的定位

相对于传统观测性研究或真实实验而言，自然实验到底表现如何呢？并且，不同的自然实验应用之间相互比较而言，它们的表现又如何呢？尽管通过以上的讨论我们发现这些维度评价体系适用于许多设计类研究。例如，在社会科学研究中，实质相关性就一直是一个时常出现的问题，不论该研究是否属于自然实验，这些不同维度之间的关系在自然实验中却具有特殊的意义。例如，当我们在评估一个自然实验的实质相关性的重要程度时，我们必须理解其与先前章节中讨论过的其他评价维度之间的关系，特别是近似随机性——因为社会或政治过程进行随机性或近似随机性分配的原因并没有更为广泛的实质重要性。那么，当我们同时考虑这三个维度的评价体系时，本书中所讨论的那些自然实验到底表现如何呢？

有许多自然实验都趋于图 11.1 "立方体"的右上方（强研究设计）。这反映了它们所具有的极高的近似随机假设的合理性、统计模型的可信度和广泛而重要的实质相关性。当研究满足完全随机性时，例如安格里斯特（Angrist，1990a）或者查托帕达雅和杜芙若 322（Chattopadhyay 和 Duflo，2004）的研究，那么它在"近似随机性维度"方面就名列前茅（事实上，这时它就趋向于一个完全随机对照实验），因此，它们就趋于集中在图 11.1 "立方体"的最右方。① 而另外一些自然实验的近似随机性特征也很显著，例如加列尼和沙格罗德斯基（Galiani 和 Schargrodsky，2004）的阿根廷土地产权研究和斯诺（Snow，〔1855〕，1965）的霍乱研究，它们也很大程度地满足该维度评价。即使它们不满足完全随机性，这使得它们的在图中的位置稍微偏了一些，但是它们却与那些完全随机性实验具有十分类似的特质。② 那些能够称之为"强研究设计"的研究也具有建立在可信的因果与统计模型基础上的数据分析简洁性和透明性〔由于工具变量法应用中存在排他性约束，因此安格里斯特（1990a）的研究在"可信度"方面的评价可能会受到削弱，这里它所得到的因果效应不是来源于"征兵法案"，而是服兵役本身〕。最后我想说的是，以上这些研究都被认为具有广泛的实质相关性，即它们的干预手段的特征和研究结果本身对于社会科学研究和政策实施而言都具有重要意义。例如斯诺（Snow，〔1855〕，1965）的研究就是一个

---

①　然而，关于第一章和第八章脚注所提到的有关越南战争的征兵法案的抽签问题，由于篇幅所限，安格里斯特（1990）关于该问题的研究没有参与到我个人所做的如图 8.1、9.1 和 10.1 的维度评价指标中去。但是关于该问题的讨论却在该书中随处可见，而且该研究也出现在图 11.1 中。另外，也可参见在第二章中关于查托帕达雅和杜芙若（2004）对分配问题的相关讨论。

②　在图 11.1 中所展示的另一项研究多尔蒂、格林和格伯（Doherty、Green 和 Gerber，2006）也采用完全随机的手段来进行彩票研究，彩民所购买的彩票的类型和数量得以控制，并在此基础上实现随机化。

典型案例，它趋近于图中的右上角，从各个维度上来讲甚至可能比许多真实实验更为成功。

上面讨论过的许多其他的研究则在其中一个或几个维度指标的评价中并不理想，这使得它们趋向于集中在图 11.1 中左前方的位置（弱研究设计）。其中一些自然实验，例如格罗夫曼、格里芬和贝里（Grofman、Griffin 和 Berry，1995）的研究在近似随机性方面表现得就较弱一些，这使得它与传统的观测性研究具有相似的特征，也就是说，它不属于真正意义上的自然实验（但是这并不妨碍该研究为科学事业所带来的边际贡献）。其他一些自然实验具备可信的近似随机性分配特征，在相关性维度上表现较弱，这是因为干预方法的关注度非常狭窄，以及可能存在潜在的异质性（Doherty、Green 和 Gerber，2006），或者由于捆绑效应的存在，它们干预手段的关注范围过于宽广，从而导致了较弱的理论和实质相关性（Posner，2004）。最后，不同的自然实验在因果与统计模型的可信度方面也具有相当大的差异，这一点在第九章中已经详细讨论过。

然而，我们刚才对于传统观测性研究在图 11.1 所示的评价框架中的定位，有助于我们更好地理解一些较弱自然实验在评价体系中的相对位置。但是，即使大多数自然实验不可能在三个维度评价中都达到最优从而成为一个强研究设计，但是它们仍然在近似随机性分配的合理性、模型可信度或实质相关性等方面要强于传统的观测性研究。因此，即使是这些相对较弱的自然实验设计，在某一个或某几个维度上也要优于许多社会科学研究，尽管这些研究在实质相关性或其他维度上也相对较弱。因此，即使是"不完美的"自然实验也具有一定的学术价值。需要再一次强调的是，图 11.1 中评价框架的右上角只代表一种理想状态，在实际应用中很少有研究能达到这一点。

我们通过对实验评价体系的讨论，也可以将那些利用了断点回归设计和工具变量设计的相关研究放到一起来进行评估。断点回归设计(1)在阈值附近样本能够满足近似随机性分配的合理假设；(2)当对阈值两侧的样本平均结果进行估计时，其数据分析也具有简洁性和透明性。然而，我们仍然需要做出权衡的是，阈值附近的样本量可能较少，再加上其他一些因素使得研究者倾向于选择使用较为复杂的回归方程来解决问题，但这就对统计模型的可信度造成危害——例如安格里斯特和拉维(1999)的研究在这一项上的评价就较低。[①] 至于(3)实质与理论相关性，断点回归设计所估计的因果效应主要是针对阈值附近的样本，而不是那些远离阈值处的样本。一个给定的断点回归研究是具有广泛的实质相关性(例如 Angrist 和 Lavy，1999)还是具有更大的特殊性，主要取决于位于阈值附近的样本的代表性。

例如，让我们回顾一个在本书开始时所提供的断点回归研究，即通过荣誉证书获得公开表彰对于那些极具天赋的学生而言的重要性也许要小于对那些不那么具有天赋的学生的(Thistlethwaite 和 Campbell，1960)。对于那些具有中等天资和成绩的学生而言，公开表彰对于他们的影响就难以进行估计，也许这种公开表彰会给他们带来强大的激励，而如果没有得到这种公开表彰的话也许就会降

---

①　至于该研究为什么会被排名在这个位置上，具体讨论请参见第九章所述的研究本身。

324 低他们未来学习的动力。因此，断点回归设计中的干预相关性就可能受到破坏，因为可能存在干预样本的特殊性，这种特殊性只与一个特定的子群体相关，即只与位于获奖阈值附近的学生相关。[①]

与断点回归设计相类似，工具变量设计在不同的评价维度中的表现也有或强或弱的差异。在许多应用于跨国分析的工具变量研究中，其性质（3）——实质相关性往往较高，例如，萨提亚纳斯和瑟金提（Satyanath 和 Sergenti, 2004）关于"非洲国家经济增长对内战爆发的影响"研究就是这样的例子，该研究对于社会科学研究而言具有普遍的重要意义。然而，也许是因为研究者致力于通过工具变量法来使得自身的研究更具有一般性的广泛影响力，这往往也使得他们的研究在合理性和可信度上表现得不尽如人意。例如，工具变量（1）是否满足近似随机性分配难以确定。此外，它们对于主要解释变量的影响过程中是否具有排他性约束也难以确定，并且由它们所得到的因果效应是否具有特殊性同样不得而知（Dunning, 2008c）。因此，在实际应用中，许多工具变量设计中的数据分析都需要依靠（2）复杂的统计模型才能进行下去，这就使得该方法与其他自然实验方法相比，模型的可信度可能并不能令人信服。这些优势和局限性往往也促使类似于米格尔、萨提亚纳斯和瑟金提（Miguel、Satyanath 和 Sergenti, 2004）这一类的研究处于图 11.1 中它们所该处的位置上。与其他自然实验相似，工具变量法或多或少具有对模型设定的依赖性，同时，它们是否能够成为一个强实验

[①] 这一组学生所具有的因果效应是否能够被推广到其他类型的学生身上，这是一个值得讨论的问题，参见 Deaton（2009）和 Imbens（2009）的相关讨论。

设计也很难确定。

11.2.3　不同维度之间的关系

图 11.1 所展示的不同维度的评价指标在第八章至第十章中已分别进行了详细叙述，因为它们之间具有本质上的区别。例如，样本分配的近似随机性并不能决定干预手段是否满足实际或理论相关性。从经验上讲，有的研究可能在这一项维度上表现优异，却在另一项维度上表现较差；因此，这些不同的维度之间并不存在一一对应关系。的确，近似随机性假设的合理性和模型的可信度之间具有一定的联系，因为当样本分配满足近似随机性时，其数据分析过程可能就更简洁、更透明，同时其潜在模型可信度也更高。但是，图 11.1 也清楚地显示，模型的可信度并不仅仅取决于样本近似随机分配假设的合理性：图中有许多研究其样本分配的近似随机性假设具有很高的合理性，但是其模型可信度却非常低。这可能是因为模型本身并不能准确反映数据生成过程〔例如，样本本身满足的是基于群体层面的随机性而不是个体层面的随机性，例子可参见波斯纳（Posner，2004）〕。描述数据生成过程的各个模型之间的选择问题，不同于社会与政治过程是否产生近似随机性分配的问题。

然而，图 11.1 中的不同维度之间具有相关性，因此有时需要我们做出权衡与取舍。追求某一个维度上的成功往往有可能以牺牲另一个维度的指标为代价。例如，正如我们在第十章中所看到的，一些针对真实实验或自然实验的批评主要就来自于在追求研究样本近似随机性分配的同时，其实际和理论相关性就难以得到保证。出于同样的原因，当我们选择一个具有广泛意义的研究作为分析对象时，例如针对国家经济发展与民主之间的关系进行研究时，一些非随机性因素和潜在的混杂变量干扰就有可能需要给因果统计模型添加诸多复杂的前提假设，而这就会使得模型缺乏可信度（Seawright，2010）。

总体上，图 11.1 中所提供的评价维度体系提醒我们，好的研究设计总是涉及各个维度之间的协调。为了实现（1）近似随机性假设的合理性，就有可能需要牺牲（3）更为广泛的实质相关性。同样，为了使得研究具备（3）更普遍的实质相关性，有可能就是以牺牲（1）近似随机性作为代价的，这同样也将导致（2）模型变得更加复杂从而更加缺乏可信度。因此，在针对一项特定的研究进行评估时，我们需要对每一个维度所应具有的权重比例了如指掌，实现一个强研究设计的过程可以被理解为在不同维度之间进行权衡与取舍的过程。

对于这些维度的协调与判断应当基于研究者对于该研究主题及其相关研究背景知识的深入理解。不论是从自然实验评估还是从提供政策建议的角度出发，这一点都是至关重要的。但是将"专业知识"作为另一个固定的维度评价指标是不现实的，因为我们难以评估研究者所具有的专业知识，这一点仅仅从他们所出版的文章来看是远远不够的。但是，专业知识在各个方面都起着重要的重要，包括发现自然实验、评估样本的近似随机性、产生模型验证型因果过程观测以建立可信的定量模型、以及对因果效应进行解释从而强调和增添研究相关性等。

总之，成功的自然实验依赖于对研究主题和研究背景知识的深入理解。单纯依靠技术手段无法设计出一个好的自然实验，正如单纯的回归技术也无法构建充分的回归分析基础一样（Freedman，2009，2010a）。如果缺乏重要的相关专业知识基础，一项研究通常会在三个评价维度上都犯下错误。

11.3 实现强研究设计：混合方法的重要性

本书自始至终都在强调定量分析和定性分析的结合对于一个成功的自然实验的重要性。研究者需要使用数据集观测，也就是那些有关研究组每一单位样本的实验结果、干预和分配变量值、预处理协变量值，来从经验上评估随机分配的合理性。例如，可以检验预处理协变量的平衡性。当随机性能够得以保证时，数据分析就变得简洁而透明，并且经常会得到那些充分反映数据生成过程的有效性假设的支持。在这种情况下，定量工具对于验证实验设计的有效性和分析自然实验干预的因果效应而言都是非常必要的。

与此同时，定性分析对于自然实验的贡献也同样值得强调。我们需要反复说明的是，定性方法在本书中对建立和实施一个自然实验而言具有重要意义。与定性研究密切联系的大量的背景知识与详细的案例专业知识对于图 11.1 中三个维度的评估而言是十分必要的（Dunning，2008a）。例如，对研究背景的熟稔可以帮助研究者理解干预分配过程和部分地验证定量分析所涉及的假设的合理性。这些背景知识不是体现在研究组中的每个样本单位的自变量和因变量的系统测度中；相反的，这些背景知识体现在那些有助于促进自然实验设计的分散化信息中。因此，不同类型的因果过程观测——包含我所称的干预分配型因果过程观测和模型验证型因果过程观测,对于设计一个成功的自然实验而言都具有至关重要的意义。①

327　　数据集观测和因果过程观测在一个成功自然实验中的作用,不仅在于它们能够对图 11.1 所展示的每一个维度都有所帮助,而且对于这些维度之间的协调也起到了积极作用。让我们来重新考虑加列尼和沙格罗德斯基关于阿根廷土地产权的研究。在此,强有力的案例背景知识对于研究者意识到可以利用自然实验来研究土地产权效应而言是十分必要的。毕竟,因为占地者总是在侵占那些未被使用的土地;然而,对征地提起法律诉讼的行为以一种近似随机的方式将占地者分为两组,这无疑是十分少见的。因此,为了探讨这种近似随机性的合理性,即验证研究设计的有效性,需要大量的实地采访和深入的背景知识。然后,近似随机性分配设立了一个具有说服力的、简洁的、透明的数据分析形式,该数据分析基于实验组和对照组的平均结果的比较——均值差检验。进一步,基于模型验证型因果过程观测的定性信息在评估模型的可信度方面也扮演着重要角色——例如,获得产权者与未获得产权者之间的行为交互的信息,这种行为交互性可能已经导致不同样本之间的干扰性,即对平稳性单元干预值假设(SUTVA)的违背。最后,大量的背景知识对于解释和说明土地产权的因果效应的相关证据而言是非常重要的——例如,那些认为获得土地产权能够提高个体自我效能的信

---

①　在弗里德曼(Freedman,2010a)对于斯诺对霍乱问题研究的分析中,他具有一个相似的观点,那就是定性方法,它作为一种重要的"科学手段",在研究中扮演着重要角色。

念（Di Tella、Galiani 和 Schargrodsky，2007），以及对于相应的零
效应而言也是重要的。例如，至少在此例中，土地产权并不能增加
贫困者进入信贷市场的可能性。

在其它的例子中，具体的背景知识也能通过其他方式发挥作
用。正如土地产权的例子一样，大量的背景知识能够帮助研究者发
现和确立一个自然实验。在此我们只提两个例子。在安格里斯特
和拉维（Angrist 和 Lavy，1999）的研究中，这两点都有所体现，他
们不但知道以色列的迈蒙尼提斯规则，而且也意识到该断点回归
设计的来源在社会科学中所具有的应用潜力，而在勒曼（Lerman，
2008）的例子中，作者则通过大量的定性访谈和对加州监狱系统持
续观察的方式来了解罪犯在高安全级别的监狱中的分配方式。来
之不易的定性分析证据也能极大地增强研究者对其所估计的因果
效应的理解和解释。对于那些获得土地产权的贫困占地者而言，
土地产权究竟有什么意义？我们该如何解释土地产权的获得对其
经济或政治行为的影响，以及土地产权的获得如何影响他们在生
活中对待努力与运气的态度？对随机分配样本个体的定性评估能
够帮助分析者建立一个"自然实验个体研究法"（Paluck，2008；
Dunning，2008b），这种方法能够促使研究者更好地理解解释变量
对于因果机制的影响。[①]

总之，自然实验是一种优秀的多方法混合使用型的研究。因
此，一个最优的自然实验指明了一种将不同方法组合使用的趋势，

[①] 这一术语借鉴自 Sherman 和 Strang（2004），他们将其称为"单一个体实验"。
也可参见 Paluck（2008）。

这一趋势早已被政治学家和其他学科中的诸多学者们强调过。在社会科学中也存在其他类型的多元分析方法，它们都有其各自的优势和局限。[①] 但是，那些方法论学者却没有注意到多元方法对于一个成功的自然实验的重要性，而本书则致力于使读者能够明白这种重要性。

11.4　一个自然实验研究清单

那些试图在其研究中使用自然实验方法的研究者可能希望有一个研究清单或决策流程图之类的，以帮助他们对本书中所提出的各种问题进行系统的梳理。本书中有几个主要的问题都很难用一个严格的清单来阐述，例如：(1)一个成功的自然实验需要多种分析方法；(2)一个强研究设计往往需要大量相关的研究背景知识，特别地，需要对干预分配过程有一个密切的理解；(3)要理解相关的细节，就需要对实际研究的领域有深入的涉猎。此外，适当的建模方式和数据分析方法在不同的实验中也可能不同。出于这些原因，许多关键问题必须具体问题具体分析。强研究设计无法批量产生。

然而，本书所希望强调的绝大部分信息可以以关键问题的形式列举出来，这些关键问题是研究者在数据分析和研究设计中经常可能碰到的。事实上，这些问题在研究者使用潜在的自然实验时就构

---

①　Seawright 和 Gerring(2008)建议使用回归模型来分析跨国研究中的案例选择，如果特定模型的选择是正确的话这一方法将是有效的，基于特定案例的二变量线性回归(或者多元回归)，他们使用了一系列案例选择的分析技术手段。许多学者也建议对于特定的研究问题，可以广泛使用对策论、统计模型或定性分析等多种方法来进行研究。

成了一种研究清单。这些问题以及回答这些问题的相关方法在图 329
11.2 中以流程图的形式进行了描述。

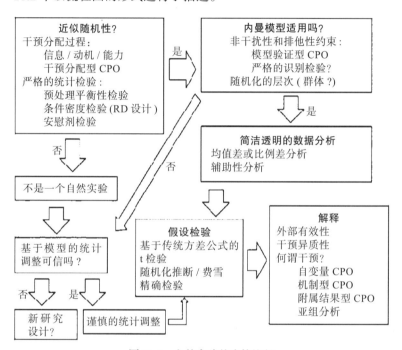

图 11.2 自然实验的决策流程

第一个基本的问题就是：样本分配过程是否满足近似随机性？
对于该问题的回答决定了研究者是否能够使用一个合理的自然实
验来研究他的问题。即使在一些真实随机性研究中，譬如彩票研
究，干预分配的过程看起来是完全随机的，但是我们对这种随机性
仍需要小心谨慎地检验：因为官员或政策实施者有时也可能犯错
误；这将会使得基于简单而透明的数据分析过程的因果推断的可信
度大打折扣。例如，正如在本书导论部分的脚注中所提到的，在 20

世纪 70 年代的越南战争期间, 征兵工作是通过在 366 个签中随机
抽取所得到的 (每一支签分别代表一年中的一天, 其中包括 2 月 29
日), 但因为签数没有充分混合, 导致一些在该年份中晚些月份出
生的青年被系统性地漏掉了。

　　研究者在分析一个潜在的自然实验时, 无论是否满足随机性,
都应该首先探查样本分配的近似随机性假设是否能够成立。本书
已经介绍过一些不同类型的重要分析方法, 包括: (1) 充分理解干
预分配过程。研究者需要对研究组样本单位的信息、动机和能力进
行充分考量, 同时也需兼顾一些其他可能影响干预的因素, 这些因
素可能会影响干预手段和潜在结果的统计独立性 (见第七章和第八
章)。因此, 他们应当追问: (a) 当自然实验的样本被干预分配时,
是否提前获得了相关分配信息? 政策实施者是否能知道哪些样本
被分配到哪些组, 以及哪些干预变量愿意接受干预? (b) 样本单位
自身针对实验组和对照组之间的分配是否具有自我选择的动机?
政策实施者是否也具有这样的动机将特定的样本分配到特定的组
内? (c) 样本个体是否有能力完成自身在实验组和对照组中的自我
选择? 政策实施者是否有能力将特定的样本分配到特定的组中?

　　对于这些问题的肯定回答, 并不意味着实验潜在结果与干预分
配过程之间就一定缺乏统计意义上的独立性。然而, 它的确表明这
些策略性的"动机"和"能力"可能最终会破坏样本的随机分配过程。
因此, 如果研究者不能回答这些问题, 那么在验证其干预分配过程
的近似随机性和对其研究贴上"自然实验"标签之间, 他们就应该
格外谨慎。(下面, 我将进一步讨论如何处理那些"不完美"的自然
实验。)

如上所述，那些与理解干预分配过程相关的信息可能具有非常不同的形式和来源。我已经说明了干预分配型因果过程观测在许多成功自然实验中所扮演的重要角色（见第七章和第八章）。比这些"标签"更为重要的是这些信息的来源：一般而言，干预分配型因果过程观测主要来自于实际研究工作的参与本身。大量的研究方法，包括对政策实施者和自然实验样本单位的采访，对于理解干预分配过程及其研究背景都是极为重要的。

另外一些评估近似随机性的工具还包括（2）严格的统计检验。那些特定的统计检验取决于自然实验的具体应用和具体类型，但事实上在每一个声称具备近似随机性的自然实验中，实验组和对照组的预处理协变量之间的平衡性都需要进行严格的检验。一般情况下，这个过程可以通过在对干预样本的协变量均值差实施 t 检验而完成；还有一个可以采用的补充性的手段则是，当被解释变量对截距项和协变量做回归时，可以通过 F 检验来考察预处理协变量系数是否为 0 的原假设。[①] 但是研究者需要明白的一点是，即使一个 t 统计量是显著的，也不能说近似随机性假设不合理，因为有可能存在许多个预处理协变量。我们的期望是，在二十分之一的独立检验中，p 值应该低于 0.05。另外一组有用的统计检验方法不仅能对协变量均值进行检验，还能够探查这些变量在实验组和对照组的分布情况。[②]

331

---

① 然而，F 检验的有效性取决于干预变量的联合正态分布，但是当研究组规模较大时，这种限制将不存在。

② 例如，标准柯尔莫哥洛夫-斯米诺夫检验可以在统计软件 Stata 和 R 中轻易实现。

注意，这些检验必须在随机化的层面上进行：例如，在整群随机分析中，预处理协变量需要以群体的形式在不同组间实现平衡。这些检验拒绝原假设的时候也应当明确考虑：如果样本量很小的话，未能推翻预处理协变量均值相等的原假设就不能成为近似随机性假设的一个令人信服的证据（见第八章）。关于统计势的更多讨论请参考相关文献，例如格伯和格林（Gerber 和 Green，2012）。在这种情况下，其他证据资源（尤其是那些能够反映干预分配过程的定性信息）在评估近似随机性的过程中就尤为重要了，但与此同时研究者对其自身研究的自然实验属性就应当格外谨慎。总之，对于许多拥有小样本或复杂设计的自然实验而言，研究者应该使用随机性推断来进行平衡性检验（见第六章）。

如果对干预分配过程的深入调查和严格的统计检验都支持近似随机性假设，那么研究者就可以进而认为其研究的确为一个自然实验研究。然而要注意，不能拒绝"近似随机性"的原假设并不意味着就肯定了原假设。在那些不具备真实随机性的自然实验中，甚至即使是在具备真实随机性的自然实验中，那些未观测到的混杂变量也有可能是整个研究的"阿喀琉斯之踵"。在评价自然实验研究结果时，自然实验研究者及其读者必须时刻记住这一点。但是，出于同样的原因，那些不能满足近似随机性假设的研究也并不一定未达到随机性的主要目标：干预分配过程与潜在结果之间在统计意义上的相互独立性。例如，在 20 世纪七十年代的越南战争中，由于抽签的不均匀导致了青年的出生年月与其是否会被选入征兵法案息息相关。这当然并不意味着获得征兵法案资格与潜在结果——在日后劳动力市场上的表现（Angrist，1990a）或政治态度（Erikson 和

Stoker，2011)就一定具有相关性。这里的底线就在于，我们必须充 332
分利用本书中(特别是第七章和第八章)所讨论过的各种先验性推
理和各种类型的经验证据，尽可能地为近似随机性的假设提供证据
支持。

如果近似随机性能够得到满足的话，那么下一步我们将要考虑
的就是内曼模型的其他假设了(见第五章和第六章)。模型的因果
关系假设是否合理，例如，每一样本单位的潜在结果是否与天气、
卫星或潮汐等自然现象无关，特别是与其他样本的干预分配过程
无关？这一假设在诸如社会经济与政治现实背景下由于实验组与
对照组之间的交互作用从而是有争议的；例如，对照组样本单位的
行为可能会受到实验组样本单位的干扰。这种对非干扰性假设(即
"平稳性单位干预值假设")的违背，并不符合内曼模型的基本原则。
除了接收干预条件与否之外，干预分配过程也可能通过其他渠道影
响实验结果，从而可能违背了"排他性约束"条件(见第五章和第九
章)。这种情况在内曼模型包含干预分配过程中出现非顺从者时尤
为明显，正如工具变量设计或模糊断点回归设计中那样(见第三章、
第四章和第五章)。最后我想说的一点是，在建立签盒模型的过程
中，一定要注意随机性的层次：如果干预过程是以群体为单位的，
那么合适的模型将涉及整群随机化，也就是说，从签盒中抽取群体
的潜在结果，并在此基础上进行数据分析(见第六章)。

模型的假设有时候是无法验证的，并且事实上因果推断需要保
留一些假设：有些结论终究是无法检验的。然而，本书的一个关注
点就是通过大量的不同证据来验证潜在模型所具有的可信度。例
如，模型验证型因果过程观测可以用来处理样本间的交互干扰问

题：在本书刚开始所提到的阿根廷土地产权研究中，因果过程观测也许能够帮助研究者确立那些得到产权的人和没有得到产权的人之间是否具有交互性影响，是否满足了非交互性假设，或者说，对照组中的占地者是否理解他们相对于实验组中的占地者的干预分配状况。有时候，模型验证型因果过程观测也可以导致数据集观测结果的产生及其系统性的检验。而其他一些模型假设则可用于严格的识别检验。例如在第九章中的一个例子，我考虑了线性回归模型中干预变量各分段间的同质性局部效应假设，以及其对于工具变量分析的含义；在这种情形下，简单的识别检验就能够评估同质性局部效应是否与数据一致［参见附录 9.1 和 Dunning（2008c）］。然而，这些假设检验的应用也具有很大的局限性：相对于更为一般的模型设定偏误而言，这些检验的势通常就少多了（Freedman，2010b）。这也就是为什么在本书中我很少强调这一类的模型诊断方法，并在图 11.2 中将其标记了一个"问号"。

　　然而，重点在于，通过定性和定量手段来评估内曼模型的可信度，是自然实验分析的重要组成部分，更一般地，也是所有"基于设计"类研究的重要组成部分。通过这种方式，研究者可以在他们所设定的因果统计模型与他们所描述的经验现实世界之间建立更为紧密的联系。现在我们可以肯定的是，一些模型假设是无法验证的，我们所能做的不是确认模型是否正确，而是它是否具有足够高的可信性。然而，关于建模假设的更为密切的关注仍然有助于我们构建更强的研究设计和减少因果推断错误。

　　如果内曼模型得以确立，那么基于设计类的研究的诸多优点就会得以体现。数据分析的过程将会是简洁而透明的，基于实验组和对照组的均值差（或比例差）检验通常都足以估计出所感兴趣的因果效应参数，例如意向干预参数（又称为干预分配的"平均因果效应"）。另外还可提供一些辅助分析手段；例如，在不具备真实随机性的自然实验中，研究者也可以将结果变量对干预分配的虚拟变量的回归结果表示出来，包括预处理协变量。然而，如果近似随机性能够得到满足的话（此时干预变量和预处理协变量数据之间的关系是非常微弱的），则该结果应该与未调整的均值差估计结果是相近的。此外，研究者应当总是能够将未调整的均差分析结果表示出来，因为这将有助于读者自行判断所得到的结果是源于实验设计的强度和所估计效应的规模，而不是基于模型的统计调整。假设检验可能涉及用于检验实验组和对照组的方差是否相等的 t 检验，以及本书前面所讨论过的传统方差计算公式；或者，基于检验统计量的置换分布的随机化检验也可能会使用到，特别是当研究组的样本量较少时（见第六章）。

　　最后，一旦分析者验证了自然实验和基本潜在结果模型的有效性，并使用上述数据分析程序对所感兴趣的平均因果效应进行了估计，那么接下来我们就要对这些结果进行解释（图 11.2 的底部）。当然，这张图所示的步骤可能会与现实中的研究步骤有所偏差，这是因为，当研究者在刻画最初的研究设计以回答其研究的问题时，他们可能事先就想到了其对于研究结果的解释了。然而，将研究结果的解释视为对主要因果效应进行估计与分析之后的行为是有意义的，因为这将会更多地关注于对一个自然实验的成功性的事后评估。因此，本书第三部分尤其是第十章中所考察的评价维度体系将具有重要的意义。对于实验结果的解释将涉及前述章节中所考虑

334

的三个相关的维度,即外部有效性、关键干预条件的异质性和不同
干预条件的捆绑效应,也即"何谓干预"的问题。

在此,同时使用定性与定量信息的进一步数据分析也是有用
的。例如,自变量因果过程观测有助于识别干预手段的关键组成部
分,与此同时,机制型或附属结果型因果过程观测也会为干预手段
异质性问题和外部有效性问题提供有益的思路(见第七章)。亚组
分析在此也是有用的。对于男性和女性而言结果是否会有区别?
对于贫穷或富裕的样本而言呢? 这些亚组分析结果通常应该谨慎
地解释,特别是当最初的假设并没有对不同组间的差异进行识别时
尤其如此;在涉及对多个统计假设进行检验时可能也会面临一些问
题(p 值应该被相应地做出调整,例如通过邦费洛尼校正法)。然而,
亚组间的差异又往往会产生新的需要检验的假设,从而有助于评估
干预效应的一般性。因此,这些随后的辅助性数据分析主要是与所
估计的因果效应的解释问题有关。

关于那些有缺陷的自然实验,譬如近似随机性假设不满足(图
11.2 的左下角),或者基本内曼模型的其他假设不成立,又该如何
呢? 如果是不具有近似随机性,那么该研究就不属于自然实验,此
时最好不要贴上自然实验的标签。那么,这是否就意味着研究者不
该沿该研究继续进行下去了呢? 事实当然并非如此。正如我在导
论部分所强调的那样,研究方法必须基于所研究的问题,从真实实
验到传统的观测性研究,针对不同的研究问题需要使用不同的研究
方法与技术。如果研究中的关键干预手段缺乏随机性,大多数的社
会科学研究都是如此。那么它可能在图 11.1 所示的其他评价维度
方面会表现得更好,这使得该研究有继续进行下去的价值。然而,

与强研究设计相比，它们的因果推断结论的说服力就要欠缺多了。

当然，对于研究者而言还有一种办法就是将数据进行调整。这 335 里我们有必要区分两种"调整"方法。在其中一种情况下，那些潜在的混杂变量的数量相对较少，因此一个解决方法就是重点将关于干预分配过程的那些清晰的、部分可验证的假设进行调整。例如，在布拉特曼（Blattman，2008）对儿童参军的研究中发现，在既定的年龄和地区，那些被圣主抵抗组织所招募的儿童符合近似随机性。因此根据"年龄"和"地区"所定义的分层群体中，其样本分配过程就是随机的。[1] 在此我们需要注意到，针对不同的年龄和地区，其分配概率也是不同的，同时，年龄和地区也可能与潜在结果是具有相关性的；所以当给定近似随机性假设时，该实验就类似于一个随机分块实验，在这个过程中最重要的是估计出组内干预效应的估计量和组间权重，从而得到总体的平均因果效应估计（Gerber 和 Green，2012）。当然，研究者必须采用一个程序来分配权重；也许最直接的调整方式就是根据不同研究组的规模大小来进行组内权重的分配，而只要能给出正确的权重，利用回归分析方法也能够重复出这些估计结果（参见 Humphreys，2011）。在此我想强调的是，调整过程可以是透明的、可信的，甚至是完全必要的，并且，即使不能轻易贴上自然实验的标签，这样的分析过程也还是应该小心谨慎地进行。

在其他情形下，调整过程则更难被验证。当实验缺乏近似随机

---

[1] 在一些关于协变量的文献分析中，干预分配过程对协变量而言是一个"可忽略"的条件，这种前提条件是如何起作用的？这是本书中所关注的一个重要问题。

性时，潜在的混杂变量也有可能数量巨大且难以被测量。最终的结果就是，如果没有很强的假设，这些混杂变量的变化方向和大小范围就难以确认。研究者可能会试图尽可能地识别出这些混杂变量，但是这可能会导致"垃圾回归"结果（Achen，2002），并且，在回归方程中纳入不相关的或难以准确测量的控制变量往往有可能会导致其他更糟糕的结果，譬如因果效应推断过程中的偏误（Clarke，2005；Seawright，2010）。因此，我们马上又回到基于模型的统计调整过程中了，其建模的不确定性程度是难以评估的，而这些模型336 的实质性、因果性和统计合理性则大为减弱。

最后，尽管这些具有挑战性的问题在社会科学领域已经被大量文献所阐释与关注，但它们却不是本书的分析重点。这里的主要目的是指出在传统的观测性研究中那些标准的基于模型的统计分析方法可能会面临的一些困难，并强调利用强研究设计（有时候）能帮助研究者避免这些困难。正确的调整方式和似是而非的调整方式之间并没有明确的分界线，这将留给学术界去评价。但是，基于可信度较高的描述数据生成过程的模型而所进行的简洁而透明的数据分析应该是研究者所致力追求的。当所采取的研究设计很强时，正如在成功的自然实验中那样，这种简洁性、透明性和可信度往往就有可能会实现。

在结束讨论之前，让我们对以上所强调的要点再做一次总结。(1)建立具备强研究设计的自然实验往往需要在多个目标中进行权衡与取舍。包括令人信服的近似随机性分配方式、数据分析的简洁性、以及更为广泛的实际与理论相关性。这些目标之间可能会发生冲突，而强研究设计的过程其实就是在这些不同目标之间进行迅敏

权衡的过程。(2)大量的专业背景知识在这种权衡中能够发挥出重
要作用。如果没有这些强有力的专业背景知识,研究者就不可能在
这三个目标维度上进行很好的权衡。(3)多种方法的混合使用,包
括定量分析和定性分析工具,对于一个成功的自然实验而言至关重
要。构建一个自然实验往往需要大量的"皮鞋成本"和艰苦的工作。
尽管有的自然实验在不同的研究环境下具有可重复性,但总的来说
并不存在什么一劳永逸的成功方式。在自然实验以及其他的研究
设计中,其因果推断过程并没有什么固定的模式可以遵循;特别是
在自然试验中,大量的专业背景知识和多种方法的混合使用,对于
其发现、分析和评估过程而言都是具有显著意义的。

更一般地,似乎许多研究模式都有助于研究者进行成功的因
果推断。最终,这些方法的正确"混合"使用很大程度上取决于研
究者所面临的具体问题。在每一项研究中,研究者都面临着其模型
假设与其所研究的经验事实之间的权衡匹配问题。这无论是在传
统的观测性研究中,还是在真实实验和自然实验中都是如此。研究
者必须充分发掘一系列的分析证据,包括各种形式的定性调查数据
(Freedman,2010a)。传统的回归模型分析和基于观测性研究的匹
配设计可能也总会有用武之地,因为一些有趣而且重要的问题可能
无法采用强研究设计来进行分析。

337

然而,当强研究设计可用时,研究者在这些研究设计中应该尽
量克制使用传统统计模型来拟合这些数据的冲动——这些传统统计
模型背后的假设在这些研究设计中往往是无效的。至少,研究者需
要对这些传统模型和这些研究设计背后的各种假设进行相应地验
证。正如本书中所讨论过的其他各种研究分析任务一样,需要运用

各种不同的定性和定量分析证据来对这些假设进行验证。只有这样才能充分挖掘出自然实验的各种重大优势，从而有效地回答社会科学领域中各种重要的因果问题。

参 考 文 献

Acemoglu, Daron, Simon Johnson, and James A. Robinson. 2001. "The Colonial Origins of Comparative Development: An Empirical Investigation." *American Economic Review* **91**(5): 1369–1401.

Achen, Christopher H. 1986. *The Statistical Analysis of Quasi-experiments*. Berkeley: University of California Press.

2002. "Toward a New Political Methodology: Microfoundafions and ART." *Annual Review of Political Science* **5**: 423–50.

Angrist, Joshua D. 1990a. "Lifetime Earnings and the Vietnam Era Draft Lottery: Evidence from Soclal Security Administrative Records." *American Economic Review* **80**(3): 313–36.

1990b. "Errata: Lifetime Earnings and the Vietnam Era Draft Lottery: Evidence from Social Security Administrative Records." American Economic Review 80(5): 1284–86.

Angrist, Joshua, Eric Bettinger, Erik Bloom, Elizabeth King, and Michael Kremer. 2002. "Vouchers for Private Schooling in Colombia: Evidence from a Randomized Natural Experiment." *American Economic Review* **92**(5): 1535–38.

Angrist, Joshua D., Eric Bettinger, and Michael Kremer. 2006. "Long-Term Educational Consequences of Secondary School Vouchers: Evidence from Administrative Records in Colombia." *American Economic Review* **96**(3): 847–62.

Angrist, Joshua D., and Stacey H. Chen. 2011. "Schooling and thc Victnam-Era GI Bill: Evidence from the Draft Lottery." *American Economic Journal: Ap-*

plied Economics **3**: 96–119.

Angrist, Joshua D., Stacey H. Chen, and Brigham Frandsen. 2010. "Did Vietnam Veterans Get Sicker in the 1990s? The Complicated Effects of Military Service on Self-Reported Health." *Journal of Public Economics* **94**(11–12): 824–37.

Angrist, Joshua D., and William N. Evans. 1998. "Children and Their Parents' Labor Supply: Evidence from Exogenous Variation in Family Size." *American Economic Review* **88**(3): 450–77.

Angrist, Joshua D., Guido W. Imbens, and Donald B. Rubin. 1996. "Identification of Causal Effects Using Instrumental Variables." *Journal of the American Statistical Association* **91**(434): 444–55.

Angrist, Joshua D., and Alan B. Krueger. 1991. "Does Compulsory School Attendance Affect Schooling and Earnings?" *Quarterly Journal of Economics* **106**(4): 979–1014.

   2001. "Instrumental Variables and the Search for Identification: From Supply and Demand to Natural Experiments." *Journal of Economic Perspectives* **15**(4): 69–85.

Angrist, Joshua D., and Victor Lavy. 1999. "Using Maimonides' Rule to Estimate the Effect of Class Size on Student Achievement." *Quarterly Journal of Economics* **114**: 533–75.

Angrist, Joshua D., and Jörn-Steffen Pischke. 2008. *Mostly Harmless Econometrics: An Empiricists' Companion.* Princeton University Press.

Ansolabehere, Stephen, James N. Snyder, and Charles Stewart. 2000. "Old Voters, New Voters, and the Personal Vote: Using Redistricting to Measure the Incumbency Advantage." *American Journal of Political Science* **44**(1): 17–34.

Arceneaux, Kevin, Donald Green, and Alan Gerber. 2006. "Comparing Experimental and Matching Methods Using a Large-Scale Voter Mobilization Experiment." *Political Analysis* **14**: 37–62.

Banerjee, Abhijit, and Lakshmi Iyer. 2005. "History, Institutions, and Economic Performance: The Legacy of Colonial Land Tenure Systems in India." *Ameri-*

can Economic Review **95**(4): 1190–1213.

Bartels, Larry M. 1991. "Instrumental and 'Ouasi-Instrumental' Variables." *American Journal of Political Science* **35**(3): 777–800.

Bell, Robert M., and Daniel F. McCaffrey. 2002. "Bias Reduction in Standard Errors for Linear Regression with Multi-stage Samples." *Survey Methodology* **29**(2): 169–79.

Benjamini, Yoav, and Yosef Hochberg. 1995. "The Control of the False Discovery Rate: A Practical and Powerful Approach to Multiple Testing." *Journal of the Royal Statistical Society, Series B* **57**: 289–300.

Benjamini, Yoav, and Daniel Yekutieli. 2001. "The Control of the False Discovery Rate in Multiple Testing under Dependency." *Annals of Statistics* **29**(4): 1165–88.

Bennett, Andrew. 2010. "Process Tracing and Causal Inference." In Brady and Collier (2010).

Berger, Daniel. 2009. "Taxes, Institutions and Local Governance: Evidence from a Natural Experiment in Colonial Nigeria." Manuscript, Department of Politics, New York University.

Berk, Richard A., and David A. Freedman. 2008. "On Weighting Regressions by Propensity Scores." *Evaluation Review* **32**(4): 392–409.

Black, S. 1999. "Do 'Better' Schools Matter? Parental Valuation of Elementary Education." *Quarterly Journal of Economics* **114**: 577–99.

Blattman, Christopher. 2008. "From Violence to Voting: War and Political Participation in Uganda." *American Political Science Review* **103**(2): 231–47.

Bloom, Howard S., Larry L. Orr, Stephen H. Bell, George Cave, Fred Doolittle, Winston Lin, and Johannes M. Bos. 1997. "The Benefits and Costs of JTPA Title II-A Programs: Key Findings from the National Job Training Partnership Act Study." *Journal of Human Resources* **32**(3): 549–76.

Boas, Taylor C., and F. Daniel Hidalgo. 2011. "Controlling the Airwaves: Incumbency Advantage and Community Radio in Brazil." *American Journal of Political Science* **55**(4): 869–85.

Boas, Taylor C., F. Daniel Hidalgo, and Neal P. Richardson. 2011. "The Spoils of Victory: Campaign Donations and Government Contracts in Brazil." Working Paper 379, Kellogg Institute for International Studies, University of Notre Dame.

Bound, John, David Jaeger, and Regina Baker. 1995. "Problems with Instrumental Variables Estimation When the Correlation between the Instruments and the Endogenous Explanatory Variables is Weak." *Journal of the American Statistical Association* **90**(430): 443–50.

Bowles, Samuel, and Herbert Gintis. 2011. *A Cooperative Species: Human Reciprocity and Its Evolution*. Princeton University Press.

Brady, Henry E. 2008. "Causality and Explanation in Social Science." In Janet M. Box-Steffensmeier, Henry E. Brady, and David Collier, eds., *The Oxford Handbook of Political Methodology*. Oxford University Press.

2010. "Doing Good and Doing Better: How Far Does the Quantitative Template Get Us?" In Brady and Collier (2010).

Brady, Henry E., and David Collier, eds. 2010. *Rethinking Social Inquiry: Diverse Tools, Shared Standards*. Rowman & Littlefield, 2nd edn.

Brady, Henry E., David Collier, and Jason Seawright. 2010. "Refocusing the Discussion of Methodology." In Brady and Collier (2010).

Brady, Henry E., and John E. McNulty. 2011. "Turning Out to Vote: The Costs of Finding and Getting to the Polling Place." *American Political Science Review* **105**: 115–34.

Brickman, Philip, Ronnie Janoff-Bulman, and Dan Coates. 1978. "Lottery Winners and Accident Victims: Is Happiness Relative?" *Journal of Personality and Social Psychology* **36**(8): 917–27.

Brollo, Fernanda, and Tommaso Nannicini. 2010. "Tying Your Enemy's Hands in Close Races: The Politics of Federal Transfers in Brazil." Working Paper 358, IGIER (Innocenzo Gasparini Institute for Economic Research), Bocconi University.

Brollo, Fernanda, Tommaso Nannicini, Roberto Perotti, and Guido Tabellini.

2009. "The Political Resource Curse." Working Paper 356, IGIER (Innocenzo Gasparini Institute for Economic Research), Bocconi University.

Bronars, Stephen G., and Grogger, Jeff. 1994. "The Economic Consequences of Unwed Motherhood: Using Twins as a Natural Experiment." *American Economic Review* **84**(5): 1141–56.

Bullock, John G., and Shang E. Ha. 2011. "Mediation Analysis Is Harder Than It Looks." In James N. Druckman, Donald P. Green, James H. Kuklinski, and Arthur Lupia, eds., *Cambridge Handbook of Experimental Political Science.* New York: Cambridge University Press.

Burghardt, John, Peter Z. Schochet, Sheena McConnell, Terry Johnson, Mark Gritz, Steven Glazerman, John Homrighausen, and Russell H. Jackson. 2001. *Does Job Corps Work? Summary of the National Job Corps Study.* Research and Evaluation 01-J. Washington, DC: US Department of Labor, Employment and Training Administration.

Cameron, Samuel. 1988. "The Economics of Crime Deterrence: A Survey of Theory and Evidence." *Kyklos* **41**(2): 301–23.

Campbell, Donald T. 1969. "Reforms as Experiments." *American Psychologist* **24**: 409–29.

    1984. Foreword to *Research Design for Program Evaluation: the Regression-Discontinuity Approach*, by William M. K. Trochim. Beverly Hills: Sage Publications.

Campbell, Donald T., and Robert F. Boruch. 1975. "Making the Case for Randomized Assignment to Treatments by Considering the Alternatives: Six Ways in Which Quasi-experimental Evaluations in Compensatory Education Tend to Underestimate Effects." In Carl A. Bennett and Arthur A. Lumsdaine, eds., *Evaluation and Experiment: Some Critical Issues in Assessing Social Programs.* New York: Academic Press.

Campbell, Donald T., and H. Laurence Ross. 1970. "The Connecticut Crackdown on Speeding: Time-Series Data in Quasi-experimental Analysis." In Edward R. Tufts, ed., *The Quantitative Analysis of Social Problems.* Reading, MA: Addison-Wesley.

Campbell, Donald T., and Julian C. Stanley. 1966. *Experimental and Quasi-experimental Designs for Research.* Chicago: Rand McNally.

Card, David. 1995. "Using Geographic Variation in College Proximity to Estimate the Return to Schooling." In L. N. Christofides, E. K. Grant, and R. Swidinsky, eds., *Aspects of Labor Market Behaviour: Essays in Honour of John Vanderkamp.* University of Toronto Press.

Card, David, Carlos Dobkin, and Nicole Maestas. 2009. *Quarterly Journal of Economics* **124**(2): 597–636.

Card, David, and Alan B. Krueger. 1994. "Minimum Wages and Employment: A Case Study of the Fast-Food Industry in New Jersey and Pennsylvania." *American Economic Review* **84**(4): 772–93.

Card, David, and David S. Lee. 2007. "Regression Discontinuity Inference with Specification Error." *Journal of Econometrics* **142**(2): 655–74.

Caughey, Devin M., and Jasjeet S. Sekhon. 2011. "Elections and the Regression-Discontinuity Design: Lessons from Close U.S. House Races, 1942–2008." *Political Analysis* **19**(4): 385–408.

Chamon, Marcos, João M. P. de Mello, and Sergio Firpo. 2009. "Electoral Rules, Political Competition, and Fiscal Expenditures: Regression Discontinuity Evidence from Brazilian Municipalities." IZA Discussion Paper No. 4658, Institute for the Study of Labour, Bonn.

Chattopadhyay, Raghabendra, and Esther Duflo. 2004. "Women as Policy Makers: Evidence from a Randomized Experiment in India." *Econometrica* **72**(5): 1409–43.

Clarke, Kevin A. 2005. "The Phantom Menace: Omitted Variable Bias in Econometric Research." *Conflict Management and Peace Science* **22**: 341–352.

Cogneau, Denis, and Alexander Moradi. 2011. "Borders That Divide: Education and Religion in Ghana and Togo since Colonial Times." Working Paper WPS/2011-21/, Center for the Study of African Economies, Oxford.

Collier, David. 2011. "Teaching Process Tracing: Examples and Exercises." Online supplement to David Collier, "Understanding Process Tracing," *PS: Po-litical Science and Politics* **44**(4): 823–30. Available at http://polisci.berkeley. edu/people/faculty/person_detail.php?person=230, downloaded April 7, 2012.

Collier, David, Henry E. Brady, and Jason Seawright. 2010. "Sources of Lev-erage in Causal Inference: Toward an Alternative View of Methodology." In Brady and Collier (2010).

Conley, Dalton, and Jennifer A. Heerwig. 2009. "The Long-Term Effects of Mil-itary Conscription on Mortality: Estimates from the Vietnam-Era Draft Lot-tery." NBER Working Paper 15105, National Bureau of Economic Research, Cambridge, MA.

Cornfield, J. 1978. "Randomization by Group: A Formal Analysis." *American Journal of Epidemiology* **108**: 100–2.

Cox, David R. 1958. *Planning of Experiments*. New York: John Wiley & Sons.

Cox, Gary W. 1997. *Making Votes Count: Strategic Coordination in the World's Electoral Systems*. Cambridge University Press.

Cox, Gary, Frances Rosenbluth, and Michael F. Thies. 2000. "Electoral Rules, Career Ambitions, and Party Structure: Conservative Factions in Japan's Up-per and Lower Houses." *American Journal of Political Science* **44**: 115–22.

Dahl, Robert A. 1971. *Polyarchy: Participation and Opposition*. New Haven, CT: Yale University Press.

Dal Bó, Ernesto, and Rossi, Martín. 2010. "Term Length and Political Perfor-mance." Manuscript, Haas School of Business, University of California at Berkeley.

De la O, Ana. Forthcoming. "Do Conditional Cash Transfers Affect Electoral Behavior? Evidence from a Randomized Experiment in Mexico." *American Journal of Political Science*.

De Long, J. Bradford, and Lang, Kevin, 1992. "Are All Economic Hypotheses False?" *Journal of Political Economy* **100**(6): 1257–72.

De Soto, Hernando. 1989. *The Other Path: The Economic Answer to Terrorism*. New York: Basic Books.

2000. *The Mystery of Capital: Why Capitalism Triumphs in the West and Fails Everywhere Else*. New York: Basic Books.

Deaton, Angus. 2009. "Instruments of Development: Randomization in the Tropics, and the Search for the Elusive Keys to Economic Development." The Keynes Lecture, British Academy, London.

Deere, Donald, Kevin M. Murphy, and Finis Welch. 1995. "Sense and Nonsense on the Minimum Wage." *Regulation: The Cato Review of Business and Government* **18**: 47–56.

Dehejia, Rajeev. 2005. "Practical Propensity Score Matching: A Reply to Smith and Todd." *Journal of Econometrics* **125**: 355–64.

Dehejia, Rajeev H., and Sadek Wahba. 1999. "Causal Effects in Nonexperimental Studies: Reevaluating the Evaluation of Training Programs." *Journal of the American Statistical Association* **94**: 1053–62.

Di Tella, Rafael, Sebastian Galiani, and Ernesto Schargrodsky. 2007. "The Formation of Beliefs: Evidence from the Allocation of Land Titles to Squatters." *Quarterly Journal of Economics* **122**: 209–41.

Di Tella, Rafael, and Ernesto Schargrodsky. 2004. "Do Police Reduce Crime? Estimates Using the Allocation of Police Forces after a Terrorist Attack." *American Economic Review* **94**: 115–33.

Diamond, Jared, and James A. Robinson, eds. 2010. *Natural Experiments of History*. Cambridge, MA: Belknap Press of Harvard University Press.

Dobkin, Carlos, and Reza Shabini. 2009. "The Long Term Health Effects of Military Service: Evidence from the National Health Interview Survey and the Vietnam Era Draft Lottery." *Economic Inquiry* **47**: 69–80.

Doherty, Daniel, Donald Green, and Alan Gerber. 2005. "Personal Income and Attitudes toward Redistribution: A Study of Lottery Winners." Working paper, Institution for Social and Policy Studies, Yale University.

2006. "Personal Income and Attitudes toward Redistribution: A Study of Lottery Winners." *Political Psychology* **27**(3): 441–58.

Donner, Allan, Nicholas Birkett, and Carol Buck. 1981. "Randomization by

Cluster: Sample Size Requirements and Analysis." *American Journal of Epidemiology* **114**(6): 906–14.

Donner, Allan, and Neil Klar. 1994. "Cluster Randomization Trials in Epidemiology: Theory and Application." *Journal of Statistical Planning and Inference* **42**(1–2): 37–56. 2000.

Design and Analysis of Cluster Randomization Trials in Health Research. London: Edward Arnold.

Druckman, James N., Donald P. Green, James H. Kuklinski, and Arthur Lupia, eds. 2011. *Cambridge Handbook of Experimental Political Science*. New York: Cambridge University Press.

Duflo, Esther. 2001. "Schooling and Labor Market Consequences of School Construction in Indonesia: Evidence from an Unusual Policy Experiment." *American Economic Review* **91**(4): 795–813.

Dunning, Thad. 2008a. "Improving Causal Inference: Strengths and Limitations of Natural Experiments." *Political Research Quarterly* **61**(2): 282–93.

　2008b. "Natural and Field Experiments: The Role of Qualitative Methods." *Qualitative and Multi-method Research* **6**(2): 17–22. Working paper version: "Design-Based Inference: The Role of Qualitative Methods."

　2008c. "Model Specification in Instrumental-Variables Regression." *Political Analysis* **16**(3): 290–302.

　2008d. *Crude Democracy: Natural Resource Wealth and Political Regimes*. New York: Cambridge University Press.

　2010a. "Design-Based Inference: Beyond the Pitfalls of Regression Analysis?" In Brady and Collier (2010).

　2010b. "The Salience of Ethnic Categories: Field and Natural Experimental Evidence from Indian Village Councils." Working paper, Department of Political Science, Yale University.

　2011. "Ethnic Quotas and Party Politics in Indian Village Councils: Evidence from Rajasthan." Manuscript, Department of Political Science, Yale University.

Dunning, Thad, and Janhavi Nilekani. 2010. "Ethnic Quotas and Political Mobilization: Caste, Parties, and Distribution in Indian Village Councils." Manuscript, Department of Political Science, Yale University.

Duverger, Maurice. 1954. *Political Parties*. London: Methuen.

Eggers, Andrew C., and Jens Hainmueller. 2009. "MPs for Sale? Estimating Returns to Office in Post-war British Politics." *American Political Science Review* **103**(4): 513–33.

Eisenberg, Daniel, and Brian Rowe. 2009. "The Effects of Smoking in Young Adulthood on Smoking Later in Life: Evidence Based on the Vietnam Era Draft Lottery." *Forum for Health Economics & Policy* **12**(2): 1–32.

Elis, Roy, Neil Malhotra, and Marc Meredith. 2009. "Apportionment Cycles as Natural Experiments." *Political Analysis* **17**(4): 358–376.

Erikson, Robert, and Laura Stoker. 2011. "Caught in the Draft: The Effects of Vietnam Draft Lottery Status on Political Attitudes." *American Political Science Review* **105**(2): 221–37.

Evans, William N., and Jeanne S. Ringel. 1999. "Can Higher Cigarette Taxes Improve Birth Outcomes?" *Journal of Public Economics* **72**: 135–54.

Fearon, James D., and David D. Laitin. 2008. "Integrating Qualitative and Quantitative Methods." In David Collier, Henry E. Brady, and Janet M. Box-Steffensmeier, eds., *Oxford Handbook of Political Methodology*. Oxford University Press.

Ferraz, Claudio, and Frederico Finan. 2008. "Exposing Corrupt Politicians: The Effect of Brazil's Publicly Released Audits on Electoral Outcomes." *Quarterly Journal of Economics* **123**(2): 703–45.

    2010. "Motivating Politicians: The Impacts of Monetary Incentives on Quality and Performance." Manuscript, Department of Economics, University of California at Berkeley.

Fisher, Ronald A. 1951. *The Design of Experiments*. London: Oliver and Boyd, 6th edn (1st edn, 1935).

Freedman, David 1983. "A Note on Screening Regression Equations." *American*

Statistician **37**(2): 152–5.

1991. "Statistical Models and Shoe Leather." In Peter V. Marsden, ed., *Sociological Methodology*, vol. **21**. Washington, DC: American Sociological Association.

1999. "From Association to Causation: Some Remarks on the History of Statistics." *Statistical Science* **14**: 243–58.

2006. "Statistical Models for Causation: What Inferential Leverage Do They Provide?" *Evaluation Review* **30**: 691–713.

2008a. "On Regression Adjustments to Experimental Data." *Advances in Applied Mathematics* **40**: 180–93.

2008b. "On Regression Adjustments in Experiments with Several Treatments." *Annals of Applied Statistics* **2**: 176–96.

2009. *Statistical Models: Theory and Practice*. Cambridge University Press, 2nd edn.

2010a. "On Types of Scientific Inquiry." In Brady and Collier (2010).

2010b. "Diagnostics Cannot Have Much Power Against General Alternatives." In David A. Freedman, David Collier, Jasjeet S. Sekhon, and Philip B. Stark, eds., *Statistical Models and Causal Inference: A Dialogue with the Social Sciences*. New York: Cambridge University Press.

Freedman, David A., David Collier, Jasjeet S. Sekhon, and Philip B. Stark, eds. 2010. *Statistical Models and Causal Inference: A Dialogue with the Social Sciences*. New York: Cambridge University Press.

Freedman, David A., Diana B. Petitti, and James M. Robins. 2004. "On the Efficacy of Screening for Breast Cancer." *International Journal of Epidemiology* **33**: 43–73.

Freedman, David, Robert Pisani, and Roger Purves. 2007. *Statistics*. 4th edn. New York: W. W. Norton, Inc.

Fujiwara, Thomas. 2009. "Can Voting Technology Empower the Poor? Regression Discontinuity Evidence from Brazil." Working paper, Department of Economics, University of British Columbia.

2011. "A Regression Discontinuity Test of Strategic Voting and Duverger's Law." *Quarterly Journal of Political Science* **6**: 197–233.

Fukuyama, Francis. 2011. "Political Order in Egypt." *American Interest*, May-June. Available online as of July 7, 2011 at www.the-american-interest.com/article.cfm?piece=953.

Galiani, Sebastian, Martín A. Rossi, and Ernesto Schargrodsky. 2011. "Conscription and Crime: Evidence from the Argentine Draft Lottery." *American Economic Journal: Applied Economics* **3**(2): 119–36.

Galiani, Sebastian, and Ernesto Schargrodsky. 2004. "The Health Effects of Land Titling." *Economics and Human Biology* **2**: 353–72.

2010. "Property Rights for the Poor: Effects of Land Titling." *Journal of Public Economics* **94**: 700–29.

Gardner, Jonathan, and Andrew Oswald. 2001. "Does Money Buy Happiness? A Longitudinal Study Using Data on Windfalls." Working paper, Department of Economics, University of Warwick.

Gelman, Andrew, and Jennifer Hill. 2007. *Data Analysis Using Regression and Multilevel/Hierarchical Models*. New York: Cambridge University Press.

George, Alexander L., and Andrew Bennett. 2005. *Case Studies and Theory Development*. Cambridge, MA: MIT Press.

Gerber, Alan S., and Donald P. Green. 2000. "The Effects of Canvassing, Direct Mail, and Telephone Contact on Voter Turnout: A Field Experiment." *American Political Science Review* **94**: 653–63.

2008. "Field Experiments and Natural Experiments." In Janet Box-Steffensmeier, Henry E. Brady, and David Collier, eds., *The Oxford Handbook of Political Methodology*. Oxford University Press.

2012. *Field Experiments: Design, Analysis, and Interpretation*. New York: W. W. Norton & Co.

Gerber, Alan S., Daniel P. Kessler, and Marc Meredith. 2011. "The Persuasive Effects of Direct Mail: A Regression Discontinuity Based Approach." *Journal of Politics* **73**: 140–55.

Gerber, Alan S., and Neil Malhotra. 2008. "Do Statistical Reporting Standards Affect What Is Published? Publication Bias in Two Leading Political Science Journals." *Quarterly Journal of Political Science* **3**(3): 313–26.

Gilligan, Michael J., and Ernest J. Sergenti. 2008. "Do UN Interventions Cause Peace? Using Matching to Improve Causal Inference." *Quarterly Journal of Political Science* **3**(2): 89–122.

Glazer, Amihai, and Marc Robbins. 1985. "Congressional Responsiveness to Constituency Change." *American Journal of Political Science* **29**(2): 259–73.

Goldberg, Jack, Margaret Richards, Robert Anderson, and Miriam Rodin. 1991. "Alcohol Consumption in Men Exposed to the Military Draft Lottery: A Natural Experiment." *Journal of Substance Abuse* **3**: 307–13.

Golden, Miriam, and Lucio Picci. 2011. "Redistribution and Reelection under Proportional Representation: The Postwar Italian Chamber of Deputies." MPRA Paper 29956, Munich Personal RePEc Archive, University Library of Munich, Germany.

Goldthorpe, John H. 2001. "Causation, Statistics, and Sociology." *European Sociological Review* **17**: 1–20.

Gould, Stephen Jay. 1996. *The Mismeasure of Man*. New York: Norton, 2nd edn.

Green, Donald P. 2009. "Regression Adjustments to Experimental Data: Do David Freedman's Concerns Apply to Political Science?" Paper presented at the 26th annual meeting of the Society for Political Methodology, Yale University, July 23–25, 2009.

Green, Donald P., and Alan S. Gerber. 2008. *Get Out The Vote: How to Increase Voter Turnout*. Washington, DC: Brookings Institution Press, 2nd edn.

Green, Donald P., Shang E. Ha, and John G. Bullock. 2010. "Enough Already About 'Black Box' Experiments: Studying Mediation Is More Difficult Than Most Scholars Suppose." *Annals of the American Academy of Political and Social Science* **628** (March): 200–8.

Green, Donald P., Terence Y. Leong, Holger L. Kern, Man Gerber, and Christopher W. Larimer. 2009. "Testing the Accuracy of Regression Discontinuity

Analysis Using Experimental Benchmarks." *Political Analysis* **17**(4): 400–17.

Green, Donald P., and Ian Shapiro. 1994. *Pathologies of Rational Choice Theory: A Critique of Applications in Political Science.* New Haven, CT: Yale University Press.

Green, Donald P., and Daniel Winik. 2010. "Using Random Judge Assignments to Estimate the Effects of Incarceration and Probation on Recidivism Among Drug Offenders." *Criminology* **48**: 357–59.

Green, Tina. 2005. "Do Social Transfer Programs Affect Voter Behavior? Evidence from Progresa in Mexico." Manuscript, University of California at Berkeley.

Greene, William H. 2003. *Econometric Analysis.* Upper Saddle River, NJ: Prentice Hall, 5th edn.

Grofman, Bernard, Thomas L. Brimell, and William Koetzle. 1998. "Why Gain in the Senate but Midterm Loss in the House? Evidence from a Natural Experiment." *Legislative Studies Quarterly* **23**: 79–89.

Grofman, Bernard, Robert Griffin, and Gregory Berry. 1995. "House Members Who Become Senators: Learning from a 'Natural Experiment. '" *Legislative Studies Quarterly* **20**(4): 513–29.

Gruber, Jonathan. 2000. "Disability Insurance Benefits and Labor Supply." *Journal of Political Economy* **108**(6): 1162–83.

Guan, Mei, and Donald P. Green. 2006. "Non-coercive Mobilization in State-Controlled Elections: An Experimental Study in Beijing." *Comparative Political Studies* **39**(10): 1175–93.

Haber, Stephen, and Victor Menaldo. 2011. "Do Natural Resources Fuel Authoritarianism? A Reappraisal of the Resource Curse." *American Political Science Review* **105**: 1–26.

Hahn, Jinyong, Petra Todd, and Wilbert Van Der Klaauw. 1999. "Evaluating the Effect of an Antidiscrimination Law Using a Regression-Discontinuity Design." NBER Working Paper 7131. National Bureau of Economic Research, Cambridge, MA.

Hahn, Jinyong, Petra Todd, and Wilbert Van Der Klaauw. 2001. "Identification and estimation of treatment effects with a regression discontinuity design." *Econometrica* **69**: 201–9.

Hájek, J. 1960. "Limiting Distributions in Simple Random Sampling From a Finite Population." *Magyar Tudoanyos Akademia Budapest Matematikai Kutato Intezet Koezlemenyei* **5**: 361–74.

Hansen, Ben B., and Jake Bowers. 2009. "Attributing Effects to a Cluster-Randomized Get-Out-The-Vote Campaign." *Journal of the American Statistical Association* **104**(487): 873–85.

Hearst, Norman, Tom B. Newman, and Stephen B. Hulley. 1986. "Delayed Effects of the Military Draft on Mortality: A Randomized Natural Experiment." *New England Journal of Medicine* **314**: 620–24.

Heckman, James J. 2000. "Causal Parameters and Policy Analysis in Economics: A Twentieth Century Retrospective." *Quarterly Journal of Economics* **115**: 45–97.

Heckman, James J., and Richard Robb. 1986. "Alternative Methods for Solving the Problem of Selection Bias in Evaluating the Impact of Treatments on Outcomes." In Howard Wainer, ed., *Drawing Inferences from Self-Selected Samples*. New York: Springer-Verlag.

Heckman, James J., and Sergio Urzúa. 2009. "Comparing IV with Structural Models: What Simple IV Can and Cannot Identify." NBER Working Paper 14706, National Bureau of Economic Research, Cambridge, MA.

Heckman, James J., and Urzúa, Sergio. 2010. "Comparing IV with Structural Models: What Simple IV Can and Cannot Identify." *Journal of Econometrics* **156**(1): 27–37.

Heckman, James J., Sergio Urzúa, and Edward Vytlacil. 2006. "Understanding Instrumental Variables in Models with Essential Heterogeneity." *Review of Economics and Statistics* **88**(3): 389–432.

Hidalgo, F. Daniel. 2010. "Digital Democratization: Suffrage Expansion and the Decline of Political Machines in Brazil." Manuscript, Department of Political

Science, University of California at Berkeley.

Hidalgo, F. Daniel, Suresh Naidu, Simeon Nichter, and Neal Richardson. 2010. "Occupational Choices: Economic Determinants of Land Invasions." *Review of Economics and Statistics* **92**(3): 505–23.

Ho, Daniel E., and Kosuke Imai. 2008. "Estimating Causal Effects of Ballot Order from a Randomized Natural Experiment: California Alphabet Lottery, 1978–2002." *Public Opinion Quarterly* **72**(2): 216–40.

Höglund, T. 1978. "Sampling from a Finite Population: A Remainder Term Estimate." *Scandinavian Journal of Statistics* **5**: 69–71.

Holland, Paul W. 1986. "Statistics and Causal Inference." *Journal of the American Statistical Association* **81**(396): 945–60.

Horiuchi, Yusaka, and Jun Saito. 2009. "Rain, Elections and Money: The Impact of Voter Turnout on Distributive Policy Outcomes in Japan." Asia-Pacific Economic Paper No. 379, Australia-Japan Research Centre, Crawford School, Australian National University, Canberra.

Horvitz, D. G., and D. J. Thompson. 1952. "A Generalization of Sampling without Replacement from a Finite Universe." *Journal of the American Statistical Association* **47**: 663–84.

Howell, William G., Patrick J. Wolf, Paul E. Petersen, and David E. Campbell. 2000. "Test-Score Effects of School Vouchers in Dayton, Ohio, New York City, and Washington, D. C. : Evidence from Randomized Field Trials." Paper presented at the annual meeting of the American Political Science Association, Washington, D. C., September 2000.

Humphreys, Macartan. 2011. "Bounds on Least Squares Estimates of Causal Effects in the Presence of Heterogeneous Assignment Probabilities." Manuscript, Department of Political Science, Columbia University.

Hyde, Susan D. 2007. "The Observer Effect in International Politics: Evidence from a Natural Experiment." *World Politics* **60**: 37–63.

Hyde, Susan D. 2010. "Experimenting with Democracy Promotion: International Observers and the 2004 Presidential Elections in Indonesia." *Perspectives on*

Politics **8**(2): 511–27.

Imai, Kosuke. 2005. "Do Get-Out-The-Vote Calls Reduce Turnout? The Importance of Statistical Methods for Field Experiments." *American Political Science Review* **99**(2): 283–300.

Imai, Kosuke, Luke Keele, Dustin Tingley, and Teppei Yamamoto. 2011. "Unpacking the Black Box of Causality: Learning about Causal Mechanisms from Experimental and Observational Studies." *American Political Science Review* **105**(4): 765–89.

Imai, Kosuke, Gary King, and Elizabeth A. Stuart. 2008. "Misunderstandings Among Experimentalists and Observationalists about Causal Inference." *Journal of the Royal Statistical Society, Series A (Statistics in Society)* **171**(2): 481–502.

Imbens, Guido W. 2009. "Better LATE Than Nothing: Some Comments on Deaton (2009) and Heckman and Urzúa (2009)." Manuscript, Department of Economics, Harvard University.

Imbens, Guido W., and Joshua D. Angrist. 1994. "Identification and Estimation of Local Average Treatment Effects." *Econometrica* **62**(2): 467–75.

Imbens, Guido, and Karthik Kalyanaraman. 2009. "Optimal Bandwidth Choice for the Regression Discontinuity Estimator." NBER Working Paper 14726, National Bureau of Economic Research, Cambridge, MA.

Imbens, Guido W., and Thomas Lemieux. 2007. "Regression Discontinuity Designs: A Guide to Practice." *Journal of Econometrics* **142**(2): 615–35.

Imbens, Guido, Donald Rubin, and Bruce Sacerdote. 2001. "Estimating the Effect of Unearned Income on Labor Supply, Earnings, Savings and Consumption: Evidence from a Survey of Lottery Players." *American Economic Review* **91**(4): 778–94.

Iyer, Lakshmi. 2010. "Direct versus Indirect Colonial Rule in India: Long-Term Consequences." *Review of Economics and Statistics* **92**(4): 693–713.

Jacob, Brian A., and Lars Lefgren. 2004. "Remedial Education and Student Achievement: A Regression-Discontinuity Analysis." *Review of Economics*

and Statistics **86**: 226–44.

Jones, Benjamin F., and Benjamin A. Olken. 2005. "Do Leaders Matter? National Leadership and Growth Since World War II." *Quarterly Journal of Economics* **120**(3): 835–64.

Kennedy, Peter. 1985. *A Guide to Econometrics.* Cambridge, MA: MIT Press, 2nd edn.

Khandker, Shahidur R., Gayatri B. Koolwal, and Hussain A. Samad. 2010. *Handbook on Impact Evaluation: Quantitative Methods and Practices.* Washington, DC: World Bank.

King, Gary, Robert O. Keohane, and Sidney Verba. 1994. *Designing Social Inquiry: Scientific Inference in Qualitative Research.* Princeton University Press.

Kish, Leslie. 1965. *Survey Sampling.* New York: John Wiley & Sons.

Kling, Jeffrey R. 2006. "Incarceration Length, Employment, and Earnings." *American Economic Review* **96**(3): 863–76.

Kocher, Matthew Adam. 2007. "Insurgency, State Capacity, and the Rural Basis of Civil War." Paper presented at the Program on Order, Conflict, and Violence, Yale University, October 26, 2007. Centro de Investigación y Docencia Económicas, Mexico.

Kousser, Thad, and Megan Mullin. 2007. "Does Voting by Mail Increase Participation? Using Matching to Analyze a Natural Experiment." *Political Analyis* **15**: 1–18.

Krasno, Jonathan S., and Donald P. Green. 2008. "Do Televised Presidential Ads Increase Voter Turnout? Evidence from a Natural Experiment." *Journal of Politics* **70**: 245–61.

Krueger, Alan B. 1999. "Experimental Estimates of Education Production Functions." *Quarterly Journal of Economics* **114**: 497–532.

Laitin, David. 1986. *Hegemony and Culture: Politics and Religious Change among the Yoruba.* University of Chicago Press.

Lee, David S. 2008. "Randomized Experiments from Non-random Selection in

U. S. House Elections." *Journal of Econometrics* **142**(2): 675–97.

Lee, David S., and Thomas Lemieux, 2010. "Regression Discontinuity Designs in Economics." *Journal of Economic Literature* **48**(2): 281–355.

Lerman, Amy. 2008. "Bowling Alone (With My Own Ball and Chain): The Effects of Incarceration and the Dark Side of Social Capital." Manuscript, Department of Politics, Princeton University.

Levitt, Steven D. 1997. "Using Electoral Cycles in Police Hiring to Estimate the Effect of Police on Crime." *American Economic Review* **87**(3): 270–90.

Lieberman, Evan. 2005. "Nested Analysis as a Mixed-Method Strategy for Comparative Research." *American Political Science Review* **99**(3): 435–52.

Lindahl, Mikail. 2002. "Estimating the Effect of Income on Health and Mortality Using Lottery Prizes as Exogenous Source of Variation in Income." Manuscript, Swedish Institute for Social Research, Stockholm University.

Lindquist, E. F. 1940. *Statistical Analysis in Educational Research*. Boston: Houghton Mifflin.

Litschig, Stephan, and Kevin Morrison. 2009. "Local Electoral Effects of Intergovernmental Fiscal Transfers: Quasi-experimental Evidence from Brazil, 1982–1988." Working paper, Universitat Pompeu Fabra, Barcelona, and Cornell University.

Lyall, Jason. 2009. "Does Indiscriminate Violence Incite Insurgent Attacks? Evidence from Chechnya." *Journal of Conflict Resolution* **53**(3): 331–62.

McClellan, Mark, Barbara J. McNeil, and Joseph P. Newhouse. 1994. "Does More Intensive Treatment of Acute Myocardial Infarction Reduce Mortality?" *Journal of the American Medical Association* **272**: 859–66.

McCrary, Justin. 2007. "Testing for Manipulation of the Running Variable in the Regression Discontinuity Design: A Density Test." *Journal of Econometrics* **142**(2): 615–35.

MacLean, Lauren M. 2010. *Informal Institutions and Citizenship in Rural Africa: Risk and Reciprocity in Ghana and Cote d'Ivoire*. New York: Cambridge University Press.

McNeil, B. J., S. G. Pauker, H. C. Sox, Jr., and A. Tversky. 1982. "On the Elicitation of Preferences for Alternative Therapies." *New England Journal of Medicine* **306**: 1259–62.

Mahoney, James. 2010. "After KKV: The New Methodology of Qualitative Research." *World Politics* **62**: 120–47.

Manacorda, Marco, Edward Miguel, and Andrea Vigorito. 2011. "Government Transfers and Political Support." *American Economic Journal: Applied Economics* **3**(3): 1–28.

Manski, Charles F. 1995. *Identification Problems in the Social Sciences*. Cambridge, MA: Harvard University Press.

Matsudaira, Jordan D. 2008. "Mandatory Summer School and Student Achievement." *Journal of Econometrics* **142**: 829–50.

Mauldon, Jane, Jan Malvin, Jon Stiles, Nancy Nicosia, and Eva Seto. 2000. "Impact of California's Cal-Learn Demonstration Project: Final Report." UC Data, University of California at Berkeley.

Meredith, Marc. 2009. "Persistence in Political Participation." *Quarterly Journal of Political Science* **4**(3): 186–208.

Meredith, Marc, and Neil Malhotra. 2011. "Convenience Voting Can Affect Election Outcomes." *Election Law Journal* **10**(3): 227–53.

Middleton, Joel A., and Peter M. Aronow. 2011. "Unbiased Estimation of the Average Treatment Effect in Cluster-Randomized Experiments." Manuscript, Yale University. Available at http://ssrn.com/abstract=1803849 or http://dx.doi.org/10.2139/ssrn.1803849.

Miguel, Edward. 2004. "Tribe or Nation? Nation Building and Public Goods in Kenya versus Tanzania." *World Politics* **56**(3): 327–62.

Miguel, Edward, and Ray Fisman. 2006. "Corruption, Norms, and Legal Enforcement: Evidence from Diplomatic Parking Tickets." *Journal of Political Economy* **115**(6): 1020–48.

Miguel, Edward, Shanker Satyanath, and Ernest Sergenti. 2004. "Economic Shocks and Civil Conflict: An Instrumental Variables Approach." *Journal of*

Political Economy **122**: 725–53.

Miles, Willilam F. S. 1994. *Hausaland Divided: Colonialism and Independence in Nigeria and Niger*. Ithaca, NY: Cornell University Press.

Miles, William, and David Rochefort. 1991. "Nationalism versus Ethnic Identity in Sub-Saharan Africa." *American Political Science Review* **85**(2): 393–403.

Morton, Rebecca B., and Kenneth C. Willliams. 2008. "Experimentation in Political Science." In Janet Box-Steffensmeier, Henry E. Brady, and David Collier, eds., *The Oxford Handbook of Political Methodology*. Oxford University Press.

Morton, Rebecca B., and Kenneth C. Williams. 2010. *Experimental Political Science and the Study of Causality: From Nature to the Lab*. New York: Cambridge University Press.

Moulton, Brent R. 1986. "Random Group Effects and the Precision of Regression Estimates." *Journal of Econometrics* 32: 385–97.

Neyman, Jerzy Splawa, with D. M. Dabrowska and T. P. Speed. (1923) 1990. "On the Application of Probability Theory to Agricultural Experiments. Essay on Principles. Section 9." Statistical Science **5**(4): 465–72. Originally published by Neyman in Polish in the *Annals of Agricultural Sciences*.

Nickerson, David. 2008. "Is Voting Contagious? Evidence from Two Field Experiments." *American Political Science Review* **102**: 49–57.

Nilekani, Janhavi. 2010. "Reservation for Women in Karnataka Gram Panchayats: The Implicafions of Non-random Reservation and the Effect of Women Leaders." Senior honors thesis, Yale College, New Haven, CT.

Paluck, Elizabeth Levy. 2008. "The Promising Integration of Qualitative Methods and Field Experiments." *Qualitative and Multi-method Research* **6**(2): 23–30.

Permutt, Thomas, and J. Richard Hebel. 1984. "A Clinical Trial of the Change in Maternal Smoking and Its Effect on Birth Weight." *Journal of the American Medical Association* **251**(7): 911–15.

Permutt, Thomas, and J. Richard Hebel. 1989. "Simultaneous-Equation Estimation in a Clinical Trial of the Effect of Smoking on Birth Weight." *Biometrics* **45**(2): 619–22.

Porter, Jack. 2003. "Estimation in the Regression Discontinuity Model." Manuscript, Department of Economics, University of Madison-Wisconsin.

Posner, Daniel N. 2004. "The Political Salience of Cultural Difference: Why Chewas and Tumbukas Are Allies in Zambia and Adversaries in Malawi." *American Political Science Review* **98**(4): 529–45.

Posner, Daniel N. 2005. *Institutions and Ethnic Politics in Africa*. Political Economy of Institutions and Decisions. Cambridge University Press.

Powers, D. E., and S. S. Swinton. 1984. "Effects of Self-Study for Coachable Test-Item Types." *Journal of Educational Psychology* **76**: 266–78.

R Development Core Team. 2008. *R: A Language and Environment for Statistical Computing*. Vienna, Austria: R Foundation for Statistical Computing. Available at http://www.R-project.org.

Ramsay, Kristopher W. 2011. "Revisiting the Resource Curse: Natural Disasters, the Price of Oil, and Democracy." *International Organization* **65**: 507–29.

Richardson, Benjamin Ward. [1887] 1936. "John Snow, M. D." In *The Asclepiad*, vol. **4**: 274–300. London. Reprinted in *Snow on Cholera*, London: Humphrey Milford; Oxford University Press, 1936. Page references are to the 1936 edn.

Robinson, Gregory, John E. McNulty, and Jonathan S. Krasno. 2009. "Observing the Counterfactual? The Search for Political Experiments in Nature." *Political Analysis* **17**(4): 341–57.

Rosenbaum, Paul R., and Donald B. Rubin. 1983. "The Central Role of the Propensity Score in Observational Studies for Causal Effects." *Biometrika* **70**(1): 41–55.

Rosenzweig, Mark R., and Kenneth I. Wolpin. 2000. "Natural 'Natural Experiments' in Economics." *Journal of Economic Literature* **38**(4): 827–74.

Ross, Michael. 2001. "Does Oil Hinder Democracy?" *World Politics* **53**: 325–61.

Rubin. Donald B. 1974. "Estimating Causal Effects of Treatments in Randomized and Nonrandomized Studies." *Journal of Educational Psychology* **66**:

688–701.

Rubin, Donald B. 1977. "Assignment to Treatment on the Basis of a Covariate." *Journal of Educational Statistics* 2: 1–26.

Rubin, Donald B. 1978. "Bayesian Inference for Causal Effects: The Role of Randomization." *Annals of Statistics* 6: 34–58.

Rubin, Donald B. 1990. "Comment: Neyman (1923) and Causal Inference in Experiments and Observational Studies." *Statistical Science* 5(4): 472–80.

Samii, Cyrus, and Peter M. Aronow. 2012. "On Equivalencies between Design-Based and Regression-Based Variance Estimators for Randomized Experiments." *Statistics and Probability Letters* 82(2): 365–70.

Seawright, Jason. 2010. "Regression-Based Inference: A Case Study in Failed Causal Assessment." In Collier and Brady (2010).

Seawright, Jason, and John Gerring. 2008. "Case Selection Techniques in Case Study Research: A Menu of Qualitative and Quantitative Options." *Political Research Quarterly* 61(2): 294–308.

Sekhon, Jasjeet S. 2009. "Opiates for the Matches: Matching Methods for Causal Inference." *Annual Review of Political Science* 12: 487–508.

Sekhon, Jasjeet S., and Rocío Titiunik 2012. "When Natural Experiments Are Neither Natural Nor Experiments." *American Political Science Review* 106: 35–57.

Sherman, Lawrence, and Heather Strang. 2004. "Experimental Ethnography: The Marriage of Qualitative and Quantitative Research." *Annals of the American Academy of Political and Social Sciences* 595, 204–22.

Sinclair, Betsy, Margaret McConnell, and Donald P. Green. 2011. "Detecting Spillover Effects: Design and Analysis of Multi-level Experiments." Manuscript, Departments of Political Science, Universities of Chicago, Harvard, and Yale.

Skocpol, Theda. 1979. *States and Social Revolutions: A Comparative Analysis of France, Russia, and China.* New York: Cambridge University Press.

Smith, Jeffrey A., and Petra E. Todd. 2005. "Does Matching Overcome La-

Londe's Critique of Nonexperimental Estimators?" *Journal of Econometrics* **125**: 305–53.

Snow, John. (1855) 1965. *On the Mode of Communication of Cholera*. London: John Churchill, 2nd edn. Reprinted in *Snow on Cholera*, London: Humphrey Milford: Oxford University Press.

Sovey, Allison J., and Donald P. Green. 2009. "Instrumental Variables Estimation in Political Science: A Readers' Guide." *American Journal of Political Science* **55**: 188–200.

Starr, Norton. 1997. "Nonrandom Risk: The 1970 Draft Lottery." *Journal of Statistics Education* **5**(2). Available at www.amstat.org/publications/jse/v5n2/datasets.starr.html.

Stasavage, David. 2003. "Transparency, Democratic Accountability, and the Economic Consequences of Monetary Institutions." *American Journal of Political Science* **47**(3): 389–402.

StataCorp. 2009. *Stata Statistical Software: Release 11*. College Station, TX: StataCorp LP.

Stokes, Susan. 2009. "A Defense of Observational Research." Manuscript, Department of Political Science, Yale University.

Tannenwald, Nina. 1999. "The Nuclear Taboo: The United States and the Normative Basis of Nuclear Non-use." *International Organization* **53**(3): 433–68.

Thistlethwaite, Donald L., and Donald T. Campbell. 1960. "Regression-Discontinuity Analysis: An Alternative to the Ex-post Facto Experiment." *Journal of Educational Psychology* **51**(6): 309–17.

Titiunik,Rocío. 2009. "Incumbency Advantage in Brazil: Evidence from Municipal Mayor Elections." Manuscript, Department of Political Science, University of Michigan.

Titiunik, Rocío. 2011. "Drawing Your Senator from a Jar: Term Length and Legislative Behavior." Manuscript, Department of Political Science, University of Michigan.

Trochim, William M. K. 1984. *Research Design for Program Evaluation: the*

Regression-Discontinuity Approach. Beverly Hills: Sage Publications.

UCLA Department of Epidemiology. n.d.-a. "Lambeth Waterworks." In *Brief History during the Snow Era: 1813–58*. UCLA Department of Epidemiology. Available at www.ph.ucla.edu/epi/snow/1859map/lambeth_waterworks_a2.html (accessed March 15, 2012).

UCLA Department of Epidemiology. n.d.-b. "Southwark and Vauxhall Water Company." In *Brief History during the Snow Era: 1813–58*. UCLA Department of Epidemiology. Available at www.ph.uda.edu/epi/snow/1859map/southwarkvauxhall_a2.html (accessed March 15, 2012).

Van Evera, Stephen. 1997. *Guide to Methods for Students of Political Science*. Ithaca, NY: Cornell University Press.

Waldner, David. Forthcoming. "Process Tracing and Causal Mechanisms." In H. Kincaid, ed., *Oxford Handbook of the Philosophy of Social Science*.

Wooldridge, Jeffrey M. 2009. *Introductory Econometrics*. Cincinnati, OH: South-Western College Publishing.

索　引

(页码为原书页码，即中译本边码)

译　后　记

作者萨德·邓宁在本书中提到，在世界范围内，自然实验方法在社会科学中的应用已越来越广泛。当然，中国是世界的，与自然实验方法在国际上的发展已渐近成熟相比，该方法在国内的使用才可以算在近年来逐步兴起、发展与推广。但方兴未艾的实证检验技术并不妨碍它在短短数年间已得到了广泛地尝试性使用，这一点在经济学科中尤为如此①。从使用到规范性应用，这一段路也许站在前人研究的既成肩膀上会变得更加好走。需要指引性的尝试——这也正是我们翻译这一本书的初衷所在。

在本书中，作者试图从自然实验的发掘、分析与评估三个方面对一个自然实验从识别到完成稳健性的因果推断进行全程把握与评价体系构建。当然，在此之前，作者首先对"自然实验"与"准自然实验"做出了区分，他所提到的防止概念泛化是其中一个威胁因素，但我认为，概念在最初的界定上也同样非常重要。今天我们之所以经常将两词混淆使用，一方面是有"自然实验"作为"泛概念"这样一种传统存在，而另一方面也体现在我们很大程度上难以控制

---

① 截至译稿完成，在中国知网中以"自然实验"作为关键词搜索，搜索结果已达248条。

与把握自变量在多大程度上具有分配随机性。尽管我们不能以一个苛刻的眼光去审视某个社会科学问题,但对研究样本随机性的权衡却正是我们到底是否能心安理得地将其称之为"自然实验"的关键所在。因此,从这角度出发,本书在介绍具有代表性的自然实验设计方法中,谨关注标准(随机性)自然实验、断点回归设计和工具变量设计,而不会过多涉猎双重差分法等内容。

回到全文的主题,如何发掘、分析与评估一个自然实验,准确地说应该是如何发掘一个我们可对其施加以自然实验设计的外部冲击(包括人为政策或自然冲击)并完成相关稳健性因果推断分析,同时于事后对其样本分配随机性、模型设计可信性与实验干预的相关性进行合理评估。作者在对这三个方面的问题进行探讨的过程中,运用了大量与各子部分相关的来自顶级期刊的研究来进行举例说明,因此全书深入浅出,适合具有一定功底的社会科学研究者阅读。在各式各样有关自然实验研究的例子中,我们一一见证了中彩、选举、服兵役、产权界定、国界划分、人口和年龄限制、气候冲击等有关政治、经济、社会、自然等现象背后的人类行为逻辑与相关的因果识别方式。他们既简单,又复杂,既晦涩,又有趣。在阅读大师们作品的同时,我们仿佛置身云端,仰能体察宇宙浩瀚幽邃之妙,俯能洞察脚下民情世事,扎身立足于细微方寸之间。

但同时,这也是自然实验本身的魅力所在。它易上手,却难掌握,相对于结构式而言,"简约式革命"为我们做社会科学研究降低了一定门槛,但置身于门槛之内,如何将研究做到极致却是难上加难。而将这种复杂情感套用在自然实验之上合适得恰到好处,它在实证技术处理层面易于操作,但如何发掘与"完美"设计一个剔除掉其他混杂变量的净效应估计模型，却往往让人踟蹰难进，不得其法。所以说，对于自然实验乃至准自然实验设计而言，这既是科学，也是艺术。但相对于前者，它更像是艺术。而对于一个经济学学者来说，它不仅仅需要你掌握基本的经济学技能，还对你所具备的政治、社会、历史、宗教、自然等其他学科素养提出了极高的要求，例如，柏林墙的倒塌、波士顿的大火、殖民地的死亡率以及秦岭—淮海线的分野……唯有具备"百科全书"式的综合素质，才能在发掘自然实验的某个瞬间迸发思想的光华，获得灵感的垂怜。

　　当然，自然实验方法的简洁与"讨巧"也为其招致了诸多争议，我们不能就其缺陷置若罔闻。而这类争议主要集中于两个方面，其一在于它的外部有效性在多大程度上能够成立；其二在于对实验发掘本身的过度追求会导致研究的碎片化与对背后研究思想认知的缺乏。如安格斯·迪顿所言，"（自然实验）成功的代价在于研究过于狭窄、片面……甚至无法促进我们关于发展过程的科学知识进步"，福山也认为"这些研究设计在技术层面上没有什么问题。但是……换句话说，这种方法永远不能给我们培养出下一批知识渊博的塞缪尔·亨廷顿"。但自然实验的追求者却认为这些批评过于苛刻，尽管自然实验背后所反映的机理仅仅是一种局部平均处理效应（LATEs），但特定条件下特定的模型估计参数却也能够为这个因果推断的普遍性问题提供了尝试性的解答，因为"有总比没有强"。

　　于我而言，这种辩驳似乎有些苍白，与我们花费大量精力去过多探讨自然实验的内部有效性相比，我们对其外部有效性的关注似乎存在明显缺乏。那么就内部有效性而言，实验中样本分配的近似随机性到底有多么"近似"？混杂变量与实验变量之间是否具备统计独立性？既然自然实验完美克服了内生性，那么它们是否还需要你在卖力添加一个又一个协变量过程中对因果机制的成立继续做极力辩护？你是否做的是"数据驱动型"的研究？因为你不是就研究主题而寻找自然实验，而是就自然实验而寻找研究主题……

当然存有这些疑虑并不代表我对自然实验本身抱有偏见，相反，无论是谁对于能够以简洁手法就能识别变量间因果推断的方法都自然心生亲近。只是我们在享受自然实验所能带来的好处的同时，也需保持"警惕地使用"。本书的作者在书中也秉持了这样的思想，这样让读者可以最大限度地以中立的审慎态度来对待这一自然实验这一方法设计。

本书我印象中是 2012 年由作者在剑桥大学出版社出版的，但一直以来未曾在国内有中译本问世，在一次偶然的机会中我阅读了此书觉得内容精彩，并推荐给了商务印书馆的金晔编辑，在金老师帮助下，本书能够以中译本形式出版。本书由西北大学经济管理学院欧阳葵老师与我共同翻译。在这两年多的时间中，感谢商务印书馆金晔老师为此所付出的辛劳。同时，也感谢张妍对我整理索引过程中所给予的帮助，当然，有你的时光也就是最好的时光，这一点也无需赘言。最后也要感谢原作者能够为我们奉献如此精彩而富有意义的著作，只是我们能力有限，工作疏漏之处，还请拨冗指正。

冯　晨

2018 年 9 月于上海财经大学

邓宁为各类从事社会科学的学者编写了一部有用的且非常容易理解的指南。我特别喜欢他这部关于如何发掘自然实验设计的著作。

——麻省理工学院经济系　乔舒亚·D.安格里斯特

当代政治科学中最令人激动的发展方向之一就是使用自然实验来估计因果效应。在这本极具启发性和可读性的著作中，萨德·邓宁为这一前沿方法的优缺点提供了专业指导，展示了研究人员如何利用自然实验这一有力工具进行因果推断，同时避免常见的错误。我向所有初学者和富有经验的研究人员推荐这部著作。

——耶鲁大学政治系　Charles C. 和 Dorathea S. Dilley 教授
艾伦·S.格伯

社会科学领域的学者面临的最大问题是弄清什么是"原因"。是经济增长导致了和平，还是反之？人们是会趋向于朋友的价值观，还是只会与倾向他们想法的人成为朋友？大多数时候，这些问题是无法回答的，但每当这时，现实世界的"盔甲"就会出现一个裂纹。一次意外的冲击抑或危机使经济偏离轨道，一场火灾或洪水迫使人们进入新的社会网络。自然实验设计者需要寻找能够理解潜在的现实逻辑的场景。但是，正如邓宁所言，这条道路是很难的。这本著作首次详细介绍了社会科学中的自然实验设计方法，邓宁制定了标准并分享了技术，以帮助研究者学习如何搜寻那些难以捕捉到的自然实验。

——哥伦比亚大学教授　麦卡坦·汉弗莱斯

这本著作是独特的、不可或缺的，它不仅仅是对如何进行实证工作的介绍，更是一本关于如何进行社会科学研究的综合性手册。

——哈佛大学政府系 David Florence 教授　詹姆斯·罗宾逊

图书在版编目(CIP)数据

社会科学中的自然实验设计:一种基于实验设计的
方法/(美)萨德·邓宁著;欧阳葵,冯晨译.—北京:商务
印书馆,2022
(经济学名著译丛)
ISBN 978 - 7 - 100 - 21168 - 0

Ⅰ.①社…　Ⅱ.①萨…②欧…③冯…　Ⅲ.①自
然实验—试验设计　Ⅳ.①B841.4

中国版本图书馆 CIP 数据核字(2022)第 088046 号

经济学名著译丛
社会科学中的自然实验设计
——一种基于实验设计的方法
〔美〕萨德·邓宁　著

欧阳葵　冯晨　译

商　务　印　书　馆　出　版
(北京王府井大街 36 号　邮政编码 100710)
商　务　印　书　馆　发　行
北京艺辉伊航图文有限公司印刷
ISBN 978 - 7 - 100 - 21168 - 0

2022 年 9 月第 1 版　　　开本 850×1168　1/32
2022 年 9 月北京第 1 次印刷　　印张 15¾
定价:78.00 元